수능특보 기출변형편

| 수학 나형 |

불후의 명기출 등급을 결정짓다!

수능특보(기출변형편) ❙수학 나형❙

발 행 일   2016년 11월 23일

지 은 이   김 기 환
펴 낸 이   손 형 국
펴 낸 곳   ㈜ 북랩
편 집 인   선일영   편 집   이종무, 권유선, 김송이
디 자 인   이현수, 이정아, 김민하, 한수희   제 작   박기성, 황동현, 구성우
마 케 팅   김회란, 박진관
출판등록   2004. 12. 1(제2012-000051호)
주   소   서울시 금천구 가산디지털 1로 168, 우림라이온스밸리 B동 B113, 114호
홈페이지   www.book.co.kr
전화번호   (02)2026-5777   팩 스   (02)2026-5747

ISBN   979-11-5987-330-0 53410 (종이책) 979-11-5987-331-7 55410 (전자책)

이제 **EBS**  연계는 기본!
EBS 비연계 8문항이 1, 2, 3등급을 결정짓는다!

기출
변형편

| 수학 나형 |

수능특보

김기환 저

☀ 불후의 명기출 등급을 결정짓다!

핵 심 기 출

¤ 수능·9월·6월 평가원 고득점 BEST 8

¤ 핵심 기출 8선 & 변형 예상 8선

¤ 총 18회 288문항 총결산

북랩 book Lab

출판을 하면서

큰 아들의 수학을 가르친 것이 계기가 되어 많은 학생들과 수학으로 인연을 맺은 지도 어언 10여년이 되었다. 그동안 좀 더 질 높은 교육을 위해 많은 교재들을 검토하였고, 그 중 선별된 교재로 학생들을 가르치면서도 여전히 아쉬운 부분이 느껴져 새로운 교재에 대한 생각을 지울 수 없었다.

모든 수학문제들은 핵심개념을 근거로 하여 만들어지고, 2개 이상의 개념들이 결합되어 고득점 심화문제가 탄생하게 된다. 고등과정에 필요한 개념들은 최근 6년간의 기출문제에 거의 반영되었다고 해도 과언은 아니다. 그러므로 수능을 준비하는 학생들에게 가장 중요한 것은 기출문제의 완벽한 정복이란 것에 반론을 제기할 선생님은 없을 것이다.

그리고 수능의 EBS 연계정책으로 인해 이제 수학 등급을 결정짓는 것은 비연계 8문항이라 할 수 있을 것이다. 이에 미적분이 문과에 적용된 최근 6년간 총 18회에 걸쳐 치러진 수능, 9월 평가원, 6월 평가원 기출문제 중 비연계성 핵심 고득점 문제 8선을 집중적으로 분석, 정리하게 되었다.

또한 기출문제 그대로 다시 출제되는 경우는 없으므로 변형문제의 중요성 역시 간과할 수는 없을 것이다. 이에 기출문제별 변형예상문제를 함께 제공함으로써 기출문제에 대한 이해도를 한 단계 더 높이고 변형에 대한 적응력을 높일 수 있도록 하였다.

아무쪼록 이 책이 수능을 준비하는 수험생에게 많은 도움이 되길 바라며, 이 책의 중요성을 인식하고 충분히 자기 것으로 소화한 학생은 반드시 자신이 원하는 등급을 얻을 것이라 저자로서 믿어 의심치 않는다.

끝으로 이 책이 나오기까지 많은 도움을 준 송민환, 이세정, 서유진, 김연선, 유승원, 신승민, 박지영, 한다솜 등등 모두 열거할 수 없는 많은 사랑하는 제자들에게 먼저 감사함을 전하고, 이 책이 나오기까지 정신적인 모토가 되어준 친구 신태석에게도 감사함을 전한다. 또한, 가까이서 가장 힘이 되어준 사랑하는 아내 차선희와 아들 영현, 영도에게 고마움을 전한다.

김기환 저자는
과학기술원(KAIST) 전자공학과를 졸업하였고 한국통신, 서울이동통신 연구원으로 10년간 근무하였다. 그 후 독립하여 인터넷 벤처기업 위아넷닷컴 대표이사, 모바일 빌링전문 리더스M 대표이사를 역임하였고 현재 교육중심 마이스트 수학연구소를 운영하고 있다.

목 차

‖ 수능특보의 특징 ‖

1. 123등급을 결정짓는 핵심기출 8선과 예상변형 8선을 기본 구성으로 하여 최근 6년간 수능 및 평가원 총 18회 288문제로 구성하여 3등급 이상을 목표로 하는 학생들이 반드시 정복하여야 하는 필수 고득점 문제들을 빠짐없이 수록하였다.

2. 핵심기출 8선 모음은 수능평가원 4점 기출문제 중 오답률 베스트 8선으로 구성하였고 새 교육과정을 벗어나는 기출문제는 핵심개념을 유지하면서 교육과정에 맞게 변형하여 수록하였다. (대표적으로 지수 및 로그함수 문제는 유리 및 무리함수로 변형 적용하였다.)

3. 예상변형 8선 모음은 기출문제의 핵심개념을 그대로 유지하면서 난이도를 5~10% 정도 높여 반영함으로써 기출 트렌드를 벗어나지 않도록 유의하였으며 학생들에게 기출문제의 완벽한 이해와 다양한 변형문제에 대한 적응력을 높일 수 있도록 하였다.

4. 총 18회 각각의 123등급 등급컷과 8선 모음 등급컷을 함께 제공하여 짧은 시간 내에 자신의 현재 실력과 등급을 쉽게 확인할 수 있도록 하였다.

5. 이 책은 1회당 기출 8선과 변형 8선 총 16문제로 구성하여 1일 3시간 분량으로 총 18회를 1개월 프로젝트로 완성할 수 있도록 구성하였다. 1회당 권장소요시간은 기출 8선과 변형 8선 각각 풀이 50분과 오답 30분을 권장한다. 또한 1번 풀이로 만족하지 말고 3개월 단위로 3번은 꼭 풀어보기를 권장한다.

‖ 수능특보 1개월 프로젝트 제안 ‖

주차	요일	학습내용	권고시간	1차 풀이	2차 풀이	3차 풀이
1주차	월	제1장	3시간			
	화	제2장	3시간			
	수	제3장	3시간			
	목	제4장	3시간			
	금	제5장	3시간			
	토	1~5 복습	6시간			
	일					
2주차	월	제6장	3시간			
	화	제7장	3시간			
	수	제8장	3시간			
	목	제9장	3시간			
	금	제10장	3시간			
	토	6~10 복습	6시간			
	일					
3주차	월	제11장	3시간			
	화	제12장	3시간			
	수	제13장	3시간			
	목	제14장	3시간			
	금	제15장	3시간			
	토	11~15 복습	6시간			
	일					
4주차	월	제16장	3시간			
	화	제17장	3시간			
	수	제18장	3시간			
	목	16~18 복습	3시간			
	금	총복습	9시간			
	토					
	일					

‖ 수능특보 빠른 정답 ‖

[제1회 정답]

번호	1	2	3	4	5	6	7	8
정답	④	②	⑤	④	32	16	62	65

번호	9	10	11	12	13	14	15	16
정답	②	①	⑤	②	34	36	221	42

[제2회 정답]

번호	1	2	3	4	5	6	7	8
정답	④	①	④	⑤	②	19	43	65

번호	9	10	11	12	13	14	15	16
정답	④	②	④	③	20	274	25	20

[제3회 정답]

번호	1	2	3	4	5	6	7	8
정답	⑤	②	⑤	⑤	30	12	186	78

번호	9	10	11	12	13	14	15	16
정답	①	②	③	③	30	4	17	156

[제4회 정답]

번호	1	2	3	4	5	6	7	8
정답	②	④	①	⑤	30	97	45	222

번호	9	10	11	12	13	14	15	16
정답	②	④	③	①	48	26	120	63

[제5회 정답]

번호	1	2	3	4	5	6	7	8
정답	②	①	②	④	72	110	35	250

번호	9	10	11	12	13	14	15	16
정답	②	⑤	④	②	72	90	645	440

[제6회 정답]

번호	1	2	3	4	5	6	7	8
정답	②	①	①	⑤	③	③	8	16

번호	9	10	11	12	13	14	15	16
정답	⑤	①	③	⑤	③	④	53	11

[제7회 정답]

번호	1	2	3	4	5	6	7	8
정답	④	②	①	⑤	5	33	16	127

번호	9	10	11	12	13	14	15	16
정답	④	②	③	⑤	57	107	2	87

[제8회 정답]

번호	1	2	3	4	5	6	7	8
정답	③	④	③	①	5	4	10	176

번호	9	10	11	12	13	14	15	16
정답	③	②	④	②	169	13	65	709

[제9회 정답]

번호	1	2	3	4	5	6	7	8
정답	④	①	③	⑤	34	8	10	51

번호	9	10	11	12	13	14	15	16
정답	④	③	①	⑤	38	9	22	82

[제10회 정답]

번호	1	2	3	4	5	6	7	8
정답	①	③	②	④	20	13	12	22

번호	9	10	11	12	13	14	15	16
정답	①	④	①	③	105	8	12	25

|| 수능특보 빠른 정답 ||

[제11회 정답]

번호	1	2	3	4	5	6	7	8
정답	③	①	④	③	6	40	256	103

번호	9	10	11	12	13	14	15	16
정답	①	④	③	③	14	20	729	21

[제12회 정답]

번호	1	2	3	4	5	6	7	8
정답	④	③	④	⑤	③	⑤	11	30

번호	9	10	11	12	13	14	15	16
정답	④	③	②	⑤	④	①	18	42

[제13회 정답]

번호	1	2	3	4	5	6	7	8
정답	③	④	②	98	16	40	68	484

번호	9	10	11	12	13	14	15	16
정답	③	④	⑤	196	176	40	32	735

[제14회 정답]

번호	1	2	3	4	5	6	7	8
정답	③	②	⑤	④	96	12	13	58

번호	9	10	11	12	13	14	15	16
정답	②	③	①	⑤	92	5	33	71

[제15회 정답]

번호	1	2	3	4	5	6	7	8
정답	④	①	⑤	②	①	512	36	429

번호	9	10	11	12	13	14	15	16
정답	①	②	④	③	⑤	486	36	476

[제16회 정답]

번호	1	2	3	4	5	6	7	8
정답	②	①	①	⑤	④	20	37	51

번호	9	10	11	12	13	14	15	16
정답	②	②	④	①	③	16	8	200

[제17회 정답]

번호	1	2	3	4	5	6	7	8
정답	⑤	②	①	②	⑤	19	16	250

번호	9	10	11	12	13	14	15	16
정답	⑤	③	①	③	③	16	16	690

[제18회 정답]

번호	1	2	3	4	5	6	7	8
정답	③	④	④	③	③	①	30	25

번호	9	10	11	12	13	14	15	16
정답	③	④	⑤	⑤	①	②	16	18

2017학년도 수능

핵심기출 8선 및 변형예상 8선

제1장

1 2 3 등급 판정 기준		
등급	원점수	8선모음 정답수
1	88 ~ 100점	5 ~ 8개
2	80 ~ 87점	3 ~ 4개
3	72 ~ 79점	1 ~ 2개

제1장 체크리스트

차수	1차 풀이		2차 풀이		3차 풀이	
날짜						
구분	기출	변형	기출	변형	기출	변형
체크리스트	1	9	1	9	1	9
	2	10	2	10	2	10
	3	11	3	11	3	11
	4	12	4	12	4	12
	5	13	5	13	5	13
	6	14	6	14	6	14
	7	15	7	15	7	15
	8	16	8	16	8	16
등급						

1. [2017학년도 수능 18번 오답률 51%]

최고차항의 계수가 1인 이차함수 $f(x)$가

$$\lim_{x \to a} \frac{f(x) - (x-a)}{f(x) + (x-a)} = \frac{3}{5}$$

을 만족시킨다. 방정식 $f(x) = 0$의 두 근을 α, β라 할 때, $|\alpha - \beta|$의 값은? (단, a는 상수이다.)

① 1   ② 2   ③ 3   ④ 4   ⑤ 5

2. [2017학년도 수능 19번 오답률 48%]

좌표평면 위의 한 점 (x, y)에서 세 점 $(x+1, y)$, $(x, y+1)$, $(x+1, y+1)$ 중 한 점으로 이동하는 것을 점 프라 하자. 점프를 반복하여 점 $(0, 0)$에서 점 $(4, 3)$까지 이동하는 모든 경우 중에서, 임의로 한 경우를 선택할 때 나오는 점프의 횟수를 확률변수 X라 하자. 다음은 $E(X)$를 구하는 과정이다. (단, 각 경우가 선택되는 확률은 동일하다.)

점프를 반복하여 점 $(0, 0)$에서 점 $(4, 3)$까지 이동하는 모든 경우의 수를 N이라 하자. 확률변수 X가 가질 수 있는 값 중 가장 작은 값을 k라 하면 $k = $ (가) 이고, 가장 큰 값은 $k+3$이다.

$$P(X = k) = \frac{1}{N} \times \frac{4!}{3!} = \frac{4}{N}$$

$$P(X = k+1) = \frac{1}{N} \times \frac{5!}{2!2!} = \frac{30}{N}$$

$$P(X = k+2) = \frac{1}{N} \times \boxed{\text{(나)}}$$

$$P(X = k+3) = \frac{1}{N} \times \frac{7!}{3!4!} = \frac{35}{N}$$

이고

$$\sum_{i=k}^{k+3} P(X = i) = 1$$

이므로 $N = \boxed{\text{(다)}}$ 이다.

따라서 확률변수 X의 평균 $E(X)$는 다음과 같다.

$$E(X) = \sum_{i=k}^{k+3} \{i \times P(X = i)\} = \frac{257}{43}$$

위의 (가), (나), (다)에 알맞은 수를 a, b, c라 할 때, $a + b + c$의 값은?

① 190   ② 193   ③ 196   ④ 199   ⑤ 202

3. [2017학년도 수능 20번 오답률 51%]

최고차항의 계수가 양수인 삼차함수 $f(x)$가 다음 조건을 만족시킨다.

(가) 함수 $f(x)$는 $x=0$에서 극댓값, $x=k$에서 극솟값을 가진다. (단, k는 상수이다.)
(나) 1보다 큰 모든 실수 t에 대하여
$$\int_0^t |f'(x)|\,dx = f(t)+f(0)$$ 이다.

다음에서 옳은 것만을 있는 대로 고른 것은?

ㄱ. $\int_0^k f'(x)\,dx < 0$
ㄴ. $0 < k \le 1$
ㄷ. 함수 $f(x)$의 극솟값은 0이다.

① ㄱ ② ㄷ ③ ㄱ, ㄴ
④ ㄴ, ㄷ ⑤ ㄱ, ㄴ, ㄷ

4. [2017학년도 수능 21번 오답률 67%]

좌표평면에서 함수

$$f(x)=\begin{cases} -x+10 & (x<10) \\ (x-10)^2 & (x \ge 10) \end{cases}$$

과 자연수 n에 대하여 점 $(n,\ f(n))$을 중심으로 하고 반지름의 길이가 3인 원 O_n이 있다. x좌표와 y좌표가 모두 정수인 점 중에서 원 O_n의 내부에 있고 함수 $y=f(x)$의 그래프의 아랫부분에 있는 모든 점의 개수를 A_n, 원 O_n의 내부에 있고 함수 $y=f(x)$의 그래프의 윗부분에 있는 모든 점의 개수를 B_n이라 하자. $\sum_{n=1}^{20}(A_n-B_n)$의 값은?

① 19 ② 21 ③ 23 ④ 25 ⑤ 27

5. [2017학년도 수능 27번 오답률 80%]

다음 조건을 만족시키는 음이 아닌 정수 a, b, c 의 모든 순서
쌍 (a, b, c) 의 개수를 구하시오.

> (가) $a+b+c=7$
> (나) $2^a \times 4^b$ 은 8 의 배수이다.

6. [2017학년도 수능 28번 오답률 55%]

자연수 n 에 대하여 직선 $x=4^n$ 이 곡선 $y=\sqrt{x}$ 와 만나는
점을 P_n 이라 하자. 선분 $P_n P_{n+1}$ 의 길이를 L_n 이라 할 때,
$$\lim_{n \to \infty} \left(\frac{L_{n+1}}{L_n} \right)^2$$ 의 값을 구하시오.

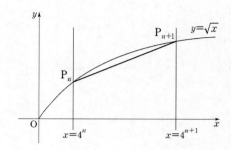

7. [2017학년도 수능 29번 오답률 72%]

확률변수 X는 평균이 m, 표준편차가 5인 정규분포를 따르고, 확률변수 X의 확률밀도함수 $f(x)$가 다음 조건을 만족시킨다.

(가) $f(10) > f(20)$
(나) $f(4) < f(22)$

---

m이 자연수일 때
$P(17 \leq X \leq 18) = a$이다.
$1000a$의 값을 오른쪽 표준정규분포표를 이용하여 구하시오.

z	$P(0 \leq Z \leq z)$
0.6	0.226
0.8	0.288
1.0	0.341
1.2	0.385
1.4	0.419

8. [2017학년도 수능 30번 오답률 97%]

실수 k에 대하여 함수 $f(x) = x^3 - 3x^2 + 6x + k$의 역함수를 $g(x)$라 하자. 방정식 $4f'(x) + 12x - 18 = (f' \circ g)(x)$가 닫힌 구간 $[0, 1]$에서 실근을 갖기 위한 k의 최솟값을 m, 최댓값을 M이라 할 때, $m^2 + M^2$의 값을 구하시오.

9. [2017학년도 수능 18번 변형 오답률 51%]

최고차항의 계수가 1이고 상수항이 0인 삼차함수 $f(x)$가

$$\lim_{x \to a} \frac{f(x) - (x-a)}{f(x) + (x-a)} = \frac{3}{5}$$

을 만족시킨다. 방정식 $f(x) = 0$의 자연수인 두 근을 α, β라 할 때, $\alpha + \beta$의 값은? (단, a는 상수이다.)

① 5   ② 7   ③ 9   ④ 11   ⑤ 13

10. [2017학년도 수능 19번 변형 오답률 48%]

좌표평면 위의 한 점 (x, y)에서 세 점 $(x+1, y)$, $(x, y+1)$, $(x+1, y+1)$ 중 한 점으로 이동하는 것을 점프라 하자. 점프를 반복하여 점 $(0, 0)$에서 점 $(4, 4)$까지 이동하는 모든 경우 중에서, 임의로 한 경우를 선택할 때 나오는 점프의 횟수를 확률변수 X라 하자. 다음은 $E(X)$를 구하는 과정이다. (단, 각 경우가 선택되는 확률은 동일하다.)

점프를 반복하여 점 $(0, 0)$에서 점 $(4, 4)$까지 이동하는 모든 경우의 수를 N이라 하자. 확률변수 X가 가질 수 있는 값 중 가장 작은 값을 k라 하면 $k = $ (가) 이고, 가장 큰 값은 $k+4$이다.

$$P(X = k) = \frac{1}{N} \times \frac{4!}{4!} = \frac{1}{N}$$

$$P(X = k+1) = \frac{1}{N} \times \frac{5!}{3!} = \frac{20}{N}$$

$$P(X = k+2) = \frac{1}{N} \times \boxed{(나)}$$

$$P(X = k+3) = \frac{1}{N} \times \frac{7!}{3!3!} = \frac{140}{N}$$

$$P(X = k+4) = \frac{1}{N} \times \frac{8!}{4!4!} = \frac{70}{N}$$

이고

$$\sum_{i=k}^{k+4} P(X = i) = 1$$

이므로 $N = $ (다) 이다.

따라서 확률변수 X의 평균 $E(X)$는 다음과 같다.

$$E(X) = \sum_{i=k}^{k+4} \{ i \times P(X = i) \} = \frac{728}{107}$$

위의 (가), (나), (다)에 알맞은 수를 a, b, c라 할 때, $a + b + c$의 값은?

① 415   ② 420   ③ 425   ④ 430   ⑤ 435

11. [2017학년도 수능 20번 변형 오답률 51%]

최고차항의 계수가 음수인 사차함수 $f(x)$가 다음 조건을 만족시킨다.

> (가) 함수 $f(x)$는 $x=0$과 $x=k$에서 극댓값,
> $x=1$에서 극솟값을 가진다. (단, k는 상수이다.)
> (나) 2보다 큰 모든 실수 t에 대하여
> $$\int_0^t |f'(x)|\,dx = -f(t) + f(0) - 2f(1) \text{ 이다.}$$

다음에서 옳은 것만을 있는 대로 고른 것은?

> ㄱ. $\displaystyle\int_1^k f(x)\,dx < 0$
> ㄴ. $1 < k \le 2$
> ㄷ. 함수 $f(x)$의 극솟값은 항상 음수이다.

① ㄱ   ② ㄷ   ③ ㄱ, ㄴ
④ ㄴ, ㄷ   ⑤ ㄱ, ㄴ, ㄷ

12. [2017학년도 수능 21번 변형 오답률 67%]

좌표평면에서 함수

$$f(x) = \begin{cases} (x-10)^2 & (x < 10) \\ (x-10)^3 & (x \ge 10) \end{cases}$$

과 자연수 n에 대하여 점 $(n, f(n))$을 중심으로 하고 반지름의 길이가 3인 원 O_n이 있다. x좌표와 y좌표가 모두 정수인 점 중에서 원 O_n의 내부에 있고 함수 $y=f(x)$의 그래프의 아랫부분에 있는 모든 점의 개수를 A_n, 원 O_n의 내부에 있고 함수 $y=f(x)$의 그래프의 윗부분에 있는 모든 점의 개수를 B_n이라 하자. $\displaystyle\sum_{n=1}^{20}(A_n - B_n)$의 값은?

① 28   ② 30   ③ 32   ④ 34   ⑤ 36

13. [2017학년도 수능 27번 변형 오답률 80%]

다음 조건을 만족시키는 자연수 a, b, c 의 모든 순서쌍 $(\,a,\,b,\,c\,)$의 개수를 구하시오.

(가) $a+b+c=10$

(나) $3^a \times 9^b$ 은 243 의 배수이다.

---

14. [2017학년도 수능 28번 변형 오답률 55%]

자연수 n에 대하여 직선 $x=4^n$이 곡선 $y=\sqrt{x}$ 와 만나는 점을 P_n, x축과 만나는 점을 Q_n이라 하자. 선분 P_nP_{n+1}의 길이를 L_n, 사각형 $P_nQ_nQ_{n+1}P_{n+1}$의 넓이를 S_n이라 할 때, $\displaystyle\lim_{n \to \infty}\left(\dfrac{S_{n+2}}{L_{n+1}}\right)^2$ 의 값을 구하시오.

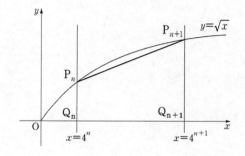

15. [2017학년도 수능 29번 변형 오답률 72%]

모집단의 확률변수 X는 평균이 m, 표준편차가 5인 정규분포를 따른다. 모집단에서 임의추출한 25개의 표본평균을 $\overline{X}$라 할 때, 확률변수 $\overline{X}$의 확률밀도함수 $f(x)$가 다음 조건을 만족시킨다.

(가) $f(10) < f(16)$
(나) $f(4) > f(26)$

z	$P(0 \leq Z \leq z)$
0.6	0.226
0.8	0.288
1.0	0.341
1.2	0.385
1.4	0.419

m이 자연수일 때
$P(17 \leq X \leq 18) + P(\overline{X} \geq 15) = a$
이다. $1000a$의 값을 오른쪽 표준정규분포표를 이용하여 구하시오.

16. [2017학년도 수능 30번 변형 오답률 97%]

실수 k에 대하여 함수 $f(x) = \dfrac{1}{3}x^3 - x^2 + 6x + k$의 역함수를 $g(x)$라 하자. 방정식 $9f'(x) + 12x - 48 = (f' \circ g)(x)$가 닫힌 구간 $[0, 1]$에서 실근을 갖기 위한 k의 값의 범위가 $\alpha \leq k \leq \beta$일 때, $3\beta - \alpha$의 값을 구하시오.

2017학년도 9월 평가원

핵심기출 8선 및 변형예상 8선

제2장

1 2 3 등급 판정 기준		
등급	원점수	8선모음 정답수
1	92 ~ 100점	6 ~ 8개
2	88 ~ 91점	5 ~ 5개
3	76 ~ 87점	2 ~ 4개

제2장 체크리스트

차수	1차 풀이				2차 풀이				3차 풀이			
날짜												
구분	기출		변형		기출		변형		기출		변형	
체크리스트	1		9		1		9		1		9	
	2		10		2		10		2		10	
	3		11		3		11		3		11	
	4		12		4		12		4		12	
	5		13		5		13		5		13	
	6		14		6		14		6		14	
	7		15		7		15		7		15	
	8		16		8		16		8		16	
등급												

1. [2017학년도 9월 17번 오답률 58%]

자연수 n에 대하여 곡선 $y = \dfrac{3}{x}$ $(x>0)$ 위의 점 $\left(n, \dfrac{3}{n}\right)$과 두 점 $(n-1, 0)$, $(n+1, 0)$을 세 꼭짓점으로 하는 삼각형의 넓이를 a_n이라 할 때, $\displaystyle\sum_{n=1}^{10} \dfrac{9}{a_n a_{n+1}}$의 값은?

① 410 ② 420 ③ 430 ④ 440 ⑤ 450

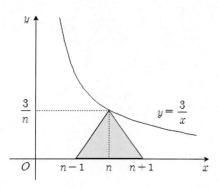

2. [2017학년도 9월 18번 오답률 63%]

1부터 n까지의 자연수가 하나씩 적혀 있는 n장의 카드가 있다. 이 카드 중에서 임의로 서로 다른 4장의 카드를 선택할 때, 선택한 카드 4장에 적힌 수 중 가장 큰 수를 확률변수 X라 하자. 다음은 $E(X)$를 구하는 과정이다. (단, $n \geq 4$)

자연수 k $(4 \leq k \leq n)$에 대하여 확률변수 X의 값이 k일 확률은 1부터 $k-1$까지의 자연수가 적혀 있는 카드 중에서 서로 다른 3장의 카드와 k가 적혀 있는 카드를 선택하는 경우의 수를 전체의 경우의 수로 나눈 것이므로

$$P(X=k) = \frac{\boxed{(가)}}{{}_n C_4}$$

이다. 자연수 r $(1 \leq r \leq k)$에 대하여

$$_k C_r = \frac{k}{r} \times {}_{k-1}C_{r-1}$$

이므로

$$k \times \boxed{(가)} = 4 \times \boxed{(나)}$$

이다. 그러므로

$$E(X) = \sum_{k=4}^{n}\{k \times P(X=k)\} = \frac{1}{{}_n C_4}\sum_{k=4}^{n}\left(k \times \boxed{(가)}\right)$$

$$= \frac{4}{{}_n C_4}\sum_{k=4}^{n}\boxed{(나)}$$

이다.

$$\sum_{k=4}^{n}\boxed{(나)} = {}_{n+1}C_5$$

이므로

$$E(X) = (n+1) \times \boxed{(다)}$$

이다.

위의 (가), (나)에 알맞은 식을 각각 $f(k)$, $g(k)$라 하고, (다)에 알맞은 수를 a라 할 때, $a \times f(6) \times g(5)$의 값은?

① 40 ② 45 ③ 50 ④ 55 ⑤ 60

3. [2017학년도 9월 19번 오답률 56%]

각 자리의 수가 0이 아닌 네 자리의 자연수 중 각 자리의 수의 합이 7인 모든 자연수의 개수는?

① 11   ② 14   ③ 17   ④ 20   ⑤ 23

4. [2017학년도 9월 20번 오답률 61%]

삼차함수 $f(x)$가 다음 조건을 만족시킨다.

> (가) $x = -2$에서 극댓값을 갖는다.
> (나) $f'(-3) = f'(3)$

다음에서 옳은 것만을 있는 대로 고른 것은?

> ㄱ. 도함수 $f'(x)$는 $x = 0$에서 최솟값을 갖는다.
> ㄴ. 방정식 $f(x) = f(2)$는 서로 다른 두 실근을 갖는다.
> ㄷ. 곡선 $y = f(x)$ 위의 점 $(-1, f(-1))$에서의 접선은 점 $(2, f(2))$를 지난다.

① ㄱ   ② ㄷ   ③ ㄱ, ㄴ
④ ㄴ, ㄷ   ⑤ ㄱ, ㄴ, ㄷ

5. [2017학년도 9월 21번 오답률 76%]

다음 조건을 만족시키며 최고차항의 계수가 음수인 모든 사차함수에 대하여 $f(1)$의 최댓값은?

> (가) 방정식 $f(x)=0$의 실근은 0, 2, 3 뿐이다.
> (나) 실수 x에 대하여 $f(x)$와 $|x(x-2)(x-3)|$ 중 크지 않은 값을 $g(x)$라 할 때, 함수 $g(x)$는 실수 전체의 집합에서 미분가능하다.

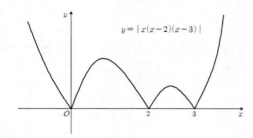

① $\dfrac{7}{6}$ ② $\dfrac{4}{3}$ ③ $\dfrac{3}{2}$

④ $\dfrac{5}{3}$ ⑤ $\dfrac{11}{6}$

6. [2017학년도 9월 28번 오답률 70%]

함수 $f(x)=4x^2+6x+32$에 대하여

$$\lim_{n \to \infty}\sum_{k=1}^{n}\frac{k}{n^2}f\left(\frac{k}{n}\right)$$

의 값을 구하시오.

7. [2017학년도 9월 29번 오답률 78%]

구간 $[0, 8]$에서 정의된 함수 $f(x)$는

$$f(x) = \begin{cases} -x(x-4) & (0 \le x < 4) \\ x-4 & (4 \le x \le 8) \end{cases}$$

이다. 실수 $a\,(0 \le a \le 4)$에 대하여 $\displaystyle\int_{a}^{a+4} f(x)\,dx$의 최솟값

은 $\dfrac{q}{p}$이다. $p+q$의 값을 구하시오. (단, p와 q는 서로소인 자연수이다.)

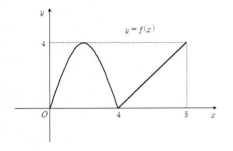

8. [2017학년도 9월 30번 오답률 99%]

좌표평면에서 자연수 n에 대하여 영역

$$\left\{ (x, y) \,\middle|\, 0 \le x \le n,\ 0 \le y \le \frac{\sqrt{x+3}}{2} \right\}$$

에 포함되는 정사각형 중에서 다음 조건을 만족시키는 모든 정사각형의 개수를 $f(n)$이라 하자.

(가) 각 꼭짓점의 x좌표, y좌표가 모두 정수이다.
(나) 한 변의 길이가 $\sqrt{5}$ 이하이다.

예를 들어 $f(14) = 15$이다. $f(n) \le 400$을 만족시키는 자연수 n의 최댓값을 구하시오.

9. [2017학년도 9월 17번 변형 오답률 58%]

자연수 n에 대하여 곡선 $y = \dfrac{3}{x}$ $(x > 0)$ 위의 점 $\left(n, \dfrac{3}{n}\right)$과 두 점 $(n-1, 0)$, $(n+1, 0)$을 세 꼭짓점으로 하는 삼각형의 넓이를 a_n이라 할 때, $\displaystyle\sum_{n=1}^{10} \dfrac{a_n a_{n+1}}{9}$의 값은?

① $\dfrac{17}{22}$ ② $\dfrac{9}{11}$ ③ $\dfrac{19}{22}$ ④ $\dfrac{10}{11}$ ⑤ $\dfrac{21}{22}$

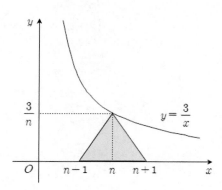

10. [2017학년도 9월 18번 변형 오답률 63%]

1부터 n까지의 자연수가 하나씩 적혀 있는 n장의 카드가 있다. 이 카드 중에서 임의로 서로 다른 4장의 카드를 선택할 때, 선택한 카드 4장에 적힌 수 중 가장 큰 수를 확률변수 X라 하자. 다음은 $E(X)$를 구하는 과정이다. (단, $n \geq 4$)

> 자연수 k $(4 \leq k \leq n)$에 대하여 확률변수 X의 값이 k일 확률은 1부터 $n-1$까지의 자연수가 적혀 있는 카드 중에서 서로 다른 3장의 카드와 k가 적혀 있는 카드를 선택하는 경우의 수를 전체의 경우의 수로 나눈 것이므로
>
> $$P(X = k) = \dfrac{{}_{k-1}C_3}{{}_nC_4}$$
>
> 이다. 자연수 r $(1 \leq r \leq k)$에 대하여
>
> $${}_kC_r = \dfrac{k}{r} \times {}_{k-1}C_{r-1}$$
>
> 이므로
>
> $$k \times {}_{k-1}C_3 = 4 \times \boxed{\text{(가)}}$$
>
> 이다. 그러므로
>
> $$E(X) = \sum_{k=4}^{n} \{k \times P(X = k)\} = \dfrac{1}{{}_nC_4} \sum_{k=4}^{n} \left(k \times \dfrac{{}_{k-1}C_3}{{}_nC_4} \right)$$
>
> $$= \dfrac{4}{{}_nC_4} \sum_{k=4}^{n} \boxed{\text{(가)}}$$
>
> 이다.
>
> $$\sum_{k=4}^{n} \boxed{\text{(가)}} = \boxed{\text{(나)}}$$
>
> 이므로
>
> $$E(X) = \dfrac{4}{5} \times \boxed{\text{(다)}}$$
>
> 이다.

위의 (가), (나), (다)에 알맞은 식을 각각 $f(k)$, $g(n)$, $h(n)$라 할 때, $\dfrac{f(6) \times g(5)}{h(5)}$의 값은?

① 12   ② 15   ③ 18   ④ 21   ⑤ 24

11. [2017학년도 9월 19번 변형 오답률 56%]

네 자리의 자연수 중 각 자리의 수의 합이 7인 모든 자연수의 개수는?

① 75   ② 78   ③ 81   ④ 84   ⑤ 87

12. [2017학년도 9월 20번 변형 오답률 61%]

삼차함수 $f(x)$가 다음 조건을 만족시킨다.

> (가) $x = -2$에서 극솟값을 갖는다.
> (나) $f'(-3) = f'(1)$

다음에서 옳은 것만을 있는 대로 고른 것은?

> ㄱ. 도함수 $f'(x)$는 $x = -1$에서 최댓값을 갖는다.
> ㄴ. 방정식 $f(x) = f(-1)$는 서로 다른 세 실근을 갖는다.
> ㄷ. 곡선 $y = f(x)$ 위의 점 $(-1, f(-1))$에서의 접선은 점 $(0, f(0))$를 지난다.

① ㄱ   ② ㄷ   ③ ㄱ, ㄴ
④ ㄴ, ㄷ   ⑤ ㄱ, ㄴ, ㄷ

13. [2017학년도 9월 21번 변형 오답률 76%]

다음 조건을 만족시키며 최고차항의 계수가 음수인 모든 사차 함수에 대하여 $f(1)$의 최댓값을 M, 최솟값을 m이라 할 때, $30(M+m)$의 값을 구하시오.

> (가) 방정식 $f(x) = 0$의 실근은 0, 2, 3 뿐이다.
> (나) 실수 x에 대하여 $f(x)$와 $|x(x-2)(x-3)|$ 중 크지 않은 값을 $g(x)$라 할 때, 함수 $g(x)$는 실수 전체의 집합에서 미분가능하다.

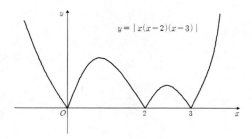

14. [2017학년도 9월 28번 변형 오답률 70%]

함수 $f(x) = 4x^2 + 6x + 32$에 대하여

$$3\lim_{n \to \infty} \sum_{k=1}^{n} \frac{n+2k}{n^2} f\left(\frac{2k}{n}\right)$$

의 값을 구하시오.

15. [2017학년도 9월 29번 변형 오답률 78%]

구간 $[0, 8]$에서 정의된 함수 $f(x)$는

$$f(x) = \begin{cases} -x(x-4) & (0 \le x < 4) \\ x-4 & (4 \le x \le 8) \end{cases}$$

이다. 실수 t $(0 \le t \le 5)$에 대하여 $g(t) = \displaystyle\int_{t}^{t+3} f(x)\,dx$라

하자. $y = g(t)$가 $t = \alpha$일 때 최댓값을 갖고, $t = \beta$일 때 최솟값을 가질 때, $\alpha + \beta = p + q\sqrt{13}$이다. $10(p+q)$의 값을 구하시오. (단, p와 q는 유리수이다.)

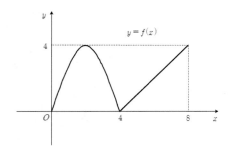

16. [2017학년도 9월 30번 변형 오답률 99%]

좌표평면에서 자연수 n에 대하여 영역

$$\left\{(x, y) \mid 0 \le x \le n,\ 0 \le y \le \frac{\sqrt{x+4}}{2}\right\}$$

에 포함되는 정사각형 중에서 다음 조건을 만족시키는 모든 정사각형의 개수를 $f(n)$이라 하자.

(가) 각 꼭짓점의 x좌표, y좌표가 모두 정수이다.
(나) 한 변의 길이가 $\sqrt{8}$ 이하이다.

예를 들어 $f(13) = 15$이다. $200 \le f(n) \le 400$을 만족시키는 자연수 n의 개수를 구하시오.

2017학년도 6월 평가원

핵심기출 8선 및 변형예상 8선

제3장

1 2 3 등급 판정 기준		
등급	원점수	8선모음 정답수
1	92 ~ 100점	6 ~ 8개
2	84 ~ 91점	4 ~ 5개
3	73 ~ 83점	1 ~ 3개

제3장 체크리스트

차수	1차 풀이				2차 풀이				3차 풀이			
날짜												
구분	기출		변형		기출		변형		기출		변형	
체크리스트	1		9		1		9		1		9	
	2		10		2		10		2		10	
	3		11		3		11		3		11	
	4		12		4		12		4		12	
	5		13		5		13		5		13	
	6		14		6		14		6		14	
	7		15		7		15		7		15	
	8		16		8		16		8		16	
등급												

1. [2017학년도 6월 17번 오답률 66%]

그림과 같이 한 변의 길이가 2인 정사각형 $A_1B_1C_1D_1$에서 선분 A_1B_1과 선분 B_1C_1의 중점을 각각 E_1, F_1이라 하자. 정사각형 $A_1B_1C_1D_1$의 내부와 삼각형 $E_1F_1D_1$의 외부의 공통부분을 색칠하여 얻은 그림을 R_1이라 하자.

그림 R_1에서 선분 D_1E_1 위의 점 A_2, 선분 D_1F_1 위의 점 D_2와 선분 E_1F_1 위의 두 점 B_2, C_2를 꼭짓점으로 하는 정사각형 $A_2B_2C_2D_2$에 그림 R_1을 얻은 것과 같은 방법으로 삼각형 $E_2F_2D_2$를 그리고 정사각형 $A_2B_2C_2D_2$의 내부와 삼각형 $E_2F_2D_2$의 외부의 공통부분을 색칠하여 얻은 그림을 R_2이라 하자.

이와 같은 과정을 계속하여 n번째 얻은 그림 R_n에 색칠되어 있는 부분의 넓이를 S_n이라 할 때, $\lim\limits_{n\to\infty} S_n$의 값은?

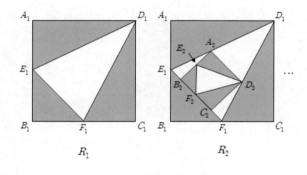

R_1　　　　　R_2

① $\dfrac{125}{37}$　② $\dfrac{125}{38}$　③ $\dfrac{125}{39}$　④ $\dfrac{25}{8}$　⑤ $\dfrac{125}{41}$

2. [2017학년도 6월 18번 오답률 58%]

삼차함수 $y=f(x)$와 일차함수 $y=g(x)$의 그래프가 그림과 같고, $f'(b)=f'(d)=0$이다.

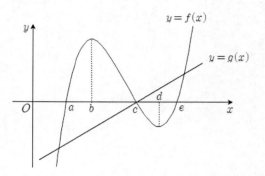

함수 $y=f(x)g(x)$는 $x=p$와 $x=q$에서 극소이다. 다음 중 옳은 것은? (단, $p<q$)

① $a<p<b$이고 $c<q<d$
② $a<p<b$이고 $d<q<e$
③ $b<p<c$이고 $c<q<d$
④ $b<p<c$이고 $d<q<e$
⑤ $c<p<d$이고 $d<q<e$

3. [2017학년도 6월 20번 오답률 55%]

첫째항이 a인 수열 $\{a_n\}$은 모든 자연수 n에 대하여

$$a_{n+1} = \begin{cases} a_n + (-1)^n \times 2 & (n \text{이 3의 배수가 아닌 경우}) \\ a_n + 1 & (n \text{이 3의 배수인 경우}) \end{cases}$$

를 만족시킨다. $a_{15} = 43$일 때, a의 값은?

① 35   ② 36   ③ 37   ④ 38   ⑤ 39

4. [2017학년도 6월 21번 오답률 70%]

삼차함수 $f(x)$의 도함수 $y = f'(x)$의 그래프가 그림과 같을 때, 다음에서 옳은 것만을 있는 대로 고른 것은?

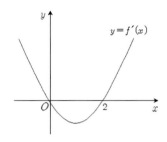

┌───┐
ㄱ. $f(0) < 0$이면 $|f(0)| < |f(2)|$이다.
ㄴ. $f(0)f(2) \geq 0$이면 함수 $|f(x)|$가 $x = a$에서 극소인 a의 값의 개수는 2이다.
ㄷ. $f(0) + f(2) = 0$이면 방정식 $|f(x)| = f(0)$의 서로 다른 실근의 개수는 4이다.
└───┘

① ㄱ   ② ㄱ, ㄴ   ③ ㄱ, ㄷ
④ ㄴ, ㄷ   ⑤ ㄱ, ㄴ, ㄷ

5. [2017학년도 6월 27번 오답률 51%]

표와 같이 두 상자 A, B에는 흰 구슬과 검은 구슬이 섞여서 각각 100개씩 들어 있다.

(단위: 개)

	상자 A	상자 B
흰 구슬	a	$100-2a$
검은 구슬	$100-a$	$2a$
합계	100	100

두 상자 A, B에서 각각 1개씩 임의로 꺼낸 구슬이 서로 같은 색일 때, 그 색이 흰색일 확률은 $\dfrac{2}{9}$이다. 자연수 a의 값을 구하시오.

6. [2017학년도 6월 28번 오답률 53%]

양수 a에 대하여 함수 $f(x)=x^3+ax^2-a^2x+2$가 닫힌 구간 $[-a,\,a]$에서 최댓값 M, 최솟값 $\dfrac{14}{27}$를 갖는다. $a+M$의 값을 구하시오.

7. [2017학년도 6월 29번 오답률 89%]

함수 $f(x)$는

$$f(x) = \begin{cases} x+1 & (x < 1) \\ -2x+4 & (x \geq 1) \end{cases}$$

이고, 좌표평면 위에 두 점 $A(-1, -1)$, $B(1, 2)$가 있다. 실수 x에 대하여 점 $(x, f(x))$에서 점 A까지의 거리의 제곱과 점 B까지의 거리의 제곱 중 크지 않은 값을 $g(x)$라 하자. 함수 $g(x)$가 $x = a$에서 미분가능하지 않은 모든 a의 값의 합이 p일 때, $80p$의 값을 구하시오.

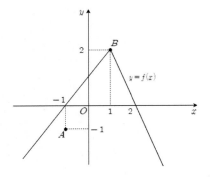

8. [2017학년도 6월 30번 오답률 97%]

다음 조건을 만족시키는 20이하의 모든 자연수 n의 값의 합을 구하시오.

$\log_2(na - a^2)$과 $\log_2(nb - b^2)$은 같은 자연수이고

$0 < b - a \leq \dfrac{n}{2}$인 두 실수 a, b가 존재한다.

---

9. [2017학년도 6월 17번 변형 오답률 66%]

그림과 같이 한 변의 길이가 2인 정사각형 $A_1B_1C_1D_1$에서 D_1을 한 꼭짓점으로 하는 내접하는 정삼각형 $D_1E_1F_1$을 그리고 정사각형 $A_1B_1C_1D_1$의 내부와 정삼각형 $D_1E_1F_1$의 외부의 공통부분을 색칠하여 얻은 그림을 R_1이라 하자.

그림 R_1에서 선분 D_1E_1 위의 점 A_2, 선분 D_1F_1 위의 점 D_2와 선분 E_1F_1 위의 두 점 B_2, C_2를 꼭짓점으로 하는 정사각형 $A_2B_2C_2D_2$에 그림 R_1을 얻은 것과 같은 방법으로 정삼각형 $D_2E_2F_2$를 그리고 정사각형 $A_2B_2C_2D_2$의 내부와 정삼각형 $D_2E_2F_2$의 외부의 공통부분을 색칠하여 얻은 그림을 R_2이라 하자.

이와 같은 과정을 계속하여 n번째 얻은 그림 R_n에 색칠되어 있는 부분의 넓이를 S_n이라 할 때, $\lim_{n\to\infty} S_n = \dfrac{a+b\sqrt{3}}{c\sqrt{3}-311}$이다. $a+b+c$의 값은?

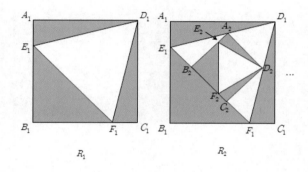

① 188   ② 192   ③ 196   ④ 200   ⑤ 204

10. [2017학년도 6월 18번 변형 오답률 58%]

삼차함수 $y=f(x)$와 일차함수 $y=g(x)$의 그래프가 그림과 같고, $f'(b)=f'(d)=0$이다.

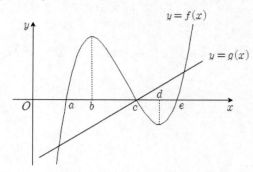

함수 $y=|f(x)g(x)|$는 $x=p$와 $x=q$에서 극대이다. 다음 중 옳은 것은? (단, $p<q$)

① $a<p<b$이고 $c<q<d$
② $a<p<b$이고 $d<q<e$
③ $b<p<c$이고 $c<q<d$
④ $b<p<c$이고 $d<q<e$
⑤ $c<p<d$이고 $d<q<e$

11. [2017학년도 6월 20번 변형 오답률 55%]

첫째항이 a인 수열 $\{a_n\}$은 모든 자연수 n에 대하여

$$a_{n+1} = \begin{cases} a_n + (-1)^n \times 2 & (n\text{이 }3\text{의 배수가 아닌 경우}) \\ a_n + 1 & (n\text{이 }3\text{의 배수인 경우}) \end{cases}$$

를 만족시킨다. $a_{30} + a_{31} + a_{32} = 84$일 때, a의 값은?

① 15 ② 17 ③ 19 ④ 21 ⑤ 23

12. [2017학년도 6월 21번 변형 오답률 70%]

사차함수 $f(x)$의 도함수 $y = f'(x)$의 그래프가 그림과 같을 때, 다음에서 옳은 것만을 있는 대로 고른 것은?

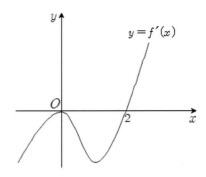

ㄱ. $f(0) < 0$이면 $|f(0)| < |f(2)|$이다.

ㄴ. $f(0)f(2) \geq 0$이면 함수 $|f(x)|$가 $x = a$에서 극소인 a의 값의 개수는 2이다.

ㄷ. $f(0) + f(2) = 0$이면 방정식 $|f(x)| = f(0)$의 서로 다른 실근의 개수는 3이다.

① ㄱ ② ㄱ, ㄴ ③ ㄱ, ㄷ
④ ㄴ, ㄷ ⑤ ㄱ, ㄴ, ㄷ

13. [2017학년도 6월 27번 변형 오답률 51%]

표와 같이 두 상자 A, B에는 흰 구슬과 검은 구슬이 섞여서 각각 100개씩 들어 있다.

(단위: 개)

	상자 A	상자 B
흰 구슬	a	$2a$
검은 구슬	$100-a$	$100-2a$
합계	100	100

두 상자 A, B에서 각각 1개씩 임의로 꺼낸 구슬이 서로 다른 색일 때, 상자 A에서 꺼낸 구슬의 색이 흰색일 확률은 $\dfrac{2}{9}$이다. 자연수 a의 값을 구하시오.

14. [2017학년도 6월 28번 변형 오답률 53%]

음수 a에 대하여 함수 $f(x) = x^3 + ax^2 - a^2x + 2$가 닫힌 구간 $[a, -a]$에서 최댓값 $\dfrac{94}{27}$, 최솟값 m를 갖는다. $a-m$의 값을 구하시오.

15. [2017학년도 6월 29번 변형 오답률 89%]

함수 $f(x)$는

$$f(x)=|x+1|+|x-2|$$

이고, 좌표평면 위에 세 점 $A(1, 4)$, $B(-1, 3)$, $C(2, 3)$가 있다. 실수 x에 대하여 함수 $y=g(x)$는 다음 두 조건을 만족하는 함수이다.

> (가) $x<1$일 때, 점 $(x, f(x))$에서 점 A까지의 거리의 제곱과 점 B까지의 거리의 제곱 중 크지 않은 값이 $g(x)$이다.
>
> (나) $x \geq 1$일 때, 점 $(x, f(x))$에서 점 A까지의 거리의 제곱과 점 C까지의 거리의 제곱 중 크지 않은 값이 $g(x)$이다.

함수 $g(x)$가 $x=a$에서 미분가능하지 않은 모든 a의 값의 합이 p일 때, $4p$의 값을 구하시오.

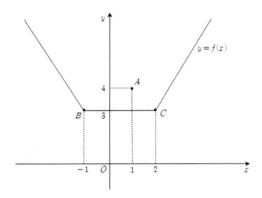

16. [2017학년도 6월 30번 변형 오답률 97%]

다음 조건을 만족시키는 30이하의 모든 자연수 n의 값의 합을 구하시오.

> $\log_3(2na-a^2)$과 $\log_3(2nb-b^2)$은 같은 자연수이고 $0<b-a \leq n$인 두 실수 a, b가 존재한다.

2016학년도 수능

핵심기출 8선 및 변형예상 8선

제4장

1 2 3 등급 판정 기준		
등급	원점수	8선모음 정답수
1	95 ~ 100점	7 ~ 8개
2	87 ~ 94점	5 ~ 6개
3	72 ~ 86점	1 ~ 4개

제4장 체크리스트

차수	1차 풀이				2차 풀이				3차 풀이			
날짜												
구분	기출		변형		기출		변형		기출		변형	
체크리스트	1		9		1		9		1		9	
	2		10		2		10		2		10	
	3		11		3		11		3		11	
	4		12		4		12		4		12	
	5		13		5		13		5		13	
	6		14		6		14		6		14	
	7		15		7		15		7		15	
	8		16		8		16		8		16	
등급												

1. [2016학년도 수능 15번 오답률 48%]

그림과 같이 한 변의 길이가 5인 정사각형 $ABCD$의 대각선 BD의 5등분점을 점 B에서 가까운 순서대로 각각 P_1, P_2, P_3, P_4라 하고, 선분 BP_1, P_2P_3, P_4D를 각각 대각선으로 하는 정사각형과 선분 P_1P_2, P_3P_4를 각각 지름으로 하는 원을 그린 후, 각 도형에 색칠하여 얻은 그림을 R_1이라 하자.

그림 R_1에서 선분 P_2P_3을 대각선으로 하는 정사각형의 꼭짓점 중 점 A와 가장 가까운 점을 Q_1, 점 C와 가장 가까운 점을 Q_2라 하자. 선분 AQ_1을 대각선으로 하는 정사각형과 선분 CQ_2를 대각선으로 하는 정사각형을 그리고, 새로 그려진 2개의 정사각형 안에 그림 R_1을 얻은 것과 같은 방법으로 도형에 색칠하여 얻은 그림을 R_2라 하자.

그림 R_2에서 선분 AQ_1을 대각선으로 하는 정사각형과 선분 CQ_2를 대각선으로 하는 정사각형에 그림 R_1에서 그림 R_2를 얻은 것과 같은 방법으로 도형에 각각 색칠하여 얻은 그림을 R_3라 하자.

이와 같은 과정을 계속하여 n번째 얻은 그림 R_n에 색칠되어 있는 부분의 넓이를 S_n이라 할 때, $\lim\limits_{n\to\infty} S_n$의 값은?

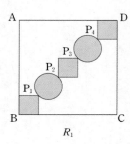

R_1

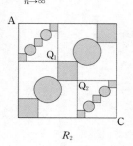

R_2

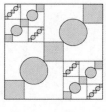

R_3 ...

① $\dfrac{24}{17}(\pi+3)$ ② $\dfrac{25}{17}(\pi+3)$ ③ $\dfrac{26}{17}(\pi+3)$

④ $\dfrac{24}{17}(2\pi+1)$ ⑤ $\dfrac{25}{17}(2\pi+1)$

2. [2016학년도 수능 17번 오답률 51%]

다음 조건을 만족시키는 음이 아닌 정수 a, b, c, d, e의 모든 순서쌍 (a, b, c, d, e)의 개수는?

> (가) a, b, c, d, e 중에서 0의 개수는 2이다.
> (나) $a+b+c+d+e=10$

① 240   ② 280   ③ 320   ④ 360   ⑤ 400

3. [2016학년도 수능 20번 오답률 63%]

두 다항함수 $f(x)$, $g(x)$가 모든 실수 x에 대하여

$$f(-x)=-f(x), \quad g(-x)=g(x)$$

를 만족시킨다. 함수 $h(x)=f(x)g(x)$에 대하여

$$\int_{-3}^{3}(x+5)h'(x)dx=10$$

일 때, $h(3)$의 값은?

① 1   ② 2   ③ 3   ④ 4   ⑤ 5

4. [2016학년도 수능 21번 오답률 67%]

다음 조건을 만족시키는 모든 삼차함수 $f(x)$에 대하여 $\dfrac{f'(0)}{f(0)}$의 최댓값을 M, 최솟값을 m이라 하자. Mm의 값은?

> (가) 함수 $|f(x)|$는 $x=-1$에서만 미분가능하지 않다.
> (나) 방정식 $f(x)=0$은 닫힌구간 $[3, 5]$에서 적어도 하나의 실근을 갖는다.

① $\dfrac{1}{15}$ ② $\dfrac{1}{10}$ ③ $\dfrac{2}{15}$ ④ $\dfrac{1}{6}$ ⑤ $\dfrac{1}{5}$

5. [2016학년도 수능 26번 오답률 46%]

어느 회사의 직원은 모두 60명이고, 각 직원은 두 개의 부서 A, B 중 한 부서에 속해 있다. 이 회사의 A 부서는 20명, B 부서는 40명의 직원으로 구성되어 있다. 이 회사의 A 부서에 속해 있는 직원의 50%가 여성이다. 이 회사 여성 직원의 60%가 B 부서에 속해 있다. 이 회사의 직원 60명 중에서 임의로 선택한 한 명이 B 부서에 속해 있을 때, 이 직원이 여성일 확률은 p이다. $80p$의 값을 구하시오.

6. [2016학년도 수능 28번 오답률 76%]

두 다항함수 $f(x)$, $g(x)$가 다음 조건을 만족시킨다.

> (가) $g(x) = x^3 f(x) - 7$
>
> (나) $\displaystyle\lim_{x \to 2} \frac{f(x) - g(x)}{x - 2} = 2$

곡선 $y = g(x)$ 위의 점 $(2, g(2))$에서의 접선의 방정식이 $y = ax + b$일 때, $a^2 + b^2$의 값을 구하시오. (단, a, b는 상수이다.)

7. [2016학년도 수능 29번 오답률 67%]

이차함수 $f(x)$가 $f(0)=0$이고 다음 조건을 만족시킨다.

(가) $\displaystyle\int_0^2 |f(x)|dx = -\int_0^2 f(x)dx = 4$

(나) $\displaystyle\int_2^3 |f(x)|dx = \int_2^3 f(x)dx$

$f(5)$의 값을 구하시오.

8. [2016학년도 수능 30번 오답률 98%]

$n \geq -2$인 정수 n에 대하여

$$f(x) = 10^{-n}(x - 10^n) \ (10^n \leq x < 10^{n+1})$$

라 하자. 다음 조건을 만족시키는 두 실수 a, b의 순서쌍 (a, b)를 좌표평면에 나타낸 영역을 R이라 하자.

(가) $a < 0$이고 $b > 10$이다.

(나) 함수 $y = f(x)$의 그래프와 직선 $y = ax + b$가 한 점에서만 만난다.

영역 R에 속하는 점 (a, b)에 대하여 $(a+20)^2 + b^2$의 최솟값은 $100 \times \dfrac{q}{p}$이다. $p+q$의 값을 구하시오. (단, p와 q는 서로소인 자연수이다.)

9. [2016학년도 수능 15번 변형 오답률 48%]

그림과 같이 지름의 길이가 $5\sqrt{2}$인 원의 지름 AB의 5등분 점을 점 A에서 가까운 순서대로 각각 P_1, P_2, P_3, P_4라 하고, 선분 AP_1, P_2P_3, P_4B를 각각 지름으로 하는 원과 선분 P_1P_2, P_3P_4를 각각 대각선으로 하는 정사각형을 그린 후, 각 도형에 색칠하여 얻은 그림을 R_1이라 하자.

그림 R_1에서 선분 P_2P_3을 지름으로 하는 원에 외접하면서 동시에 선분 AB를 지름으로 하는 원에 내접하는 원을 2개 그리고, 새로 그려진 2개의 원 안에 그림 R_1을 얻은 것과 같은 방법으로 도형에 색칠하여 얻은 그림을 R_2라 하자.

그림 R_2에서 새로 그려진 2개의 원에 그림 R_1에서 그림 R_2를 얻은 것과 같은 방법으로 도형에 각각 색칠하여 얻은 그림을 R_3라 하자.

이와 같은 과정을 계속하여 n번째 얻은 그림 R_n에 색칠되어 있는 부분의 넓이를 S_n이라 할 때, $\lim\limits_{n\to\infty} S_n = \dfrac{a+b\pi}{34}$이다. $a+b$의 값은?

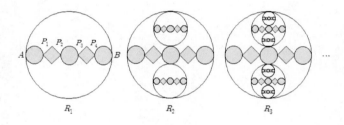

① 170　　② 175　　③ 180　　④ 185　　⑤ 190

10. [2016학년도 수능 17번 변형 오답률 55%]

다음 조건을 만족시키는 음이 아닌 정수 a, b, c, d, e의 모든 순서쌍 (a, b, c, d, e)의 개수는?

> (가) a, b, c, d, e 중에서 0의 최대개수는 2이다.
> (나) $a+b+c+d+e=10$

① 756　　② 806　　③ 856　　④ 906　　⑤ 956

11. [2016학년도 수능 20번 변형 오답률 63%]

두 다항함수 $f(x)$, $g(x)$가 모든 실수 x에 대하여
$$f(-x) = -f(x), \quad g(-x) = g(x), \quad h(-x) = h(x)$$
를 만족시킨다. 함수 $i(x) = f(x)g(x)h(x)$에 대하여
$$\int_{-5}^{5}(x^3 - 2x + 2)i'(x)dx = 100$$
일 때, $i(5)$의 값은?

① 15   ② 20   ③ 25   ④ 30   ⑤ 35

12. [2016학년도 수능 21번 변형 오답률 67%]

다음 조건을 만족시키는 모든 사차함수 $f(x)$에 대하여 $\left| \dfrac{f'(0)}{f(0)} \right|$의 최댓값을 M, 최솟값을 m이라 하자.
$100(M+m)$의 값은?

> (가) 함수 $|f(x)|$는 $x = -1$에서만 미분가능하지 않다.
> (나) 방정식 $f(x) = 0$은 닫힌구간 $[2, 4]$에서 적어도 하나의 실근을 갖는다.

① 50   ② 75   ③ 100   ④ 125   ⑤ 150

13. [2016학년도 수능 26번 변형 오답률 46%]

어느 회사의 직원은 모두 60명이고, 각 직원은 두 개의 부서 A, B 중 한 부서에 속해 있다. 이 회사의 A 부서는 20명, B 부서는 40명의 직원으로 구성되어 있다. 이 회사의 A 부서에 속해 있는 직원의 40%가 여성이다. 이 회사 여성 직원의 60%가 B 부서에 속해 있다. 이 회사의 직원 60명 중에서 임의로 선택한 한 명이 여성이었을 때, 이 직원이 B 부서에 속해 있을 확률은 p이다. $80p$의 값을 구하시오.

14. [2016학년도 수능 28번 변형 오답률 76%]

두 다항함수 $f(x)$, $g(x)$가 다음 조건을 만족시킨다.

(가) $g(x) = x^3 f(x) + 2$

(나) $\lim\limits_{x \to 1} \dfrac{2xf(x) - g(x)}{x - 1} = -3$

곡선 $y = g(x)$ 위의 점 $(1, g(1))$에서의 접선의 방정식이 $y = ax + b$일 때, $a^2 + b^2$의 값을 구하시오. (단, a, b는 상수이다.)

15. [2016학년도 수능 29번 변형 오답률 67%]

삼차함수 $f(x)$가 $f(0)=0$이고 다음 조건을 만족시킨다.

(가) $\displaystyle\int_0^2 |f(x)|dx = -\int_0^2 f(x)dx = 8$

(나) $\displaystyle\int_2^3 |f(x)|dx = \int_2^3 f(x)dx$

(다) $\displaystyle\int_3^4 |f(x)|dx = -\int_3^4 f(x)dx$

$f(-2)$의 값을 구하시오.

16. [2016학년도 수능 30번 변형 오답률 98%]

$x \geq \dfrac{1}{25}$인 실수 x에 대하여 함수 $f(x)$가 다음 조건을 만족시킨다.

(가) $f(x) = 20\sqrt{x-\dfrac{1}{25}}$ $\left(\dfrac{1}{25} \leq x < \dfrac{1}{5}\right)$

(나) $x \geq \dfrac{1}{25}$인 실수 x에 대하여 $f(5x) = f(x)$이다.

아래 조건을 만족시키는 두 실수 a, b의 순서쌍 (a, b)를 좌표평면에 나타낸 영역을 R이라 하자.

(가) $a < 0$이고 $b > 10$이다.
(나) 함수 $y=f(x)$의 그래프와 직선 $y=ax+b$가 <u>한 점에서만</u> 만난다.

영역 R에 속하는 점 (a, b)에 대하여 $(a+20)^2 + (b-10)^2$의 최솟값은 $\dfrac{q}{p}$이다. $p+q$의 값을 구하시오. (단, p와 q는 서로소인 자연수이다.)

2016학년도 9월 평가원

핵심기출 8선 및 변형예상 8선

제5장

1 2 3 등급 판정 기준		
등급	원점수	8선모음 정답수
1	96 ~ 100점	7 ~ 8개
2	88 ~ 95점	5 ~ 6개
3	75 ~ 87점	1 ~ 4개

제5장 체크리스트

차수	1차 풀이		2차 풀이		3차 풀이	
날짜						
구분	기출	변형	기출	변형	기출	변형
체크리스트	1	9	1	9	1	9
	2	10	2	10	2	10
	3	11	3	11	3	11
	4	12	4	12	4	12
	5	13	5	13	5	13
	6	14	6	14	6	14
	7	15	7	15	7	15
	8	16	8	16	8	16
등급						

1. [2016학년도 9월 16번 오답률 42%]

고속철도의 최고소음도 $L(dB)$ 을 예측하는 모형에 따르면 한 지점에서 가까운 선로 중앙 지점까지의 거리를 $d(m)$, 열차가 가까운 선로 중앙 지점을 통과할 때의 속력을 $v(km/h)$ 라 할 때, 다음과 같은 관계식이 성립한다고 한다.

$$L = 80 + 28\log\frac{v}{100} - 14\log\frac{d}{25}$$

가까운 선로 중앙 지점 P까지의 거리가 $75\,m$ 인 한 지점에서 속력이 서로 다른 두 열차 A, B의 최고소음도를 예측하고자 한다. 열차 A가 지점 P를 통과할 때의 속력이 열차 B가 지점 P를 통과할 때의 속력의 0.9배일 때, 두 열차 A, B의 예측 최고소음도를 각각 L_A, L_B라 하자. $L_B - L_A$의 값은?

① $14 - 28\log 3$　② $28 - 56\log 3$　③ $28 - 28\log 3$
④ $56 - 84\log 3$　⑤ $56 - 56\log 3$

2. [2016학년도 9월 19번 오답률 45%]

다음 조건을 만족시키는 음이 아닌 정수 a, b, c, d 의 모든 순서쌍 (a, b, c, d) 의 개수는?

(가) $a + b + c + 3d = 10$
(나) $a + b + c \le 5$

① 18　② 20　③ 22　④ 24　⑤ 26

3. [2016학년도 9월 20번 오답률 46%]

자연수 n에 대하여 직선 $y = \left(\dfrac{1}{2}\right)^{n-1}(x-1)$과 이차함수

$y = 3x(x-1)$의 그래프가 만나는 두 점을 $\mathrm{A}(1,\,0)$과 P_n이

라 하자. 점 P_n에서 x축에 내린 수선의 발을 H_n이라 할 때,

$\displaystyle\sum_{n=1}^{\infty} \overline{\mathrm{P}_n \mathrm{H}_n}$의 값은?

① $\dfrac{3}{2}$　　② $\dfrac{14}{9}$　　③ $\dfrac{29}{18}$　　④ $\dfrac{5}{3}$　　⑤ $\dfrac{31}{18}$

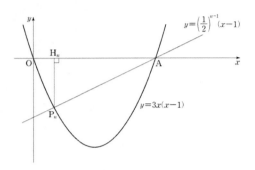

4. [2016학년도 9월 21번 오답률 65%]

실수 t에 대하여 직선 $x = t$가 두 함수

$$y = x^4 - 4x^3 + 10x - 30,\quad y = 2x + 2$$

의 그래프와 만나는 점을 각각 A, B라 할 때,

점 A와 점 B 사이의 거리를 $f(t)$라 하자.

$$\lim_{h \to +0} \frac{f(t+h) - f(t)}{h} \times \lim_{h \to -0} \frac{f(t+h) - f(t)}{h} \leq 0$$

을 만족시키는 모든 실수 t의 값의 합은?

① -7　　② -3　　③ 1　　④ 5　　⑤ 9

5. [2016학년도 9월 26번 오답률 43%]

어느 도서관 이용자 300명을 대상으로 각 연령대별, 성별 이용 현황을 조사한 결과는 다음과 같다.

(단위 : 명)

구분	19세 이하	20대	30대	40세 이상	계
남성	40	a	$60-a$	100	200
여성	35	$45-b$	b	20	100

이 도서관 이용자 300명 중에서 30대가 차지하는 비율은 12%이다. 이 도서관 이용자 300명 중에서 임의로 선택한 한 명이 남성일 때, 이 이용자가 20대일 확률과 이 도서관 이용자 300명 중에서 임의로 선택한 한 명이 여성일 때, 이 이용자가 30대일 확률이 서로 같다. $a+b$의 값을 구하시오.

6. [2016학년도 9월 27번 오답률 51%]

양수 a와 실수 b에 대하여

$$\lim_{n \to \infty} \left(\sqrt{an^2 + 4n} - bn \right) = \frac{1}{5}$$

일 때, $a+b$의 값을 구하시오.

7. [2016학년도 9월 29번 오답률 63%]

확률변수 X가 정규분포 $N(4, 3^2)$을 따를 때,

$\sum_{n=1}^{7} P(X \leq n) = a$이다. $10a$의 값을 구하시오.

8. [2016학년도 9월 30번 오답률 91%]

함수 $f(x), g(x), h(x)$는 다음과 같이 정의한다.

$$f(x) = \frac{\sqrt{x+3}}{2}, \quad g(x) = [f(x)], \quad h(x) = x + 2g(x)$$

(단, $[x]$는 x보다 크지 않은 최대정수이다.)

20이하의 자연수 n에 대하여 다음 두 조건

$$g(m) \leq g(h(n)), \quad f(m) - g(m) \geq \frac{1}{2}$$

를 모두 만족시키는 자연수 m의 개수를 $p(n)$이라 할 때,

$\sum_{n=1}^{20} p(n)$의 값을 구하시오.

9. [2016학년도 9월 16번 변형 오답률 42%]

고속철도의 최고소음도 $L(dB)$을 예측하는 모형에 따르면 한 지점에서 가까운 선로 중앙 지점까지의 거리를 $d(m)$, 열차가 가까운 선로 중앙 지점을 통과할 때의 속력을 $v(km/h)$라 할 때, 다음과 같은 관계식이 성립한다고 한다.

$$L = 80 + 28\log\frac{v}{100} - 14\log\frac{d}{25}$$

가까운 선로 중앙 지점 P까지의 거리가 $75\,m$인 한 지점에서 속력이 서로 다른 두 열차 A, B의 최고소음도를 예측하고자 한다.

두 열차 A, B의 예측 최고소음도를 각각 L_A, L_B라 할 때, $L_B - L_A = 28 - 56\log 3$이다. 두 열차 A, B가 지점 P를 통과할 때의 속력을 각각 v_A, v_B라 할 때, $\dfrac{v_B}{v_A}$의 값은?

① 1 ② $\dfrac{10}{9}$ ③ $\dfrac{11}{9}$ ④ $\dfrac{4}{3}$ ⑤ $\dfrac{13}{9}$

10. [2016학년도 9월 19번 변형 오답률 45%]

다음 조건을 만족시키는 음이 아닌 정수 a, b, c, d, e의 모든 순서쌍 (a, b, c, d, e)의 개수는?

(가) $a + b + c + d + 3e = 15$
(나) $a + b + c + d \le 9$
(다) a, b, c, d 중 두 개만 0이다.

① 70 ② 75 ③ 80 ④ 85 ⑤ 90

11. [2016학년도 9월 20번 변형 오답률 46%]

자연수 n에 대하여 직선 $y = \left(\dfrac{1}{2}\right)^{n-1}(x-1)$과 이차함수 $y = 3x(x-1)$의 그래프가 만나는 두 점을 $A(1, 0)$과 P_n이라 하자. 점 P_n에서 x축에 내린 수선의 발을 H_n이라 하고 삼각형 AP_nH_n의 넓이를 S_n이라 할 때, $\displaystyle\sum_{n=1}^{\infty} S_n = \dfrac{q}{p}$이다. 서로소인 자연수 p, q에 대하여 $p+q$의 값은?

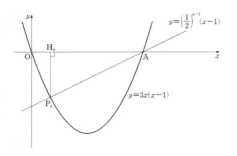

① 28　　② 30　　③ 32　　④ 34　　⑤ 36

12. [2016학년도 9월 21번 변형 오답률 65%]

실수 t에 대하여 직선 $x = t$가 두 함수

$$y = x^4 - 3x^3 + 5x - 4, \quad y = x^3 - 3x - 7$$

의 그래프와 만나는 점을 각각 A, B라 할 때, 점 A와 점 B 사이의 거리를 $f(t)$라 하자.

$$\lim_{h \to +0} \frac{f(t+h)-f(t)}{h} \times \lim_{h \to -0} \frac{f(t+h)-f(t)}{h} \leq 0$$

을 만족시키는 모든 실수 t의 값의 합은?

① 5　　② 7　　③ 9　　④ 11　　⑤ 13

13. [2016학년도 9월 26번 변형 오답률 43%]

어느 도서관 이용자 300명을 대상으로 각 연령대별, 성별 이용 현황을 조사한 결과는 다음과 같다.

(단위 : 명)

구분	19세 이하	20대	30대	40세 이상	계
남성	40	a	$60-a$	100	200
여성	35	$45-b$	b	20	100

이 도서관 이용자 300명 중에서 30대가 차지하는 비율은 12%이다. 이 도서관 이용자 300명 중에서 임의로 선택한 한 명이 남성일 때, 이 이용자가 20대일 확률과 이 도서관 이용자 300명 중에서 임의로 선택한 한 명이 30대일 때, 이 이용자가 여성일 확률의 비가 9:25이다. $a+b$의 값을 구하시오.

14. [2016학년도 9월 27번 변형 오답률 51%]

양수 a와 실수 b에 대하여

$$\lim_{n \to \infty} \left(\sqrt{an^2 + 4n} - bn + 1 \right) = \frac{5}{3}$$

일 때, $a^2 + b^2$의 값을 구하시오.

15. [2016학년도 9월 29번 변형 오답률 63%]

확률변수 X 가 정규분포 $N(4, 3^2)$ 을 따를 때,

$P(Z \leq -2) = 0.05$ 이고, $\displaystyle\sum_{k=-1}^{10} P(X \leq k) = a$ 이다.

$100a$ 의 값을 구하시오.

(단, Z 는 표준정규분포를 따르는 확률변수이다.)

16. [2016학년도 9월 30번 변형 오답률 91%]

함수 $f(x), g(x), h(x)$ 는 다음과 같이 정의한다.

$$f(x) = \frac{\sqrt{x+4}}{3}, \quad g(x) = [f(x)], \quad h(x) = x + 3g(x)$$

(단, $[x]$ 는 x 보다 크지 않은 최대정수이다.)

30이하의 자연수 n 에 대하여 다음 두 조건

$$g(m) \leq g(h(n)), \quad f(m) - g(m) \geq \frac{2}{3}$$

를 모두 만족시키는 자연수 m 의 개수를 $p(n)$ 라 할 때,

$\displaystyle\sum_{n=1}^{30} p(n)$ 의 값을 구하시오.

2016학년도 6월 평가원

핵심기출 8선 및 변형예상 8선

제6장

1 2 3 등급 판정 기준		
등급	원점수	8선모음 정답수
1	96 ~ 100점	7 ~ 8개
2	88 ~ 95점	5 ~ 6개
3	75 ~ 87점	2 ~ 4개

제6장 체크리스트

차수	1차 풀이		2차 풀이		3차 풀이	
날짜						
구분	기출	변형	기출	변형	기출	변형
체크리스트	1	9	1	9	1	9
	2	10	2	10	2	10
	3	11	3	11	3	11
	4	12	4	12	4	12
	5	13	5	13	5	13
	6	14	6	14	6	14
	7	15	7	15	7	15
	8	16	8	16	8	16
등급						

1. [2016학년도 6월 14번 오답률 51%]

함수 $f(x) = (x-3)^2$가 있다. 자연수 n에 대하여 방정식 $f(x) = n$의 두 근이 α, β일 때, $h(n) = |\alpha - \beta|$라 하자.

$$\lim_{n\to\infty} \sqrt{n}\,\{h(n+1) - h(n)\}$$

의 값은?

① $\dfrac{1}{2}$ ② 1 ③ $\dfrac{3}{2}$ ④ 2 ⑤ $\dfrac{5}{2}$

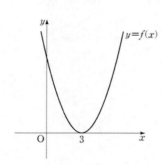

2. [2016학년도 6월 17번 오답률 43%]

두 함수

$$f(x) = 3x^3 - x^2 - 3x, \quad g(x) = x^3 - 4x^2 + 9x + a$$

에 대하여 방정식 $f(x) = g(x)$가 서로 다른 두 개의 양의 실근과 한 개의 음의 실근을 갖도록 하는 모든 정수 a의 개수는?

① 6   ② 7   ③ 8   ④ 9   ⑤ 10

3. [2016학년도 6월 18번 오답률 45%]

반지름의 길이가 2인 원 O_1에 내접하는 정삼각형 $A_1B_1C_1$이 있다. 그림과 같이 직선 A_1C_1과 평행하고 점 B_1을 지나지 않는 원 O_1의 접선 위에 두 점 D_1, E_1을 사각형 $A_1C_1D_1E_1$이 직사각형이 되도록 잡고, 직사각형 $A_1C_1D_1E_1$의 내부와 원 O_1의 외부의 공통부분에 색칠하여 얻은 그림을 R_1이라 하자. 그림 R_1에서 정삼각형 $A_1B_1C_1$에 내접하는 원 O_2와 원 O_2에 내접하는 정삼각형 $A_2B_2C_2$를 그리고, 그림 R_1에서 얻은 것과 같은 방법으로 직사각형 $A_2C_2D_2E_2$를 그리고 직사각형 $A_2C_2D_2E_2$의 내부와 원 O_2의 외부의 공통부분에 색칠하여 얻은 그림을 R_2이라 하자.

이와 같은 과정을 계속하여 n번째 얻은 그림 R_n에 색칠되어 있는 부분의 넓이를 S_n이라 할 때, $\lim_{n \to \infty} S_n$의 값은?

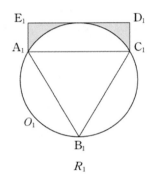

R_1

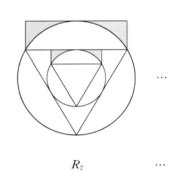

R_2 $\cdots$

① $4\sqrt{3} - \dfrac{16}{9}\pi$ ② $4\sqrt{3} - \dfrac{5}{3}\pi$ ③ $4\sqrt{3} - \dfrac{4}{3}\pi$

④ $5\sqrt{3} - \dfrac{16}{9}\pi$ ⑤ $5\sqrt{3} - \dfrac{5}{3}\pi$

4. [2016학년도 6월 19번 오답률 42%]

첫째항이 1인 수열 $\{a_n\}$에 대하여 $S_n = \displaystyle\sum_{k=1}^{n} a_k$라 할 때,

$$a_{n+1} = (2^n - 1)(S_n + 1) \quad (n \geq 1) \quad \cdots\cdots (*)$$

이 성립한다. 다음은 일반항 a_n을 구하는 과정이다.

식 (*)의 양변에 S_n을 더하여 정리하면
$$S_{n+1} + 1 = 2^n(S_n + 1)$$
이다. $b_n = \log_2(S_n + 1)$이라 하면 $b_1 = 1$이고
$$b_{n+1} = \boxed{\ (가)\ } + b_n$$
이다. 수열 $\{b_n\}$의 일반항을 구하면
$$b_n = \frac{n^2 - n + 2}{2} \quad (n \geq 1)$$
이므로
$$S_n = 2^{\frac{n^2 - n + 2}{2}} - 1 \quad (n \geq 1)$$
이다. 그러므로 $a_1 = 1$이고, $n \geq 2$일 때
$$a_n = S_n - S_{n-1}$$
$$= 2^{\frac{n^2 - n + 2}{2}} - 2^{\overline{(나)}}$$
$$= 2^{(나)} \times (2^{n-1} - 1)$$
이다.

위의 (가)와 (나)에 알맞은 식을 각각 $f(n)$, $g(n)$이라 할 때, $f(12) - g(5)$의 값은?

① 1   ② 2   ③ 3   ④ 4   ⑤ 5

5. [2016학년도 6월 20번 오답률 60%]

함수 $f(x) = \left[\dfrac{\sqrt{x+1}}{3} \right]$ 에 대하여

$$f(ab) = f(a)f(b) + 1$$

를 만족시키는 10이하의 두 자연수 a, b의 순서쌍 (a, b)에 대하여 $a+b$의 최댓값을 M, 최솟값을 m이라 할 때, $M+m$의 값은? (단, $[x]$는 x보다 크지 않은 최대정수이다.)

① 21   ② 22   ③ 23   ④ 24   ⑤ 25

6. [2016학년도 6월 21번 오답률 64%]

자연수 n에 대하여 최고차항의 계수가 1이고 다음 조건을 만족시키는 삼차함수 $f(x)$의 극댓값을 a_n이라 하자.

(가) $f(n) = 0$
(나) 모든 실수 x에 대하여 $(x+n)f(x) \geq 0$이다.

a_n이 자연수가 되도록 하는 n의 최솟값은?

① 1   ② 2   ③ 3   ④ 4   ⑤ 5

7. [2016학년도 6월 29번 오답률 60%]

실수 t에 대하여 직선 $y=t$가 곡선 $y=|x^2-2x|$와 만나는 점의 개수를 $f(t)$라 하자. 최고항의 계수가 1인 이차함수 $g(t)$에 대하여 $f(t)g(t)$가 모든 실수 t에서 연속일 때, $f(3)+g(3)$의 값을 구하시오.

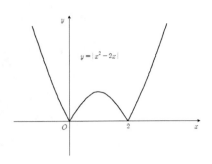

8. [2016학년도 6월 30번 오답률 88%]

2이상의 자연수 n에 대하여 다음 조건을 만족시키는 자연수 a, b의 모든 순서쌍 (a, b)의 개수가 400이상이 되도록 하는 가장 작은 자연수 k의 값을 $f(n)$이라 할 때, $f(2) \times f(3) \times f(4)$의 값을 구하시오.

(가) $a < n^{2k}+1$이면 $b \leq \sqrt{a-1}$이다.
(나) $a \geq n^{2k}+1$이면 $b \leq -(a-n^{2k}-1)^2+k^2$

9. [2016학년도 6월 14번 변형 오답률 51%]

함수 $f(x) = (x-3)^2$가 있다. 자연수 n에 대하여 방정식 $f(x) = n$의 두 근이 α, β일 때, $h(n) = |\alpha - \beta|$라 하자.

$$\sum_{k=1}^{10} \left[\lim_{n \to \infty} \sqrt{n} \{ h(n+k) - h(n) \} \right]$$

의 값은?

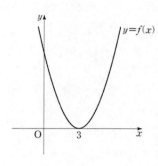

① 35   ② 40   ③ 45   ④ 50   ⑤ 55

10. [2016학년도 6월 17번 변형 오답률 43%]

두 함수

$$f(x) = 3x^3 - x^2 - 3x, \quad g(x) = x^3 - 4x^2 + 9x + a$$

에 대하여 방정식 $f(x) = g(x)$가 서로 다른 두 개의 음의 실근과 2보다 큰 한 개의 양의 실근을 갖도록 하는 모든 정수 a의 개수는?

① 15   ② 16   ③ 17   ④ 18   ⑤ 19

11. [2016학년도 6월 18번 변형 오답률 45%]

반지름의 길이가 2인 원 O_1에 내접하는 정삼각형 $A_1B_1C_1$이 있다. 그림과 같이 직선 A_1C_1과 평행하고 점 B_1을 지나지 않는 원 O_1의 접선 위에 두 점 D_1, E_1을 사각형 $A_1C_1D_1E_1$이 직사각형이 되도록 잡고, 직사각형 $A_1C_1D_1E_1$의 내부와 원 O_1의 외부의 공통부분에 색칠하여 얻은 그림을 R_1이라 하자. 그림 R_1에서 정삼각형 $A_1B_1C_1$에 내접하는 원 1개와 정삼각형 $A_1B_1C_1$에 접하고 동시에 원 O_1에 내접하는 가장 큰 원 3개를 그리고, 그림 R_1에서 얻은 것과 같은 방법으로 직사각형을 그리고 직사각형의 내부와 원의 외부의 공통부분에 색칠하여 얻은 그림을 R_2라 하자.

이와 같은 과정을 계속하여 n번째 얻은 그림 R_n에 색칠되어 있는 부분의 넓이를 S_n이라 할 때, $\lim\limits_{n\to\infty}S_n=\dfrac{a\sqrt{3}+b\pi}{27}$이다. $a+b$의 값은?

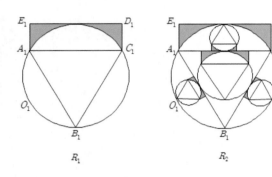

① 70 　　② 75 　　③ 80 　　④ 85 　　⑤ 90

12. [2016학년도 6월 19번 변형 오답률 42%]

첫째항이 1인 수열 $\{a_n\}$에 대하여 $S_n=\sum\limits_{k=1}^{n}a_k$라 할 때,

$$a_{n+1}=(2^n-1)(S_n+1) \quad (n\geq 1) \quad \cdots\cdots (*)$$

이 성립한다. 다음은 일반항 a_n을 구하는 과정이다.

식 $(*)$의 양변에 S_n을 더하여 정리하면
$$S_{n+1}+1=2^n(S_n+1)$$
이다. $b_n=\log_2(S_n+1)$이라 하면 $b_1=1$이고
$$b_{n+1}=n+b_n$$
이다. 수열 $\{b_n\}$의 일반항을 구하면
$$b_n=\boxed{\text{(가)}} \quad (n\geq 1)$$
이므로
$$S_n=2^{b_n}-1 \quad (n\geq 1)$$
이다. 그러므로 $a_1=1$이고, $n\geq 2$일 때
$$a_n=S_n-S_{n-1}$$
$$=2^{\boxed{\text{(나)}}}\times(2^{n-1}-1)$$
이다.

위의 (가)와 (나)에 알맞은 식을 각각 $f(n)$, $g(n)$이라 할 때, $f(4)+g(5)$의 값은?

① 10 　　② 11 　　③ 12 　　④ 13 　　⑤ 14

13. [2016학년도 6월 20번 변형 오답률 60%]

함수 $f(x) = \left[\dfrac{\sqrt{x+1}}{3} \right]$ 에 대하여

$$f(ab) = f(a)f(b) + 1$$

를 만족시키는 20이하의 두 자연수 a, b의 순서쌍 (a, b)의 개수는? (단, $[x]$는 x보다 크지 않은 최대정수이다.)

① 82　　② 84　　③ 86　　④ 88　　⑤ 90

14. [2016학년도 6월 21번 변형 오답률 64%]

자연수 n에 대하여 최고차항의 계수가 1이고 다음 조건을 만족시키는 사차함수 $f(x)$의 극댓값을 a_n이라 하자.

(가) $f(7n) = 0$
(나) 모든 실수 x에 대하여
　　　$(x+2n)(x-2n)f(x) \geq 0$이다.

$\displaystyle\lim_{n \to \infty} \dfrac{a_n}{n^4}$ 의 값은?

① 102　　② 104　　③ 106　　④ 108　　⑤ 110

15. [2016학년도 6월 29번 변형 오답률 60%]

실수 a에 대하여 직선 $y = a(x+1)$이 곡선 $y = |x^2 - 2x|$와 만나는 점의 개수를 $f(a)$라 하자. 최고항의 계수가 1인 삼차 함수 $g(a)$에 대하여 $f(a)g(a)$가 모든 실수 a에서 연속일 때, $f(1) + g(3) = p + q\sqrt{3}$ 이다. $p+q$의 값을 구하시오.

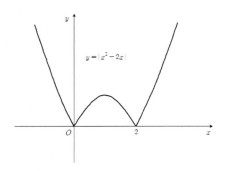

16. [2016학년도 6월 30번 변형 오답률 88%]

2이상 자연수 n에 대하여 다음 조건을 만족시키는 자연수 a, b의 모든 순서쌍 (a, b)의 개수가 500이하가 되도록 하는 모든 순서쌍 (n, k)의 개수를 구하시오.

(가) $a < n^{2k}$이면 $b \le \sqrt{a}$ 이다.
(나) $a \ge n^{2k}$이면 $b \le -(a - n^{2k})^2 + k^2$

2015학년도 수능

핵심기출 8선 및 변형예상 8선

제7장

1 2 3 등급 판정 기준		
등급	원점수	8선모음 정답수
1	96 ～ 100점	7 ～ 8개
2	92 ～ 95점	6 ～ 6개
3	83 ～ 91점	3 ～ 5개

제7장 체크리스트

차수	1차 풀이		2차 풀이		3차 풀이	
날짜						
구분	기출	변형	기출	변형	기출	변형
체크리스트	1	9	1	9	1	9
	2	10	2	10	2	10
	3	11	3	11	3	11
	4	12	4	12	4	12
	5	13	5	13	5	13
	6	14	6	14	6	14
	7	15	7	15	7	15
	8	16	8	16	8	16
등급						

1. [2015학년도 수능 17번 오답률 40%]

등차수열 $\{a_n\}$이 $\sum_{k=1}^{n} a_{2k-1} = 3n^2 + n$ 을 만족시킬 때, a_8의 값은?

① 16   ② 19   ③ 22   ④ 25   ⑤ 28

2. [2015학년도 수능 18번 오답률 42%]

연립방정식

$$\begin{cases} x + y + z + 3w = 14 \\ x + y + z + w = 10 \end{cases}$$

을 만족시키는 음이 아닌 정수 x, y, z, w의 모든 순서쌍 (x, y, z, w)의 개수는?

① 40   ② 45   ③ 50   ④ 55   ⑤ 60

3. [2015학년도 수능 20번 오답률 41%]

함수 $f(x)$는 모든 실수 x에 대하여 $f(x+3) = f(x)$를 만족시키고,

$$f(x) = \begin{cases} x & (0 \le x < 1) \\ 1 & (1 \le x < 2) \\ -x+3 & (2 \le x < 3) \end{cases}$$

이다. $\displaystyle\int_{-a}^{a} f(x)\,dx = 13$일 때, 상수 a의 값은?

① 10　　② 12　　③ 14　　④ 16　　⑤ 18

4. [2015학년도 수능 21번 오답률 71%]

다음 조건을 만족시키는 모든 삼차함수 $f(x)$에 대하여 $f(2)$의 최솟값은?

(가) $f(x)$의 최고차항의 계수는 1이다.
(나) $f(0) = f'(0)$
(다) $x \ge -1$인 모든 실수 x에 대하여 $f(x) \ge f'(x)$이다.

① 28　　② 33　　③ 38　　④ 43　　⑤ 48

5. [2015학년도 수능 27번 오답률 44%]

구간 $[0, 3]$의 모든 실수 값을 가지는 연속확률변수 X에 대하여 X의 확률밀도함수의 그래프는 그림과 같다.

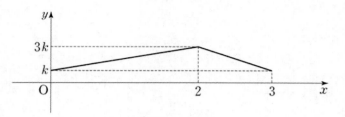

$P(0 \le X \le 2) = \dfrac{q}{p}$라 할 때, $p+q$의 값을 구하시오. (단, k는 상수이고, p와 q는 서로소인 자연수이다.)

6. [2015학년도 수능 28번 오답률 76%]

자연수 k에 대하여

$$a_k = \lim_{n \to \infty} \frac{\left(\dfrac{6}{k}\right)^{n+1}}{\left(\dfrac{6}{k}\right)^n + 1}$$

이라 할 때, $\displaystyle\sum_{k=1}^{10} k a_k$의 값을 구하시오.

7. [2015학년도 수능 29번 오답률 44%]

두 다항함수 $f(x)$와 $g(x)$가 모든 실수 x에 대하여

$$g(x) = (x^3 + 2)f(x)$$

를 만족시킨다. $g(x)$가 $x = 1$에서 극솟값 24를 가질 때, $f(1) - f'(1)$의 값을 구하시오.

8. [2015학년도 수능 30번 오답률 90%]

좌표평면에서 자연수 n에 대하여 다음 조건을 만족시키는 삼각형 OAB의 개수를 $f(n)$이라 할 때, $f(1) + f(2) + f(3)$의 값을 구하시오. (단, O는 원점이다.)

(가) 점 A의 좌표는 $(-2, 3^n)$이다.
(나) 점 B의 좌표를 (a, b)라 할 때, a와 b는 자연수이고 $b \le \sqrt{a}$를 만족시킨다.
(다) 삼각형 OAB의 넓이는 50이하이다.

9. [2015학년도 수능 17번 변형 오답률 40%]

수열 $\{a_n\}$이 $\displaystyle\sum_{k=1}^{n} a_{2k-1} = 3n^2 + n + 1$을 만족시킬 때, $\displaystyle\sum_{k=1}^{10} a_k$ 의 값은?

① 173 ② 174 ③ 175 ④ 176 ⑤ 177

10. [2015학년도 수능 18번 변형 오답률 42%]

연립방정식

$$\begin{cases} x + y + z + 3w = 14 \\ x + y + z + w = n \end{cases} \quad (n은 \ 10 \ 이하의 \ 짝수)$$

을 만족시키는 음이 아닌 정수 x, y, z, w의 모든 순서쌍 (x, y, z, w)의 개수는?

① 70 ② 72 ③ 74 ④ 76 ⑤ 78

11. [2015학년도 수능 20번 변형 오답률 41%]

함수 $f(x)$는 모든 실수 x에 대하여
$f(2+x)=f(2-x)$, $f(x)+f(-x)=0$을 만족시키고,

$$f(x)=\begin{cases} x & (0\le x<1) \\ 1 & (1\le x\le 2) \end{cases}$$

이다. $\displaystyle\int_{-a+1}^{a+1} f(x)\,dx=\dfrac{3}{2}$을 만족시키는 20 이하의 자연수 a
의 개수는?

① 4   ② 5   ③ 6   ④ 7   ⑤ 8

12. [2015학년도 수능 21번 변형 오답률 71%]

다음 조건을 만족시키는 모든 삼차함수 $f(x)$에 대하여
$f(6)$의 최댓값과 최솟값의 합은?

(가) $f(x)$의 최고차항의 계수는 1이다.
(나) $f(0)=f'(0)=0$
(다) $f(x)$의 극솟값은 -4 이하이다.
(라) $y=f(x)$와 $y=f'(x)$의 교점의 x좌표의 합은
     8 이하이다.

① 64   ② 81   ③ 100   ④ 121   ⑤ 144

13. [2015학년도 수능 27번 변형 오답률 44%]

구간 $[0, 3]$의 모든 실수 값을 가지는 연속확률변수 X에 대하여 X의 확률밀도함수 $y = f(x)$의 그래프는 그림과 같다.

$$f(x) = \begin{cases} ax^2 + k & (0 \le x < 2) \\ bx + 7k & (2 \le x \le 3) \end{cases}$$

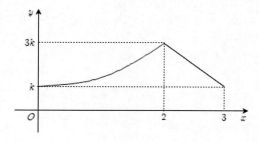

$P(1 \le X \le 3) = \dfrac{q}{p}$라 할 때, $p + q$의 값을 구하시오. (단, k, a, b는 상수이고, p와 q는 서로소인 자연수이다.)

14. [2015학년도 수능 28번 변형 오답률 76%]

자연수 k에 대하여

$$a_k = \lim_{n \to \infty} \frac{\left(\dfrac{6}{k}\right)^{n+1} - \left(\dfrac{3}{k}\right)^{n+2} + 2}{\left(\dfrac{6}{k}\right)^n + 1}$$

이라 할 때, $\displaystyle\sum_{k=1}^{10} k a_k$의 값을 구하시오.

15. [2015학년도 수능 29번 변형 오답률 44%]

두 다항함수 $f(x)$와 $g(x)$가 모든 실수 x에 대하여

$$g(x) = (x^3 + k)f(x)$$

를 만족시킨다. $g(x)$가 $x = 1$에서 극솟값 24를 가지고, $f(1) - f'(1) = 16$일 때, 양수 k의 값을 구하시오.

16. [2015학년도 수능 30번 변형 오답률 90%]

좌표평면에서 자연수 n에 대하여 다음 조건을 만족시키는 삼각형 OAB의 개수를 $f(n)$이라 할 때, $f(2) + f(3) + f(4)$의 값을 구하시오. (단, O는 원점이다.)

(가) 점 A의 좌표는 $(-2, n^2)$이다.
(나) 점 B의 좌표를 (a, b)라 할 때, a와 b는 자연수이고 $b \leq \sqrt{a-1}$를 만족시킨다.
(다) 삼각형 OAB의 넓이는 50이하이다.

2015학년도 9월 평가원

핵심기출 8선 및 변형예상 8선

제8장

1 2 3 등급 판정 기준		
등급	원점수	8선모음 정답수
1	88 ~ 100점	5 ~ 8개
2	78 ~ 87점	3 ~ 4개
3	65 ~ 77점	0 ~ 2개

제8장 체크리스트

차수	1차 풀이		2차 풀이		3차 풀이	
날짜						
구분	기출	변형	기출	변형	기출	변형
체크리스트	1	9	1	9	1	9
	2	10	2	10	2	10
	3	11	3	11	3	11
	4	12	4	12	4	12
	5	13	5	13	5	13
	6	14	6	14	6	14
	7	15	7	15	7	15
	8	16	8	16	8	16
등급						

1. [2015학년도 9월 15번 오답률 55%]

네 개의 자연수 1, 2, 4, 8 중에서 중복을 허락하여 세 수를 선택할 때, 세 수의 곱이 100 이하가 되도록 선택하는 경우의 수는?

① 12 　② 14 　③ 16 　④ 18 　⑤ 20

2. [2015학년도 9월 18번 오답률 61%]

중심이 O, 반지름의 길이가 1이고 중심각의 크기가 120^o인 부채꼴 OAB가 있다. 그림과 같이 호 AB를 이등분하는 점을 M이라 하고 호 AM과 호 MB를 각각 이등분하는 점을 두 꼭짓점으로 하는 직사각형을 부채꼴 OAB에 내접하도록 그리고, 부채꼴의 내부와 직사각형 외부의 공통부분에 색칠하여 얻은 그림을 R_1이라 하자.

그림 R_1에 직사각형의 네 변의 중점을 모두 지나도록 중심각의 크기가 120^o인 부채꼴을 그리고, 이 부채꼴에 그림 R_1을 얻는 것과 같은 방법으로 직사각형을 그리고 색칠하여 얻은 그림을 R_2라 하자.

이와 같은 과정을 계속하여 n번째 얻은 그림 R_n에 색칠되어 있는 부분의 넓이를 S_n이라 할 때, $\lim_{n \to \infty} S_n$의 값은?

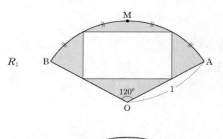

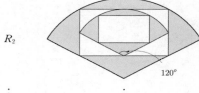

① $\dfrac{2\pi - 3\sqrt{3}}{2}$ 　② $\dfrac{\pi - \sqrt{2}}{3}$ 　③ $\dfrac{2\pi - 3\sqrt{2}}{3}$

④ $\dfrac{\pi - \sqrt{3}}{2}$ 　⑤ $\dfrac{2\pi - 2\sqrt{3}}{3}$

3. [2015학년도 9월 20번 오답률 58%]

어느 나라에서 작년에 운행된 택시의 연간 주행거리는 모평균이 m인 정규분포를 따른다고 한다. 이 나라에서 작년에 운행된 택시 중에서 16대를 임의추출하여 구한 연간 주행거리는 표본평균이 $\overline{x}$이고, 이 결과를 이용하여 신뢰도 95%로 추정한 m에 대한 신뢰구간이 $[\overline{x}-c,\ \overline{x}+c]$이었다. 이 나라에서 작년에 운행된 택시 중에서 임의로 1대를 선택할 때, 이 택시의 연간 주행거리가 $m+c$ 이하일 확률을 오른쪽 표준정규분포표를 이용하여 구한 것은? (단, 주행거리의 단위는 km이다.)

z	$P(0 \leq Z \leq z)$
0.49	0.1879
0.98	0.3365
1.47	0.4292
1.96	0.4750

① 0.6242　　② 0.6635　　③ 0.6879

④ 0.8365　　⑤ 0.9292

4. [2015학년도 9월 21번 오답률 69%]

최고차항의 계수가 1인 다항함수 $f(x)$가 다음 조건을 만족시킬 때, $f(3)$의 값은?

(가) $f(0)=-3$
(나) 모든 양의 실수 x에 대하여
　　$6x-6 \leq f(x) \leq 2x^3-2$이다.

① 36　　② 38　　③ 40　　④ 42　　⑤ 44

5. [2015학년도 9월 27번 오답률 54%]

곡선 $y = \dfrac{1}{3}x^3 + \dfrac{11}{3}$ $(x > 0)$ 위를 움직이는 점 P와 직선 $x - y - 10 = 0$ 사이의 거리를 최소가 되게 하는 곡선 위의 점 P의 좌표를 (a, b)라 할 때, $a + b$의 값을 구하시오.

6. [2015학년도 9월 28번 오답률 63%]

자연수 n에 대하여 점 $(3n, 4n)$을 중심으로 하고 y축에 접하는 원 O_n이 있다. 원 O_n 위를 움직이는 점과 점 $(0, -1)$사이의 거리의 최댓값을 a_n, 최솟값을 b_n이라 할 때, $\displaystyle\lim_{n \to \infty} \dfrac{a_n}{b_n}$의 값을 구하시오.

7. [2015학년도 9월 29번 오답률 77%]

구간 $[0, 3]$의 모든 실수 값을 가지는
연속확률변수 X에 대하여

$$P(x \leq X \leq 3) = a(3-x) \ (0 \leq x \leq 3)$$

이 성립할 때, $P(0 \leq X < a) = \dfrac{q}{p}$이다. $p+q$의 값을 구하시오. (단, a는 상수이고, p와 q는 서로소인 자연수이다.)

8. [2015학년도 9월 30번 오답률 94%]

다음 조건을 만족시키는 두 자연수 a, b의 모든 순서쌍 (a, b)의 개수를 구하시오.

(가) $1 \leq a \leq 10$, $1 \leq b \leq 100$

(나) 곡선 $y = x^2$이 원 $(x-a)^2 + (y-b)^2 = 1$과 만나지 않는다.

(다) 곡선 $y = x^2$이 원 $(x-a)^2 + (y-b)^2 = 4$와 적어도 한 점에서 만난다.

---

9. [2015학년도 9월 15번 변형 오답률 55%]

네 개의 자연수 1, 2, 4, 8 중에서 중복을 허락하여 세 수를 선택하여 세 자리의 자연수를 만들 때, 세 자리수의 곱이 100 이하가 되도록 하는 경우의 수는?

① 18   ② 27   ③ 54   ④ 108   ⑤ 216

10. [2015학년도 9월 18번 변형 오답률 61%]

중심이 O, 반지름의 길이가 1이고 중심각의 크기가 120°인 부채꼴 OAB가 있다. 그림과 같이 부채꼴 OAB에 내접하는 원 O_1을 그리고 원 O_1에 색칠하여 얻은 그림을 R_1이라 하자. 그림 R_1에서 원 O_1에 내접하고 동시에 각 내접원들은 서로 외접하는 합동인 원(O_2) 3개를 그리고 원 O_1에서 3개의 원 O_2를 제외한 부분을 색칠하여 얻은 그림을 R_2라 하자.

그림 R_2에서 3개의 원 O_2 각각에 그림 R_2에서 얻은 것과 같은 방법으로 9개의 원 O_3를 그리고 9개의 원에 색칠하여 얻은 그림을 R_3라 하자.

이와 같은 과정을 계속하여 n번째 얻은 그림 R_n에 색칠되어 있는 부분의 넓이를 S_n이라 할 때, $\lim\limits_{n\to\infty}S_n=\dfrac{a+b\sqrt{3}}{52}\pi$이다. $a+b$의 값은?

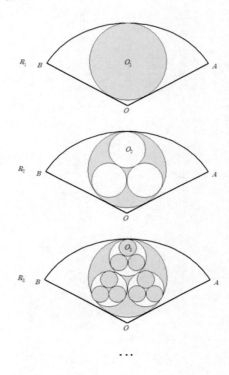

① 7   ② 9   ③ 11   ④ 13   ⑤ 15

11. [2015학년도 9월 20번 변형 오답률 58%]

어느 나라에서 작년에 운행된 택시의 연간 주행거리는 모평균이 m인 정규분포를 따른다고 한다. 이 나라에서 작년에 운행된 택시 중에서 16대를 임의추출하여 구한 연간 주행거리는 표본평균이 $\overline{x}$이고, 이 결과를 이용하여 신뢰도 95%로 추정한 m에 대한 신뢰구간이 $[\overline{x}-c,\ \overline{x}+c]$이었다. 이 나라에서 작년에 운행된 택시 중에서 임의로 9대를 선택할 때, 이 택시들의

z	$P(0 \le Z \le z)$
0.49	0.1879
0.98	0.3365
1.47	0.4292
1.96	0.4750

연간 주행거리의 평균이 $m+c$ 이상일 확률은 $\dfrac{k}{10^4}$이다. k의 값을 오른쪽 표준정규분포표를 이용하여 구하면? (단, 주행거리의 단위는 km이다.)

① 108   ② 228   ③ 528   ④ 708   ⑤ 808

12. [2015학년도 9월 21번 변형 오답률 69%]

최고차항의 계수가 1인 다항함수 $f(x)$가 다음 조건을 만족시킬 때, $f(2)$의 값은?

(가) $f(0) = -3$
(나) 모든 양의 실수 x에 대하여
$\quad 12x - 18 \le f(x) \le x^3 - 2$이다.

① 4   ② 6   ③ 8   ④ 10   ⑤ 12

13. [2015학년도 9월 27번 변형 오답률 54%]

곡선 $y = \dfrac{1}{3}x^3 + \dfrac{11}{3}$ $(x > 0)$ 위를 움직이는 점 P와 직선 $x - y - 10 = 0$ 사이의 거리의 최솟값을 k라 할 때, $2k^2$의 값을 구하시오.

14. [2015학년도 9월 28번 변형 오답률 63%]

자연수 n에 대하여 점 $(3n, 4n)$을 중심으로 하고 y축에 접하는 원 O_n이 있다. 원 O_n 위를 움직이는 점 P와 두 점 $A(0, -1)$, $B(3, -5)$에 대하여 삼각형 ABP의 넓이의 최댓값을 a_n, 최솟값을 b_n이라 할 때, $3 \times \lim\limits_{n \to \infty} \dfrac{a_n}{b_n}$의 값을 구하시오.

15. [2015학년도 9월 29번 변형 오답률 77%]

구간 $[0, 4]$의 모든 실수 값을 가지는
연속확률변수 X에 대하여

$$P(x \leq X \leq 2) = a(2-x) \ (0 \leq x \leq 2)$$
$$P(2 \leq X \leq y) = b(y-2) \ (2 \leq y \leq 4)$$

이 성립할 때, $P(0 \leq X \leq ab)$의 최댓값은 $\dfrac{q}{p}$이다. $p+q$의
값을 구하시오. (단, $a > 0$, $b > 0$이고, p와 q는 서로소인 자연수이다.)

16. [2015학년도 9월 30번 변형 오답률 94%]

다음 조건을 만족시키는 두 자연수 a, b의 모든 순서쌍 (a, b)의 개수를 구하시오.

(가) $1 \leq a \leq 10$, $1 \leq b \leq 200$

(나) 곡선 $y = x^3$이 원 $(x-a)^2 + (y-b)^2 = 4$와 만나지 않는다.

(다) 곡선 $y = x^3$이 원 $(x-a)^2 + (y-b)^2 = 16$과 적어도 한 점에서 만난다.

2015학년도 6월 평가원

핵심기출 8선 및 변형예상 8선

제9장

1 2 3 등급 판정 기준		
등급	원점수	8선모음 정답수
1	96 ~ 100점	7 ~ 8개
2	89 ~ 95점	5 ~ 6개
3	79 ~ 88점	3 ~ 4개

제9장 체크리스트

차수	1차 풀이				2차 풀이				3차 풀이			
날짜												
구분	기출		변형		기출		변형		기출		변형	
체크리스트	1		9		1		9		1		9	
	2		10		2		10		2		10	
	3		11		3		11		3		11	
	4		12		4		12		4		12	
	5		13		5		13		5		13	
	6		14		6		14		6		14	
	7		15		7		15		7		15	
	8		16		8		16		8		16	
등급												

1. [2015학년도 6월 17번 오답률 42%]

수열 $\{a_n\}$은 $a_1 = 3$이고,

$$2a_{n+1} = 3a_n - \frac{6n+2}{(n+1)!} \ (n \geq 1)$$

을 만족시킨다. 다음은 일반항 a_n을 구하는 과정이다.

주어진 식에 의하여

$$2a_{n+1} = 3a_n - \frac{6(n+1)-4}{(n+1)!}$$

이다.

$$2a_{n+1} - \frac{4}{(n+1)!} = 3a_n - 3 \times \boxed{\text{(가)}}$$

이므로, $b_n = a_n - \boxed{\text{(가)}}$ 라 하면

$$2b_{n+1} = 3b_n$$

이다. $b_{n+1} = \frac{3}{2}b_n$이고 $b_1 = 1$이므로

$$b_n = \boxed{\text{(나)}}$$

이다. 그러므로 $a_n = \boxed{\text{(가)}} + \boxed{\text{(나)}}$ 이다.

위의 (가), (나)에 알맞은 식을 각각 $f(n)$, $g(n)$이라 할 때, $f(3) \times g(3)$ 의 값은?

① $\dfrac{1}{2}$ ② $\dfrac{7}{12}$ ③ $\dfrac{2}{3}$ ④ $\dfrac{3}{4}$ ⑤ $\dfrac{5}{6}$

2. [2015학년도 6월 18번 오답률 46%]

그림과 같이 $\overline{A_1D_1} = 2$, $\overline{A_1B_1} = 1$인 직사각형 $A_1B_1C_1D_1$에서 선분 A_1D_1의 중점을 M_1이라 하자. 중심이 A_1, 반지름의 길이가 $\overline{A_1B_1}$이고 중심각의 크기가 $90°$인 부채꼴 $A_1B_1M_1$을 그리고, 부채꼴 $A_1B_1M_1$에 색칠하여 얻은 그림을 R_1이라 하자.
그림 R_1에서 부채꼴 $A_1B_1M_1$의 호 B_1M_1이 선분 A_1C_1과 만나는 점을 A_2라 하고, 중심이 A_1, 반지름의 길이가 $\overline{A_1D_1}$인 원이 선분 A_1C_1과 만나는 점을 C_2라 하자. 가로와 세로의 길이의 비가 $2:1$이고 가로가 선분 A_1D_1과 평행한 직사각형 $A_2B_2C_2D_2$를 그리고, 직사각형 $A_2B_2C_2D_2$에서 그림 R_1을 얻은 것과 같은 방법으로 만들어지는 부채꼴에 색칠하여 얻은 그림을 R_2라 하자.
이와 같은 과정을 계속하여 n번째 얻은 그림 R_n에 색칠되어 있는 부분의 넓이를 S_n이라 할 때, $\displaystyle\lim_{n \to \infty} S_n$의 값은?

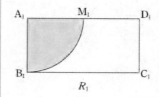
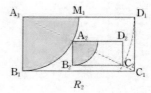

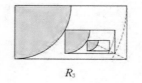

① $\dfrac{5}{16}\pi$ ② $\dfrac{11}{32}\pi$ ③ $\dfrac{3}{8}\pi$

④ $\dfrac{13}{32}\pi$ ⑤ $\dfrac{7}{16}\pi$

3. [2015학년도 6월 20번 오답률 54%]

$0 < a < 1 < b$인 두 실수 a, b에 대하여 두 함수

$$f(x) = \frac{-b^2 x + 2b}{bx - 1}, \qquad g(x) = \frac{a^2 x - 2a}{ax - 1}$$

이 있다. 곡선 $y = f(x)$와 x축의 교점이 곡선 $y = g(x)$의 점근선 위에 있도록 하는 a와 b 사이의 관계식과 a의 범위를 옳게 나타낸 것은?

① $b = -2a + 2$ $\left(0 < a < \dfrac{1}{2}\right)$

② $b = 2a$ $\left(0 < a < \dfrac{1}{2}\right)$

③ $b = 2a$ $\left(\dfrac{1}{2} < a < 1\right)$

④ $b = 2a + 1$ $\left(0 < a < \dfrac{1}{2}\right)$

⑤ $b = 2a + 1$ $\left(\dfrac{1}{2} < a < 1\right)$

4. [2015학년도 6월 21번 오답률 60%]

최고차항의 계수가 1인 두 삼차함수 $f(x), g(x)$가 다음 조건을 만족시킨다.

(가) $g(1) = 0$

(나) $\displaystyle \lim_{x \to n} \frac{f(x)}{g(x)} = (n-1)(n-2)$ $(n = 1, 2, 3, 4)$

$g(5)$의 값은?

① 4   ② 6   ③ 8   ④ 10   ⑤ 12

5. [2015학년도 6월 26번 오답률 56%]

수열 $\{a_n\}$은 $a_1 = 15$이고,

$$\sum_{k=1}^{n} (a_{k+1} - a_k) = 2n + 1 \quad (n \geq 1)$$

을 만족시킨다. a_{10}의 값을 구하시오.

6. [2015학년도 6월 28번 오답률 44%]

자연수 n에 대하여 순서쌍 (x_n, y_n)을 다음 규칙에 따라 정한다.

(가) $(x_1, y_1) = (1, 1)$

(나) n이 홀수이면 $(x_{n+1}, y_{n+1}) = \left(x_n, (y_n - 3)^2\right)$이고,

$\qquad$ n이 짝수이면 $(x_{n+1}, y_{n+1}) = \left((x_n - 3)^2, y_n\right)$이다.

순서쌍 (x_{2015}, y_{2015})에서 $x_{2015} + y_{2015}$의 값을 구하시오.

7. [2015학년도 6월 29번 오답률 42%]

다항함수 $f(x)$가

$$\lim_{x \to \infty} \frac{f(x) - x^3}{x^2} = -11, \quad \lim_{x \to 1} \frac{f(x)}{x - 1} = -9$$

를 만족시킬 때, $\lim_{x \to \infty} x f\left(\frac{1}{x}\right)$의 값을 구하시오.

8. [2015학년도 6월 30번 오답률 90%]

함수 $f(x)$와 $g(x)$는 다음과 같이 정의한다.

$$f(x) = \frac{\sqrt{x + 4}}{2}, \quad g(x) = f(x) - [f(x)]$$

다음 조건을 만족시키는 두 자연수 a, b의 모든 순서쌍 (a, b)의 개수를 구하시오. (단, $[x]$는 x보다 크지 않은 최대정수이다.)

(가) $a \le b \le 20$
(나) $f(b) - f(a) \le g(a) - g(b)$

9. [2015학년도 6월 17번 변형 오답률 42%]

수열 $\{a_n\}$은 $a_1 = 3$이고,

$$2a_{n+1} = 3a_n - \frac{6n+2}{(n+1)!} \ (n \geq 1)$$

을 만족시킨다. 다음은 일반항 a_n을 구하는 과정이다.

주어진 식에 의하여

$$2a_{n+1} = 3a_n - \frac{6(n+1)-4}{(n+1)!}$$

이다.

$$2a_{n+1} - \frac{4}{(n+1)!} = 3a_n - 3 \times \boxed{(가)}$$

이므로, $b_n = a_n - \boxed{(가)}$ 라 하면

$$\vdots$$

$$b_n = \boxed{(나)}$$

이다. 그러므로 $a_n = \boxed{(가)} + \boxed{(나)}$ 이다.

---

a_3 의 값은?

① $\dfrac{7}{3}$　② $\dfrac{29}{12}$　③ $\dfrac{5}{2}$　④ $\dfrac{31}{12}$　⑤ $\dfrac{8}{3}$

10. [2015학년도 6월 18번 변형 오답률 46%]

그림과 같이 $\overline{A_1D_1} = 2$, $\overline{A_1B_1} = 1$인 직사각형 $A_1B_1C_1D_1$에서 선분 A_1D_1의 중점을 M_1이라 하자. 중심이 A_1, 반지름의 길이가 $\overline{A_1B_1}$이고 중심각의 크기가 $90°$인 부채꼴 $A_1B_1M_1$을 그리고, 부채꼴 $A_1B_1M_1$에 색칠하여 얻은 그림을 R_1이라 하자.

그림 R_1에서 호 B_1M_1 위의 점 A_2, 선분 B_1C_1 위의 점 B_2, 선분 C_1D_1 위의 점 D_2 그리고 $C_1(C_2)$를 꼭짓점으로 하는 가로와 세로의 길이의 비가 $2:1$인 직사각형 $A_2B_2C_2D_2$를 그리고, 직사각형 $A_2B_2C_2D_2$에서 그림 R_1을 얻은 것과 같은 방법으로 만들어지는 부채꼴에 색칠하여 얻은 그림을 R_2라 하자.

이와 같은 과정을 계속하여 n번째 얻은 그림 R_n에 색칠되어 있는 부분의 넓이를 S_n이라 할 때, $\lim_{n \to \infty} S_n = \dfrac{a + b\sqrt{5}}{76}\pi$이다. $a + b$의 값은?

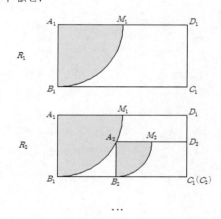

...

① 11　② 13　③ 15　④ 17　⑤ 19

11. [2015학년도 6월 20번 변형 오답률 54%]

$0 < a < 1 < b$인 두 실수 a, b에 대하여 두 함수

$$f(x) = \frac{-b^2x + 2a}{bx - 1}, \qquad g(x) = \frac{a^2x - 2b}{ax - 1}$$

이 있다. 곡선 $y = f(x)$와 x축의 교점이 곡선 $y = g(x)$의 점근선 위에 있도록 하는 a와 b 사이의 관계식과 a의 범위는 $b = ka$ $(\alpha < a < \beta)$이다. $11k\alpha\beta$의 값은?

① 11   ② 22   ③ 33   ④ 44   ⑤ 55

12. [2015학년도 6월 21번 변형 오답률 60%]

최고차항의 계수가 1인 두 사차함수 $f(x), g(x)$가 다음 조건을 만족시킨다.

(가) $g(1) = 0$, $g(2) = 0$

(나) $\lim\limits_{x \to n} \dfrac{f(x)}{g(x)} = (n-1)(n-2)$ $(n = 1, 2, 3, 4)$

$g(5)$의 값은?

① 28   ② 30   ③ 32   ④ 34   ⑤ 36

13. [2015학년도 6월 26번 변형 오답률 56%]

수열 $\{a_n\}$은 $a_1 = 3$이고,

$$\sum_{k=1}^{n} \frac{a_{k+1}}{a_k} = 2^n + 1 \quad (n \geq 1)$$

을 만족시킨다. $a_{10} = 2^p \times 3^q$이다. $p+q$의 값을 구하시오.

14. [2015학년도 6월 28번 변형 오답률 44%]

자연수 n에 대하여 순서쌍 (x_n, y_n)을 다음 규칙에 따라 정한다.

(가) $(x_1, y_1) = (1, 1)$

(나) $n = 3k-2$ $(k=1, 2, 3, \cdots)$이면
$$(x_{n+1}, y_{n+1}) = \left(x_n, (y_n - 3)^2\right)$$이고,
$n = 3k-1$ $(k=1, 2, 3, \cdots)$이면
$$(x_{n+1}, y_{n+1}) = \left((x_n - 3)^2, y_n\right)$$이고,
$n = 3k$ $(k=1, 2, 3, \cdots)$이면
$$(x_{n+1}, y_{n+1}) = (x_n + 1, y_n + 1)$$이다.

순서쌍 (x_{2015}, y_{2015})에서 $x_{2015} + y_{2015}$의 값을 구하시오.

15. [2015학년도 6월 29번 변형 오답률 42%]

다항함수 $f(x)$가

$$\lim_{x \to \infty} \frac{f(x) - x^3}{x^2} = -11, \quad \lim_{x \to 1} \frac{f(x)}{x-1} = -9$$

를 만족시킬 때, $\lim_{x \to \infty} x\left\{10 - f'\left(\frac{1}{x}\right)\right\}$의 값을 구하시오.

16. [2015학년도 6월 30번 변형 오답률 90%]

함수 $f(x)$와 $g(x)$는 다음과 같이 정의한다.

$$f(x) = \frac{\sqrt{x+1}}{3}, \quad g(x) = f(x) - [f(x)]$$

다음 조건을 만족시키는 두 자연수 a, b의 모든 순서쌍 (a, b)의 개수를 구하시오. (단, $[x]$는 x보다 크지 않은 최대정수이다.)

(가) $a \leq b \leq 20$
(나) $f(b) - f(a) \leq 2g(a) - 2g(b)$

2014학년도 수능

핵심기출 8선 및 변형예상 8선

제10장

1 2 3 등급 판정 기준		
등급	원점수	8선모음 정답수
1	92 ~ 100점	6 ~ 8개
2	83 ~ 91점	4 ~ 5개
3	70 ~ 82점	1 ~ 3개

제10장 체크리스트

차수	1차 풀이				2차 풀이				3차 풀이			
날짜												
구분	기출		변형		기출		변형		기출		변형	
체크리스트	1		9		1		9		1		9	
	2		10		2		10		2		10	
	3		11		3		11		3		11	
	4		12		4		12		4		12	
	5		13		5		13		5		13	
	6		14		6		14		6		14	
	7		15		7		15		7		15	
	8		16		8		16		8		16	
등급												

1. [2014학년도 수능 14번 오답률 62%]

자연수 n에 대하여 $f(n)$은 다음과 같다.

$$f(n) = \begin{cases} \log_3 n & (n\text{이 홀수}) \\ \log_2 n & (n\text{이 짝수}) \end{cases}$$

20 이하의 두 자연수 m, n에 대하여
$f(mn) = f(m) + f(n)$을 만족시키는 순서쌍 $(m,\ n)$의 개수는?

① 220　　② 230　　③ 240　　④ 250　　⑤ 260

2. [2014학년도 수능 17번 오답률 58%]

직사각형 $A_1B_1C_1D_1$에서 $\overline{A_1B_1} = 1$, $\overline{A_1D_1} = 2$이다. 그림과 같이 선분 A_1D_1과 선분 B_1C_1의 중점을 각각 M_1, N_1이라 하자. 중심이 N_1, 반지름의 길이가 $\overline{B_1N_1}$이고 중심각의 크기가 $\dfrac{\pi}{2}$인 부채꼴 $N_1M_1B_1$을 그리고, 중심이 D_1, 반지름의 길이가 $\overline{C_1D_1}$이고 중심각의 크기가 $\dfrac{\pi}{2}$인 부채꼴 $D_1M_1C_1$을 그린다. 부채꼴 $N_1M_1B_1$의 호 M_1B_1과 선분 M_1B_1로 둘러싸인 부분과 부채꼴 $D_1M_1C_1$의 호 M_1C_1과 선분 M_1C_1로 둘러싸인 부분인 ⌢⌢ 모양에 색칠하여 얻은 그림을 R_1이라 하자.

그림 R_1에 선분 M_1B_1 위의 점 A_2, 호 M_1C_1 위의 점 D_2와 변 B_1C_1 위의 두 점 B_2, C_2를 꼭짓점으로 하고 $\overline{A_2B_2} : \overline{A_2D_2} = 1:2$인 직사각형 $A_2B_2C_2D_2$를 그리고, 직사각형 $A_2B_2C_2D_2$에서 그림 R_1을 얻은 것과 같은 방법으로 만들어지는 ⌢⌢ 모양에 색칠하여 얻은 그림을 R_2라 하자.

이와 같은 과정을 계속하여 n번째 얻은 그림 R_n에 색칠되어 있는 부분의 넓이를 S_n이라 할 때, $\lim\limits_{n\to\infty} S_n$의 값은?

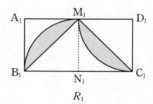 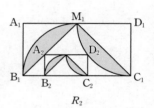

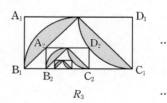

① $\dfrac{25}{19}\left(\dfrac{\pi}{2}-1\right)$　　② $\dfrac{5}{4}\left(\dfrac{\pi}{2}-1\right)$　　③ $\dfrac{25}{21}\left(\dfrac{\pi}{2}-1\right)$

④ $\dfrac{25}{22}\left(\dfrac{\pi}{2}-1\right)$　　⑤ $\dfrac{25}{23}\left(\dfrac{\pi}{2}-1\right)$

3. [2014학년도 수능 20번 오답률 67%]

함수 $y = f(x)$에 대하여 $g(x) = f(x) - [f(x)]$라 하자. 자연수 n에 대하여 $[f(x)] - (n+1)g(x) = n$을 만족시키는 모든 $f(x)$의 합을 a_n이라 할 때, $\lim_{n \to \infty} \dfrac{a_n}{n^2}$의 값은? (단, $[x]$는 x보다 크지 않은 최대정수이다.)

① 1　　② $\dfrac{3}{2}$　　③ 2　　④ $\dfrac{5}{2}$　　⑤ 3

4. [2014학년도 수능 21번 오답률 61%]

좌표평면에서 삼차함수 $f(x) = x^3 + ax^2 + bx$와 실수 t에 대하여 곡선 $y = f(x)$ 위의 점 $(t, f(t))$에서 접선이 y축과 만나는 점을 P라 할 때, 원점에서 P까지의 거리를 $g(t)$라 하자. 함수 $f(x)$와 함수 $g(t)$는 다음 조건을 만족시킨다.

(가) $f(1) = 2$
(나) 함수 $g(t)$는 실수 전체의 집합에서 미분가능하다.

$f(3)$의 값은? (단, a, b는 상수이다.)

① 21　　② 24　　③ 27　　④ 30　　⑤ 33

5. [2014학년도 수능 27번 오답률 54%]

1부터 5까지의 자연수가 각각 하나씩 적혀 있는 5개의 서랍
이 있다. 5개의 서랍 중 영희에게 임의로 2개를 배정해 주려
고 한다. 영희에게 배정되는 서랍에 적혀 있는 자연수 중 작은
수를 확률변수 X라 할 때, $E(10X)$의 값을 구하시오.

6. [2014학년도 수능 28번 오답률 75%]

함수

$$f(x) = \begin{cases} x+1 & (x \le 0) \\ -\dfrac{1}{2}x + 7 & (x > 0) \end{cases}$$

에 대하여 함수 $f(x)f(x-a)$가 $x=a$에서 연속이 되도록 하
는 모든 실수 a의 값의 합을 구하시오.

7. [2014학년도 수능 29번 오답률 55%]

함수 $f(x) = 3x^2 - ax$ 가

$$\lim_{n \to \infty} \frac{1}{n} \sum_{k=1}^{n} f\left(\frac{3k}{n}\right) = f(1)$$

을 만족시킬 때, 상수 a의 값을 구하시오.

8. [2014학년도 수능 30번 오답률 93%]

좌표평면에서 자연수 a에 대하여 두 곡선 $y = \sqrt{10x} + 1$, $y = \sqrt{-a(x-4)} + 1$과 직선 $y = 1$로 둘러싸인 영역의 내부 또는 그 경계에 포함되고 x좌표와 y좌표가 모두 정수인 점의 개수가 11 이상 16 이하가 되도록 하는 a의 개수를 구하시오.

9. [2014학년도 수능 14번 변형 오답률 62%]

자연수 k에 대하여 $f(k)$가 다음과 같다.

$$f(k) = \begin{cases} \log_3 k & (k \text{가 홀수}) \\ \log_2 k & (k \text{가 짝수}) \end{cases}$$

20 이하의 두 자연수 m, n에 대하여 $f\left(\dfrac{m}{n}\right) = f(m) - f(n)$ 을 만족시키는 순서쌍 (m, n)의 개수는?

① 52 　　② 54 　　③ 56 　　④ 58 　　⑤ 60

10. [2014학년도 수능 17번 변형 오답률 58%]

직사각형 $A_1 B_1 C_1 D_1$에서 $\overline{A_1 B_1} = 1$, $\overline{A_1 D_1} = 2$이다. 그림과 같이 선분 $A_1 D_1$과 선분 $B_1 C_1$의 중점을 각각 M_1, N_1이라 하자. 중심이 N_1, 반지름의 길이가 $\overline{B_1 N_1}$이고 중심각의 크기가 $\dfrac{\pi}{2}$인 부채꼴 $N_1 M_1 B_1$을 그리고, 중심이 D_1, 반지름의 길이가 $\overline{C_1 D_1}$이고 중심각의 크기가 $\dfrac{\pi}{2}$인 부채꼴 $D_1 M_1 C_1$을 그린다. 정사각형 $A_1 B_1 N_1 M_1$에서 부채꼴 $N_1 M_1 B_1$을 제외한 부분과 부채꼴 $D_1 M_1 C_1$에 색칠하여 얻은 그림을 R_1이라 하자. 그림 R_1에 호 $M_1 B_1$ 위의 점 A_2, 호 $M_1 C_1$ 위의 점 D_2와 변 $B_1 C_1$ 위의 두 점 B_2, C_2를 꼭짓점으로 하고 $\overline{A_2 B_2} : \overline{A_2 D_2} = 1 : 2$인 직사각형 $A_2 B_2 C_2 D_2$를 그리고, 직사각형 $A_2 B_2 C_2 D_2$에서 그림 R_1을 얻은 것과 같은 방법으로 색칠하여 얻은 그림을 R_2라 하자.

이와 같은 과정을 계속하여 n번째 얻은 그림 R_n에 색칠되어 있는 부분의 넓이를 S_n라 할 때, $\lim\limits_{n \to \infty} S_n = \dfrac{q}{p}$이다.

$p + q$의 값은? (단, p와 q는 서로소인 자연수이다.)

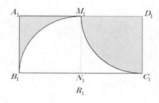
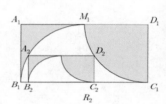
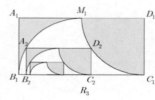

① 4 　　② 5 　　③ 6 　　④ 7 　　⑤ 8

11. [2014학년도 수능 20번 변형 오답률 67%]

함수 $y=f(x)$에 대하여 $g(x)=f(x)-[f(x)]$라 하자. 자연수 n에 대하여 $[f(x)]-(n+1)g(x)=2n$을 만족시키는 모든 $f(x)$의 합을 a_n이라 할 때, $\lim_{n\to\infty}\dfrac{2a_n}{n^2}$의 값은? (단, $[x]$는 x보다 크지 않은 최대정수이다.)

① 5   ② 7   ③ 9   ④ 11   ⑤ 13

12. [2014학년도 수능 21번 변형 오답률 61%]

좌표평면에서 삼차함수 $f(x)=x^3+ax^2+bx$와 실수 t에 대하여 곡선 $y=f(x)$ 위의 점 $(t,\ f(t))$에서 접선이 y축과 만나는 점을 P라 할 때, 원점에서 P까지의 거리를 $g(t)$라 하자. 함수 $f(x)$와 함수 $g(t)$는 다음 조건을 만족시킨다.

(가) $f(1)=2$
(나) 함수 $g(t)$는 $x=p\ (p\geq 2)$에서만 미분가능하지 않다.

$f(3)$의 최댓값은? (단, $a,\ b,\ p$는 상수이다.)

① 2   ② 4   ③ 6   ④ 8   ⑤ 10

13. [2014학년도 수능 27번 변형 오답률 54%]

1부터 6까지의 자연수가 각각 하나씩 적혀 있는 6개의 서랍이 있다. 6개의 서랍 중 영희에게 임의로 3개를 배정해 주려고 한다. 영희에게 배정되는 서랍에 적혀 있는 자연수 중 가운데 수를 확률변수 X라 할 때, $V(10X+3)$의 값을 구하시오. (단, $V(X)$는 확률변수 X의 분산이다.)

14. [2014학년도 수능 28번 변형 오답률 75%]

함수

$$f(x) = \begin{cases} -x-2 & (x \leq 0) \\ \dfrac{1}{4}x^2 - \dfrac{3}{2}x + 2 & (x > 0) \end{cases}$$

에 대하여 함수 $f(x)f(x-a)$가 $x=a$에서 연속이 되도록 하는 모든 실수 a의 개수를 p, 모든 a의 값의 합을 q라 할 때, $p+q$의 값을 구하시오.

15. [2014학년도 수능 29번 변형 오답률 55%]

함수 $f(x) = 3x^2 - ax$ 가

$$\lim_{n \to \infty} \sum_{k=1}^{n} \frac{n-2k}{n^2} f\left(\frac{2k}{n}\right) = \frac{2}{3} f(1)$$

을 만족시킬 때, 상수 a에 대하여 $3a$의 값을 구하시오.

16. [2014학년도 수능 30번 변형 오답률 93%]

좌표평면에서 자연수 a에 대하여 두 곡선
$y = \sqrt{10x} - 1$, $y = \sqrt{-a(x-4)} - 1$과 직선 $y = -1$로 둘러싸인 영역의 내부 또는 그 경계에 포함되고 x좌표와 y좌표가 모두 정수인 점의 개수가 17 이상이 되도록 하는 a의 최솟값을 구하시오.

2014학년도 9월 평가원

핵심기출 8선 및 변형예상 8선

제11장

1 2 3 등급 판정 기준		
등급	원점수	8선모음 정답수
1	93 ~ 100점	7 ~ 8개
2	83 ~ 92점	4 ~ 6개
3	67 ~ 82점	0 ~ 3개

제11장 체크리스트

차수	1차 풀이		2차 풀이		3차 풀이	
날짜						
구분	기출	변형	기출	변형	기출	변형
체크리스트	1	9	1	9	1	9
	2	10	2	10	2	10
	3	11	3	11	3	11
	4	12	4	12	4	12
	5	13	5	13	5	13
	6	14	6	14	6	14
	7	15	7	15	7	15
	8	16	8	16	8	16
등급						

1. [2014학년도 9월 14번 오답률 55%]

그림은 곡선 $y = x^2$과 꼭짓점의 좌표가 $O(0, 0)$, $A(n, 0)$, $B(n, n^2)$, $C(0, n^2)$인 직사각형 $OABC$를 나타낸 것이다. 자연수 n에 대하여 x좌표와 y좌표가 모두 정수인 점 중에서 직사각형 $OABC$ 또는 그 내부에 있고 부등식 $y \geq x^2$을 만족시키는 모든 점의 개수를 a_n이라 하자. $\lim_{n \to \infty} \dfrac{a_n}{n^3}$의 값은?

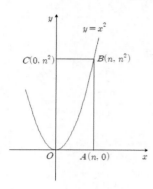

① $\dfrac{1}{2}$ ② $\dfrac{7}{12}$ ③ $\dfrac{2}{3}$ ④ $\dfrac{3}{4}$ ⑤ $\dfrac{5}{6}$

2. [2014학년도 9월 19번 오답률 53%]

확률변수 X가 평균이 $\dfrac{3}{2}$, 표준편차가 2인 정규분포를 따를 때, 실수 전체의 집합에서 정의된 함수 $H(t)$는

$$H(t) = P(t \leq X \leq t+1)$$

이다. $H(0) + H(2)$의 값을 아래 표준정규분포표를 이용하여 구한 것은?

z	$P(0 \leq Z \leq z)$
0.25	0.0987
0.50	0.1915
0.75	0.2734
1.00	0.3413

① 0.3494 ② 0.4649 ③ 0.4852
④ 0.5468 ⑤ 0.6147

3. [2014학년도 9월 20번 오답률 58%]

자연수 n에 대하여 실수 a가 $10^n < a < 10^{n+1}$을 만족시킨다. $\log a$의 소수부분과 $\log \sqrt[n]{a}$의 소수부분의 합이 정수이고 $(n+1)\log a = n^2 + 8$일 때, $\dfrac{\log a}{n}$의 값은?

① $\dfrac{57}{56}$ ② $\dfrac{22}{21}$ ③ $\dfrac{11}{10}$ ④ $\dfrac{6}{5}$ ⑤ $\dfrac{17}{12}$

4. [2014학년도 9월 21번 오답률 65%]

사차함수 $f(x)$의 도함수 $f'(x)$가

$$f'(x) = (x+1)(x^2 + ax + b)$$

이다. 함수 $y = f(x)$가 구간 $(-\infty, 0)$에서 감소하고 구간 $(2, \infty)$에서 증가하도록 하는 실수 a, b의 순서쌍 (a, b)에 대하여, $a^2 + b^2$의 최댓값을 M, 최솟값을 m이라 하자. $M + m$의 값은?

① $\dfrac{21}{4}$ ② $\dfrac{43}{8}$ ③ $\dfrac{11}{2}$ ④ $\dfrac{45}{8}$ ⑤ $\dfrac{23}{4}$

5. [2014학년도 9월 26번 오답률 52%]

n이 3 이상의 자연수일 때, x에 대한 다항식 $\left(1+\dfrac{x}{n}\right)^n$의 전개 식에서 x^3의 계수를 a_n이라 하자. $\displaystyle\lim_{n\to\infty}\dfrac{1}{a_n}$의 값을 구하시오.

6. [2014학년도 9월 28번 오답률 58%]

다항함수 $f(x)$에 대하여

$$\int_0^x f(t)\,dt = x^3 - 2x^2 - 2x\int_0^1 f(t)\,dt$$

일 때, $f(0) = a$라 하자. $60a$의 값을 구하시오.

7. [2014학년도 9월 29번 오답률 78%]

그림과 같이 직사각형에서 세로를 각각 이등분하는 점 2개를 연결하는 선분을 그린 그림을 [그림 1]이라 하자.

[그림 1]을 $\frac{1}{2}$만큼 축소시킨 도형을 [그림 1]의 오른쪽 맨 아래 꼭짓점을 하나의 꼭짓점으로 하여 오른쪽에 이어 붙인 그림을 [그림 2]라 하자.

이와 같이 3 이상의 자연수 k에 대하여 [그림 1]을 $\frac{1}{2^{k-1}}$만큼 축소시킨 도형을 [그림 $k-1$]의 오른쪽 맨 아래 꼭짓점을 하나의 꼭짓점으로 하여 오른쪽에 이어 붙인 그림을 [그림 k]라 하자.

자연수 n에 대하여 [그림 n]에서 왼쪽 맨 위 꼭짓점을 A_n, 오른쪽 맨 아래 꼭짓점을 B_n이라 할 때, 점 A_n에서 점 B_n까지 선을 따라 최단거리로 가는 경로의 수를 a_n이라 하고, $b_n = a_n + 1$이라 하자. b_7의 값을 구하시오.

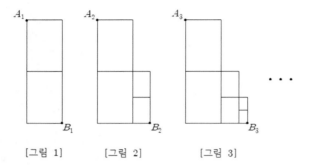

[그림 1]   [그림 2]   [그림 3]

8. [2014학년도 9월 30번 오답률 89%]

자연수 n에 대하여 x에 대한 이차부등식

$$x^2 - (2^n + 4^n)x + 8^n \leq 2$$

을 만족시키는 실수 x 중 $x = 2^k$을 만족하는 모든 자연수 k 값의 합을 a_n이라 할 때, $\sum_{n=1}^{20} \frac{1}{a_n} = \frac{q}{p}$이다. $p+q$의 값을 구하시오. (단, p, q는 서로소인 자연수이다.)

9. [2014학년도 9월 14번 변형 오답률 55%]

그림은 곡선 $y = x^3$ $(x \geq 0)$과 꼭짓점의 좌표가 $O(0, 0)$, $A(n, 0)$, $B(n, n^3)$, $C(0, n^3)$인 직사각형 $OABC$를 나타낸 것이다. 자연수 n에 대하여 x좌표와 y좌표가 모두 정수인 점 중에서 직사각형 $OABC$ 또는 그 내부에 있고 부등식 $y \geq x^3$ $(x \geq 0)$을 만족시키는 모든 점의 개수를 a_n이라 하자. $\lim\limits_{n \to \infty} \dfrac{16a_n}{n^4}$의 값은?

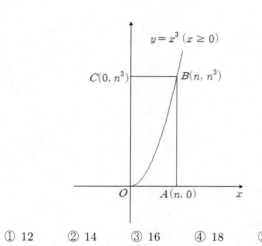

① 12   ② 14   ③ 16   ④ 18   ⑤ 20

10. [2014학년도 9월 19번 변형 오답률 53%]

확률변수 X가 평균이 $\dfrac{3}{2}$, 표준편차가 σ인 정규분포를 따를 때, 실수 전체의 집합에서 정의된 함수 $H(t)$는

$$H(t) = P(t \leq X \leq t+1)$$

이다. $H(0) + H(2) = 0.3494$일 때, σ의 값을 아래 표준정규분포표를 이용하여 구한 것은?

z	$P(0 \leq Z \leq z)$
0.25	0.0987
0.50	0.1915
0.75	0.2734
1.00	0.3413

① $\dfrac{1}{2}$ ② 1   ③ $\dfrac{3}{2}$ ④ 2   ⑤ $\dfrac{5}{2}$

11. [2014학년도 9월 20번 변형 오답률 58%]

자연수 n에 대하여 실수 a가 $2^n \leq a < 2^{n+1}$을 만족시킨다. $\log_2 a$의 소수부분과 $\log_2 \sqrt[n]{a}$의 소수부분의 합이 정수이고 $(n+1)\log_2 a = n^2 + 8$을 만족시키는 모든 a의 값의 곱을 b라 할 때, $5\log_2 b$의 값은?

① 56   ② 60   ③ 64   ④ 68   ⑤ 72

12. [2014학년도 9월 21번 변형 오답률 65%]

사차함수 $f(x)$가

$$f(x) = \frac{1}{4}x^4 + \frac{a+1}{3}x^3 + \frac{a+b}{2}x^2 + bx + 3$$

이다. 함수 $y = f(x)$가 구간 $(-\infty, 0)$에서 감소하고 구간 $(2, \infty)$에서 증가하도록 하는 실수 a, b의 순서쌍 (a, b)에 대하여, $a^2 + b^2$의 최댓값을 M, 최솟값을 m이라 하자. $M + 2m$의 값은?

① 2   ② 4   ③ 6   ④ 8   ⑤ 10

13. [2014학년도 9월 26번 변형 오답률 52%]

n이 3 이상의 자연수일 때, x에 대한 다항식

$(1+2x)\left(1+\dfrac{x}{n}\right)^n$의 전개식에서 x^3의 계수를 a_n이라 하자.

$12 \times \lim\limits_{n \to \infty} a_n$의 값을 구하시오.

14. [2014학년도 9월 28번 변형 오답률 58%]

다항함수 $f(x)$에 대하여

$$\int_0^x (t-x)f(t)\,dt = x^4 - 2x^3 - 2x^2 \int_0^1 f(t)\,dt$$

일 때, $f\left(\dfrac{1}{2}\right) = a$라 하자. $60a$의 값을 구하시오.

15. [2014학년도 9월 29번 변형 오답률 78%]

그림과 같이 직사각형에서 세로를 각각 삼등분하는 점 3개를 연결하는 선분을 그린 그림을 [그림 1]이라 하자.

[그림 1]을 $\frac{1}{3}$만큼 축소시킨 도형을 [그림 1]의 오른쪽 맨 아래 꼭짓점을 하나의 꼭짓점으로 하여 오른쪽에 이어 붙인 그림을 [그림 2]라 하자.

이와 같이 3 이상의 자연수 k에 대하여 [그림 1]을 $\frac{1}{3^{k-1}}$만큼 축소시킨 도형을 [그림 $k-1$]의 오른쪽 맨 아래 꼭짓점을 하나의 꼭짓점으로 하여 오른쪽에 이어 붙인 그림을 [그림 k]라 하자.

자연수 n에 대하여 [그림 n]에서 왼쪽 맨 위 꼭짓점을 A_n, 오른쪽 맨 아래 꼭짓점을 B_n이라 할 때, 점 A_n에서 점 B_n까지 선을 따라 최단거리로 가는 경로의 수를 a_n이라 하고, $b_n = 2a_n + 1$이라 하자. b_5의 값을 구하시오.

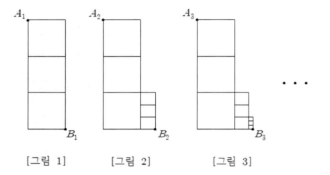

[그림 1]   [그림 2]   [그림 3]

16. [2014학년도 9월 30번 변형 오답률 89%]

자연수 n에 대하여 x에 대한 이차부등식

$$x^2 - (2^{n-2} + 3^{n-2})x + 6^{n-2} \leq 2^{k-2} \ (k\text{는 자연수})$$

을 만족시키는 실수 x의 범위는 $\alpha \leq x \leq \beta$이다. $(\alpha - \beta)^2$의 값이 100이상 1000이하가 되도록 하는 모든 순서쌍 (n, k)의 개수를 구하시오.

2014학년도 6월 평가원

핵심기출 8선 및 변형예상 8선

제12장

1 2 3 등급 판정 기준		
등급	원점수	8선모음 정답수
1	92 ～ 100점	6 ～ 8개
2	84 ～ 91점	4 ～ 5개
3	67 ～ 83점	0 ～ 3개

제12장 체크리스트

차수	1차 풀이				2차 풀이				3차 풀이			
날짜												
구분	기출		변형		기출		변형		기출		변형	
체크리스트	1		9		1		9		1		9	
	2		10		2		10		2		10	
	3		11		3		11		3		11	
	4		12		4		12		4		12	
	5		13		5		13		5		13	
	6		14		6		14		6		14	
	7		15		7		15		7		15	
	8		16		8		16		8		16	
등급												

1. [2014학년도 6월 14번 오답률 54%]

함수 $f(x) = \begin{cases} x+2 & (x < 0) \\ -\dfrac{1}{2}x & (x \geq 0) \end{cases}$ 의 그래프가 그림과 같다.

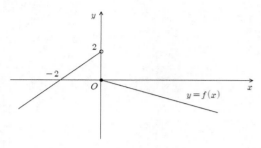

수열 $\{a_n\}$은 $a_1 = 1$ 이고

$$a_{n+1} = f(f(a_n)) \ (n \geq 1)$$

을 만족시킨다. $b_n = a_n - \dfrac{4}{3}$ 라 할 때, $\displaystyle\sum_{n=1}^{5} b_n = -\dfrac{q}{p}$ 이다. 서로 소인 자연수 p, q에 대하여 $p+q$의 값은?

① 53   ② 55   ③ 57   ④ 59   ⑤ 61

2. [2014학년도 6월 15번 오답률 46%]

지면으로부터 H_1인 높이에서 풍속이 V_1이고 지면으로부터 H_2인 높이에서 풍속이 V_2일 때, 대기 안정도 계수 k는 다음 식을 만족시킨다.

$$V_2 = V_1 \times \left(\frac{H_2}{H_1}\right)^{\frac{2}{2-k}}$$

(단, $H_1 < H_2$이고, 높이의 단위는 m, 풍속의 단위는 $m/$초이다.)

A지역에서 지면으로부터 $12\,m$와 $36\,m$인 높이에서 풍속이 각각 $2(m/$초$)$와 $8(m/$초$)$이고, B지역에서 지면으로부터 $10\,m$와 $90\,m$인 높이에서 풍속이 각각 $a(m/$초$)$와 $b(m/$초$)$일 때, 두 지역의 대기 안정도 계수 k가 서로 같았다. $\dfrac{b}{a}$의 값은? (단, a, b는 양수이다.)

① 10   ② 13   ③ 16   ④ 19   ⑤ 22

3. [2014학년도 6월 18번 오답률 48%]

직사각형 ABCD에서 $\overline{AB}=1$, $\overline{AD}=2$이다. 그림과 같이 직사각형 ABCD의 한 대각선에 의하여 만들어지는 두 직각삼각형의 내부에 두 변의 길이의 비가 $1:2$인 두 직사각형을 긴 변이 대각선 위에 놓이면서 두 직각삼각형에 각각 내접하도록 그리고, 새로 그려진 두 직사각형 중 하나에 색칠하여 얻은 그림을 R_1이라 하자.

그림 R_1에서 새로 그려진 두 직사각형 중 색칠되어 있지 않은 직사각형에 그림 R_1을 얻은 것과 같은 방법으로 만들어지는 두 직사각형 중 하나에 색칠하여 얻은 그림을 R_2라 하자.

이와 같은 과정을 계속하여 n번째 얻은 그림 R_n에 색칠되어 있는 부분의 넓이를 S_n이라 할 때, $\lim\limits_{n\to\infty}S_n$의 값은?

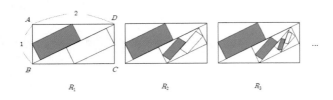

① $\dfrac{37}{61}$ ② $\dfrac{38}{61}$ ③ $\dfrac{39}{61}$ ④ $\dfrac{40}{61}$ ⑤ $\dfrac{41}{61}$

4. [2014학년도 6월 19번 오답률 46%]

수열 $\{a_n\}$은 $a_1=2$이고,

$$n^2 a_{n+1} = (n^2-1)a_n + n(n+1)2^n \ (n \geq 1)$$

을 만족시킨다. 다음은 일반항 a_n을 구하는 과정이다.

주어진 식에서

$$a_{n+1} = \frac{(n+1)(n-1)}{n^2}a_n + \frac{n+1}{n}2^n$$

이다. $b_n = \dfrac{n-1}{n}a_n$이라 하면

$$b_{n+1} = b_n + \boxed{(가)} \ (n \geq 1)$$

이고, $b_1 = 0$이므로

$$b_n = \boxed{(나)} \ (n \geq 1)$$

이다. 그러므로

$$a_n = \begin{cases} 2 & (n=1) \\ \dfrac{n}{n-1} \times \left(\boxed{(나)} \right) & (n \geq 2) \end{cases}$$

이다.

위의 (가), (나)에 알맞은 식을 각각 $f(n)$, $g(n)$이라 할 때, $f(5)+g(10)$의 값은?

① 1014 ② 1024 ③ 1034 ④ 1044 ⑤ 1054

5. [2014학년도 6월 20번 오답률 49%]

그림과 같이 함수 $y=2\sqrt{x}+1$의 그래프 위의 한 점 A를 지나고 y축에 평행한 직선이 함수 $y=-4\sqrt{x}+4$의 그래프와 만나는 점을 B라 하고, 두 곡선의 교점을 C라 하자. 점 A의 y좌표를 a, 삼각형 ABC의 넓이를 $S(a)$라 할 때, $\dfrac{1}{4}\le S(a)\le 6$을 만족시키는 모든 자연수 a의 값의 합은?

(단, 점 C의 x좌표는 $\dfrac{1}{4}$이다.)

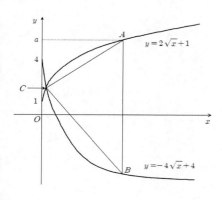

① 6   ② 7   ③ 8   ④ 9   ⑤ 10

6. [2014학년도 6월 21번 오답률 58%]

함수

$$f(x)=\begin{cases}a(3x-x^3) & (x<0)\\ x^3-ax & (x\ge 0)\end{cases}$$

의 극댓값이 5일 때, $f(2)$의 값은? (단, a는 상수이다.)

① 5   ② 7   ③ 9   ④ 11   ⑤ 13

7. [2014학년도 6월 28번 오답률 58%]

수열 $\{a_n\}$은 $a_1 = 7$이고, 다음 조건을 만족시킨다.

> (가) $a_{n+2} = a_n - 4$ $(n = 1, 2, 3, 4)$
> (나) 모든 자연수 n에 대하여 $a_{n+6} = a_n$이다.

$\displaystyle\sum_{k=1}^{50} a_k = 258$일 때, a_2의 값을 구하시오.

8. [2014학년도 6월 30번 오답률 92%]

자연수 k에 대하여

$$f(k) = \frac{\sqrt{k}}{2}, \quad g(k) = [\,f(k)\,], \quad h(k) = f(k) - g(k)$$

라 하고, $g(k)$와 $h(k)$를 각각 x좌표와 y좌표로 갖는 점을 P_k라 하자. 다음 조건을 만족시키는 자연수 m, n의 모든 순서쌍 (m, n)의 개수를 구하시오. (단, $[x]$는 x보다 크지 않은 최대정수이다.)

> (가) $1 \le m < n < 16$
> (나) $1 \le \overline{P_m P_n} \le \dfrac{\sqrt{5}}{2}$

9. [2014학년도 6월 14번 변형 오답률 54%]

함수 $f(x) = \begin{cases} x+3 & (x<0) \\ -\dfrac{1}{3}x & (x \geq 0) \end{cases}$ 의 그래프가 그림과 같다.

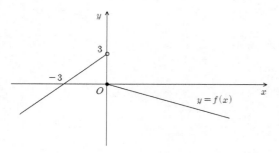

수열 $\{a_n\}$은 $a_1 = 1$ 이고

$$a_{n+1} = f(f(a_n)) \ (n \geq 1)$$

을 만족시킬 때, $b_n = a_n - \dfrac{9}{4}$라 하자. $\displaystyle\sum_{n=1}^{5} b_n = -\dfrac{q}{p}$일 때, 서로소인 두 자연수 p, q에 대하여 $p+q$의 값은?

① 623   ② 625   ③ 627   ④ 629   ⑤ 631

10. [2014학년도 6월 15번 변형 오답률 46%]

지면으로부터 H_1인 높이에서 풍속이 V_1이고 지면으로부터 H_2인 높이에서 풍속이 V_2일 때, 대기 안정도 계수 k는 다음 식을 만족시킨다.

$$V_2 = V_1 \times \left(\frac{H_2}{H_1}\right)^{\frac{2}{2-k}}$$

(단, $H_1 < H_2$이고, 높이의 단위는 m, 풍속의 단위는 $m/$초이다.)

A지역에서 지면으로부터 $12\,m$와 $36\,m$인 높이에서 풍속이 각각 $2(m/초)$와 $8(m/초)$이고, B지역에서 지면으로부터 $10\,m$와 $270\,m$인 높이에서 풍속이 각각 $a(m/초)$와 $b(m/초)$일 때, 두 지역의 대기 안정도 계수 k가 서로 같았다. $\dfrac{b}{a}$의 값은? (단, a, b는 양수이다.)

① 16   ② 32   ③ 64   ④ 128   ⑤ 256

11. [2014학년도 6월 18번 변형 오답률 48%]

직사각형 ABCD에서 $\overline{AB}=1$, $\overline{AD}=2$이다. 그림과 같이 직사각형 ABCD의 한 대각선에 의하여 만들어지는 두 직각삼각형의 내부에 두 변의 길이의 비가 1:2인 두 직사각형을 긴 변이 대각선 위에 놓이면서 두 직각삼각형에 각각 내접하도록 그리고, 새로 그려진 두 직사각형에 색칠하여 얻은 그림을 R_1이라 하자.

그림 R_1에서 새로 그려진 두 직사각형 각각에 그림 R_1을 얻은 것과 같은 방법으로 만들어지는 두 직사각형에 색칠을 제외하여 얻은 그림을 R_2라 하자.

그림 R_2에서 새로 그려진 네 개의 직사각형 각각에 그림 R_1을 얻은 것과 같은 방법으로 만들어지는 두 직사각형에 색칠하여 얻은 그림을 R_3라 하자.

이와 같은 과정을 계속하여 n번째 얻은 그림 R_n에 색칠되어 있는 부분의 넓이를 S_n이라 할 때, $\lim\limits_{n\to\infty}S_n=\dfrac{q}{p}$이다. $p+q$의 값은? (단, p와 q는 서로소인 자연수이다.)

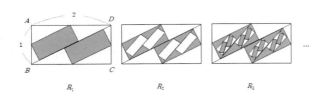

① 199 ② 201 ③ 203 ④ 205 ⑤ 207

12. [2014학년도 6월 19번 변형 오답률 46%]

수열 $\{a_n\}$은 $a_1=2$이고,

$$n^2 a_{n+1}=(n^2-1)a_n+n(n+1)3^n \quad (n\geq 1)$$

을 만족시킨다. 다음은 일반항 a_n을 구하는 과정이다.

주어진 식에서

$$a_{n+1}=\frac{(n+1)(n-1)}{n^2}a_n+\frac{n+1}{n}3^n$$

이다. $b_n=\dfrac{n-1}{n}a_n$이라 하면

$$b_{n+1}=b_n+\boxed{\ (가)\ } \quad (n\geq 1)$$

이고, $b_1=0$이므로

$$b_n=\boxed{\ (나)\ } \quad (n\geq 1)$$

이다. 그러므로

$$a_n=\begin{cases} 2 & (n=1) \\ \dfrac{n}{n-1}\times\left(\boxed{\ (나)\ }\right) & (n\geq 2) \end{cases}$$

이다.

위의 (가), (나)에 알맞은 식을 각각 $f(n)$, $g(n)$이라 할 때, $f(5)+g(5)$의 값은?

① 313 ② 323 ③ 343 ④ 353 ⑤ 363

13. [2014학년도 6월 20번 변형 오답률 49%]

그림과 같이 함수 $y=2\sqrt{x}+1$의 그래프 위의 한 점 A를 지나고 y축에 평행한 직선이 함수 $y=-4\sqrt{x}+4$의 그래프와 만나는 점을 B라 하고, 두 곡선의 교점을 C라 하자. 점 A의 y좌표를 a, 삼각형 ABC의 넓이를 $S(a)$라 할 때, $\dfrac{3}{8}\le S(a)\le 36$을 만족시키는 모든 자연수 a의 값의 합은?

(단, 점 C의 x좌표는 $\dfrac{1}{4}$이다.)

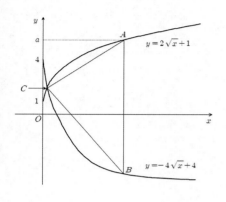

① 13　　② 15　　③ 17　　④ 19　　⑤ 21

14. [2014학년도 6월 21번 변형 오답률 58%]

함수

$$f(x)=\begin{cases} a(3x-x^3) & (x<0) \\ x^3-ax & (x\ge 0) \end{cases}$$

가 극값을 3개 가진다. 모든 극값의 합이 -8일 때, $f(5)$의 값은? (단, a는 상수이다.)

① 110　　② 112　　③ 114　　④ 116　　⑤ 118

15. [2014학년도 6월 28번 변형 오답률 58%]

수열 $\{a_n\}$은 다음 조건을 만족시킨다.

> (가) $a_{n+2} = a_n - 4$ $(n = 1, 2, 3, 4)$
> (나) 모든 자연수 n에 대하여 $a_{n+6} = a_n$이다.

$\displaystyle\sum_{k=1}^{50} a_k = 258$일 때, $a_1 + a_2$의 값을 구하시오.

16. [2014학년도 6월 30번 변형 오답률 92%]

자연수 k에 대하여

$$f(k) = \frac{\sqrt{k}}{3}, \quad g(k) = [\,f(k)\,], \quad h(k) = f(k) - g(k)$$

라 하고, $g(k)$와 $h(k)$를 각각 x좌표와 y좌표로 갖는 점을 P_k라 하자. 다음 조건을 만족시키는 자연수 m, n의 모든 순서쌍 (m, n)의 개수를 구하시오. (단, $[x]$는 x보다 크지 않은 최대정수이다.)

> (가) $6 \le m < n < 36$
> (나) $\overline{P_m P_n}$의 기울기를 a_{mn}이라 할 때, $|a_{mn}| \le \dfrac{1}{3}$이다.

2013학년도 수능

핵심기출 8선 및 변형예상 8선

제13장

1 2 3 등급 판정 기준		
등급	원점수	8선모음 정답수
1	96 ～ 100점	7 ～ 8개
2	88 ～ 95점	5 ～ 6개
3	77 ～ 87점	2 ～ 4개

제13장 체크리스트

차수	1차 풀이		2차 풀이		3차 풀이	
날짜						
구분	기출	변형	기출	변형	기출	변형
체 크 리 스 트	1	9	1	9	1	9
	2	10	2	10	2	10
	3	11	3	11	3	11
	4	12	4	12	4	12
	5	13	5	13	5	13
	6	14	6	14	6	14
	7	15	7	15	7	15
	8	16	8	16	8	16
등급						

1. [2013학년도 수능 14번 오답률 58%]

그림과 같이 길이가 2인 선분 AB를 지름으로 하는 원 O가 있다. 원 O의 중심을 지나고 선분 AB와 수직인 직선이 원과 만나는 2개의 점 중 한 점을 C라 하자. 점 C를 중심으로 하고 점 A와 점 B를 지나는 원의 외부와 원 O의 내부의 공통부분에 색칠하여 얻은 그림을 R_1이라 하자.

그림 R_1에서 색칠된 부분을 포함하지 않은 원 O의 반원을 이등분한 2개의 사분원에 각각 내접하는 원을 그리고, 이 2개의 원 안에 그림 R_1을 얻은 것과 같은 방법으로 만들어지는 2개의 도형에 색칠하여 얻은 그림을 R_2라 하자.

그림 R_2에서 새로 생긴 2개의 원의 색칠된 부분을 포함하지 않은 반원을 각각 이등분한 4개의 사분원에 각각 내접하는 원을 그리고, 이 4개의 원 안에 그림 R_1을 얻은 것과 같은 방법으로 만들어지는 4개의 도형에 색칠하여 얻은 그림을 R_3라 하자.

이와 같은 과정을 계속하여 n번째 얻은 그림 R_n에 색칠되어 있는 부분의 넓이를 S_n이라 할 때, $\lim_{n\to\infty} S_n$의 값은?

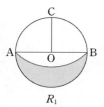 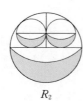 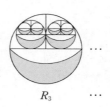

R_1 　　　　 R_2 　　　　 R_3 　　…

① $\dfrac{5+2\sqrt{2}}{7}$ 　　② $\dfrac{5+3\sqrt{2}}{7}$ 　　③ $\dfrac{5+4\sqrt{2}}{7}$

④ $\dfrac{5+5\sqrt{2}}{7}$ 　　⑤ $\dfrac{5+6\sqrt{2}}{7}$

2. [2013학년도 수능 20번 오답률 56%]

두 함수

$$f(x) = \begin{cases} -1 & (|x| \ge 1) \\ 1 & (|x| < 1) \end{cases}, \quad g(x) = \begin{cases} 1 & (|x| \ge 1) \\ -x & (|x| < 1) \end{cases}$$

에 대하여 옳은 것만을 다음에서 있는 대로 고른 것은?

ㄱ. $\lim_{x\to 1} f(x)g(x) = -1$

ㄴ. 함수 $g(x+1)$은 $x=0$에서 연속이다.

ㄷ. 함수 $f(x)g(x+1)$은 $x=-1$에서 연속이다.

① ㄱ 　　　　 ② ㄴ 　　　　 ③ ㄱ, ㄴ
④ ㄱ, ㄷ 　　　 ⑤ ㄱ, ㄴ, ㄷ

3. [2013학년도 수능 21번 오답률 62%]

삼차함수 $f(x) = x^3 - 3x + a$에 대하여 함수

$$F(x) = \int_0^x f(t)dt$$

가 오직 하나의 극값을 갖도록 하는 양수 a의 최솟값은?

① 1   ② 2   ③ 3   ④ 4   ⑤ 5

4. [2013학년도 수능 25번 오답률 65%]

어느 회사에서 생산된 모니터의 수명은 정규분포를 따른다고 한다. 이 회사에서 생산된 모니터 중 임의추출한 100대의 수명의 표본평균이 $\overline{x}$, 표본표준편차가 500이었다. 이 결과를 이용하여 이 회사에서 생산된 모니터의 수명의 평균을 신뢰도 95%로 추정한 신뢰구간이 $[\overline{x}-c,\ \overline{x}+c]$이다. c의 값을 구하시오. (단, Z가 표준정규분포를 따르는 확률변수일 때, $P(0 \le Z \le 1.96) = 0.4750$이다.)

5. [2013학년도 수능 26번 오답률 63%]

$2 \le n \le 100$인 자연수 n에 대하여 $\left(\sqrt[3]{3^5}\right)^{\frac{1}{2}}$이 어떤 자연수의 n제곱근이 되도록 하는 n의 개수를 구하시오.

6. [2013학년도 수능 28번 오답률 67%]

최고차항의 계수가 1인 이차함수 $f(x)$가 $f(3) = 0$이고, $\displaystyle\int_{0}^{2013} f(x)dx = \int_{3}^{2013} f(x)dx$를 만족시킨다.

곡선 $y = f(x)$와 x축으로 둘러싸인 부분의 넓이가 S일 때, $30S$의 값을 구하시오.

7. [2013학년도 수능 29번 오답률 81%]

다음 좌석표에서 2행 2열 좌석을 제외한 8개의 좌석에 여학생 4명과 남학생 4명을 1명씩 임의로 배정할 때, 적어도 2명의 남학생이 서로 이웃하게 배정될 확률은 p이다. $70p$의 값을 구하시오. (단, 2명이 같은 행의 바로 옆이나 같은 열의 바로 앞뒤에 있을 때, 이웃한 것으로 본다.)

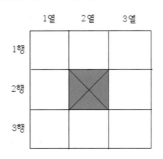

8. [2013학년도 수능 30번 오답률 95%]

좌표평면에서 자연수 n에 대하여 영역

$$\left\{ (x, y) \mid \frac{-n(x-1)}{x-n} \leq y \leq \frac{n(x+1)}{x+n} \right\}$$

에 속하는 점 중 다음 조건을 만족시키는 점의 개수를 a_n이라 하자.

(가) x좌표와 y좌표는 서로 같다.
(나) x좌표와 y좌표는 모두 정수이다.

예를 들어, $a_1 = 3$, $a_4 = 5$이다. $\displaystyle\sum_{n=1}^{50} a_n$의 값을 구하시오.

9. [2013학년도 수능 14번 변형 오답률 58%]

그림과 같이 길이가 2인 선분 AB를 지름으로 하는 원 O가 있다. 원 O의 중심을 지나고 선분 AB와 수직인 직선이 원과 만나는 2개의 점 중 한 점을 C라 하자. 점 C를 중심으로 하고 점 A와 점 B를 지나는 원의 외부와 원 O의 내부의 공통부분에 색칠하여 얻은 그림을 R_1이라 하자.

그림 R_1에서 색칠된 부분을 포함하지 않은 원 O의 반원을 삼등분한 3개의 부채꼴에 각각 내접하는 원을 그리고, 이 3개의 원 안에 그림 R_1을 얻은 것과 같은 방법으로 만들어지는 3개의 도형에 색칠하여 얻은 그림을 R_2라 하자.

그림 R_2에서 새로 생긴 3개의 원의 색칠된 부분을 포함하지 않은 반원을 각각 삼등분한 9개의 부채꼴에 각각 내접하는 원을 그리고, 이 9개의 원 안에 그림 R_1을 얻은 것과 같은 방법으로 만들어지는 9개의 도형에 색칠하여 얻은 그림을 R_3라 하자.

이와 같은 과정을 계속하여 n번째 얻은 그림 R_n에 색칠되어 있는 부분의 넓이를 S_n이라 할 때, $\lim\limits_{n\to\infty} S_n = \dfrac{q}{p}$이다. 서로소인 두 자연수 p, q에 대하여 $p+q$의 값은?

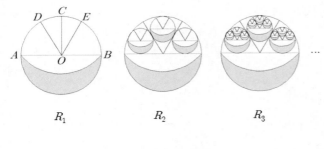

$$R_1 \qquad R_2 \qquad R_3$$

① 3   ② 4   ③ 5   ④ 6   ⑤ 7

10. [2013학년도 수능 20번 변형 오답률 56%]

두 함수

$$f(x)=\begin{cases} -1 & (|x|\ge 1), \\ 1 & (|x|<1), \end{cases} \quad g(x)=\begin{cases} 1 & (|x|\ge 1) \\ -x & (|x|<1) \end{cases}$$

에 대하여 옳은 것만을 다음에서 있는 대로 고른 것은?

ㄱ. $\lim\limits_{x\to 1} f(x)g(x) = -1$

ㄴ. 함수 $y = f(g(x))$는 $x = -1$에서 연속이다.

ㄷ. 함수 $f(-x)g(-x-1)$는 $x = -1$에서 연속이다.

---

① ㄱ   ② ㄴ   ③ ㄱ, ㄴ

④ ㄱ, ㄷ   ⑤ ㄱ, ㄴ, ㄷ

11. [2013학년도 수능 21번 변형 오답률 62%]

사차함수 $f(x) = 3x^4 - 20x^3 + 36x^2 - a$에 대하여 함수

$$F(x) = \int_0^x f(t)dt$$

가 오직 두 개의 극값을 갖도록 하는 50이하의 자연수 a의 개수는?

① 38 ② 40 ③ 42 ④ 44 ⑤ 46

12. [2013학년도 수능 25번 변형 오답률 65%]

어느 회사에서 생산된 모니터의 수명은 모평균이 m인 정규분포를 따른다고 한다. 이 회사에서 생산된 모니터 중 임의추출한 n대의 수명의 표본평균이 $\bar{x}$, 표본표준편차가 50이었다. 이 결과를 이용하여 이 회사에서 생산된 모니터의 수명의 평균 m을 신뢰도 95%로 추정할 때, $\bar{x}$와 m의 차가 7이하가 되도록 하는 n의 최솟값을 구하시오. (단, Z가 표준정규분포를 따르는 확률변수일 때, $P(0 \leq Z \leq 1.96) = 0.4750$이다.)

13. [2013학년도 수능 26번 변형 오답률 63%]

$2 \leq n \leq 100$인 자연수 n에 대하여 $\left(\sqrt[3]{3^5} \right)^{\frac{1}{2}}$이 어떤 자연수 k의 n제곱근이 되도록 할 때, $n + \log_3 k$의 최댓값을 구하시오.

14. [2013학년도 수능 28번 변형 오답률 67%]

최고차항의 계수가 1인 이차함수 $f(x)$가 다음 조건을 모두 만족시킨다.

(가) 모든 실수 a에 대하여 $\displaystyle\int_{4-a}^{2} f(x)\,dx = \int_{2}^{a} f(x)\,dx$

(나) $\displaystyle\int_{0}^{2013} f(x)\,dx = \int_{3}^{2013} f(x)\,dx$

곡선 $y = f(x)$와 x축으로 둘러싸인 부분의 넓이가 S일 때, $30S$의 값을 구하시오.

15. [2013학년도 수능 29번 변형 오답률 81%]

다음 좌석표에서 2행 2열 좌석을 제외한 8개의 좌석에 여학생 4명과 남학생 4명을 1명씩 임의로 배정할 때, 적어도 3명의 남학생이 서로 이웃하게 배정될 확률은 p이다. $70p$의 값을 구하시오. (단, 2명이 같은 행의 바로 옆이나 같은 열의 바로 앞뒤에 있을 때, 이웃한 것으로 본다.)

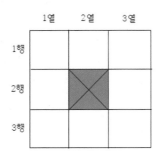

16. [2013학년도 수능 30번 변형 오답률 95%]

좌표평면에서 자연수 n에 대하여 영역

$$\left\{(x, y)\ \middle|\ \frac{(x+n)^2}{4n} - 4n \leq y \leq 2\sqrt{n(x+4n)} - n,\ x \geq -n,\ y \geq -n\right\}$$

에 속하는 점 중 다음 조건을 만족시키는 점의 개수를 a_n이라 하자.

> (가) x좌표와 y좌표는 서로 같다.
> (나) x좌표와 y좌표는 모두 정수이다.

예를 들어, $a_1 = 7$, $a_2 = 13$이다. $\displaystyle\sum_{n=1}^{15} a_n$의 값을 구하시오.

2013학년도 9월 평가원

핵심기출 8선 및 변형예상 8선

제14장

1 2 3 등급 판정 기준		
등급	원점수	8선모음 정답수
1	96 ～ 100점	7 ～ 8개
2	88 ～ 95점	5 ～ 6개
3	77 ～ 87점	2 ～ 4개

제14장 체크리스트

차수	1차 풀이				2차 풀이				3차 풀이			
날짜												
구분	기출		변형		기출		변형		기출		변형	
체크리스트	1		9		1		9		1		9	
	2		10		2		10		2		10	
	3		11		3		11		3		11	
	4		12		4		12		4		12	
	5		13		5		13		5		13	
	6		14		6		14		6		14	
	7		15		7		15		7		15	
	8		16		8		16		8		16	
등급												

1. [2013학년도 9월 15번 오답률 67%]

2이상의 자연수 n에 대하여 함수 $y = 5 - \dfrac{5}{x}$의 그래프 위의 x좌표가 $\dfrac{1}{n}$인 점을 A_n이라 하자. 그래프 위의 점 B_n과 x축 위의 점 C_n이 다음 조건을 만족시킨다.

> (가) 점 C_n은 선분 A_nB_n과 x축의 교점이다.
> (나) $\overline{A_nC_n} : \overline{C_nB_n} = 2 : 5$

점 C_n의 x좌표를 x_n이라 할 때, $\lim\limits_{n \to \infty} nx_n$의 값은?

① $\dfrac{1}{5}$　　② $\dfrac{2}{5}$　　③ $\dfrac{3}{5}$　　④ $\dfrac{4}{5}$　　⑤ 1

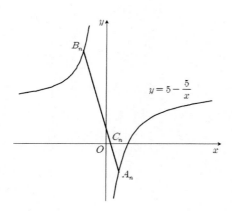

2. [2013학년도 9월 19번 오답률 58%]

닫힌 구간 $[0, 2]$에서 정의된 함수

$$f(x) = ax(x-2)^2 \left(a > \dfrac{1}{2}\right)$$

에 대하여 곡선 $y = f(x)$와 직선 $y = x$의 교점 중 원점 O가 아닌 점을 A라 하자. 점 P가 원점으로부터 점 A까지 곡선 $y = f(x)$ 위를 움직일 때, 삼각형 OAP의 넓이가 최대가 되는 점 P의 x좌표가 $\dfrac{1}{2}$이다. 상수 a의 값은?

① $\dfrac{5}{4}$　　② $\dfrac{4}{3}$　　③ $\dfrac{17}{12}$　　④ $\dfrac{3}{2}$　　⑤ $\dfrac{19}{12}$

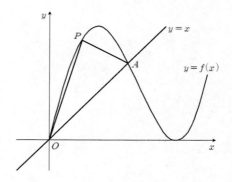

3. [2013학년도 9월 20번 오답률 56%]

어느 공장에서 생산하는 제품의 무게는 모평균이 m, 모표준편차가 $\frac{1}{2}$인 정규분포를 따른다고 한다. 이 공장에서 생산한 제품 중에서 25개를 임의추출하여 신뢰도 95%로 추정한 모평균 m에 대한 신뢰구간이 $[a, b]$일 때, $P(|Z| \leq c) = 0.95$를 만족시키는 c를 a, b로 나타낸 것은? (단, 확률변수 Z는 표준정규분포를 따른다.)

① $3(b-a)$ ② $\frac{7}{2}(b-a)$ ③ $4(b-a)$

④ $\frac{9}{2}(b-a)$ ⑤ $5(b-a)$

4. [2013학년도 9월 21번 오답률 61%]

좌표평면에서 두 함수

$$f(x) = 6x^3 - x, \quad g(x) = |x - a|$$

의 그래프가 서로 다른 두 점에서 만나도록 하는 모든 실수 a의 값의 합은?

① $-\frac{11}{18}$ ② $-\frac{5}{9}$ ③ $-\frac{1}{2}$ ④ $-\frac{4}{9}$ ⑤ $-\frac{7}{18}$

5. [2013학년도 9월 27번 오답률 55%]

A 과수원에서 생산하는 귤의 무게는 평균이 86, 표준편차가 15인 정규분포를 따르고, B 과수원에서 생산하는 귤의 무게는 평균이 88, 표준편차가 10인 정규분포를 따른다고 한다. A 과수원에서 임의로 선택한 귤의 무게가 98 이하일 확률과 B 과수원에서 임의로 선택한 귤의 무게가 a 이하일 확률이 같을 때, a의 값을 구하시오. (단, 귤의 무게의 단위는 g이다.)

6. [2013학년도 9월 28번 오답률 79%]

첫째항이 10인 수열 $\{a_n\}$이 모든 자연수 n에 대하여

$$a_n < a_{n+1}, \quad \sum_{k=1}^{n} (a_{k+1} - a_k)^2 = 2\left(1 - \frac{1}{9^n}\right)$$

을 만족시킬 때, $\lim_{n \to \infty} a_n$의 값을 구하시오.

7. [2013학년도 9월 29번 오답률 81%]

그림과 같이 곡선 $y = x^2$과 양수 t에 대하여 세 점 $O(0, 0)$, $A(t, 0)$, $B(t, t^2)$을 지나는 원 C가 있다. 원 C의 내부와 부등식 $y \leq x^2$이 나타내는 영역의 공통부분의 넓이를 $S(t)$라 할 때, $S'(1) = \dfrac{p\pi + q}{4}$이다. $p^2 + q^2$의 값을 구하시오. (단, p, q는 정수)

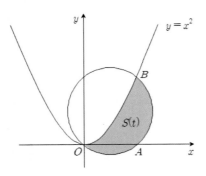

8. [2013학년도 9월 30번 오답률 91%]

좌표평면에서 다음 조건을 만족시키는 정사각형 중 두 함수 $y = \sqrt{\dfrac{x}{5}} + 1$, $y = \sqrt{\dfrac{x}{7}} + 1$의 그래프와 모두 만나는 것의 개수를 구하시오.

(가) 꼭짓점의 x좌표, y좌표가 모두 자연수이고 한 변의 길이가 1이다.
(나) 꼭짓점의 x좌표는 모두 100 이하이다.

9. [2013학년도 9월 15번 변형 오답률 67%]

2이상의 자연수 n에 대하여 함수 $y = 4 - \dfrac{4}{x}$의 그래프 위의 x좌표가 $\dfrac{1}{n}$인 점을 A_n이라 하자. 그래프 위의 점 B_n과 x축 위의 점 C_n이 다음 조건을 만족시킨다.

> (가) 점 C_n은 선분 A_nB_n과 x축의 교점이다.
> (나) $\overline{A_nC_n} : \overline{C_nB_n} = 1 : 3$

점 C_n의 x좌표를 x_n이라 할 때, $\displaystyle\lim_{n\to\infty} 27nx_n$의 값은?

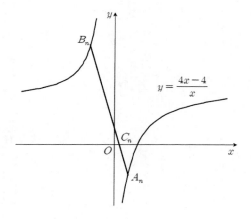

① 16 ② 18 ③ 20 ④ 22 ⑤ 24

10. [2013학년도 9월 19번 변형 오답률 58%]

닫힌 구간 $[0, 2]$에서 정의된 함수

$$f(x) = ax(x-2)^2 \left(a > \frac{1}{2}\right)$$

에 대하여 곡선 $y = f(x)$와 직선 $y = x$의 교점 중 원점 O가 아닌 점을 A라 하자. 점 P가 원점으로부터 점 A까지 곡선 $y = f(x)$ 위를 움직일 때, 삼각형 OAP의 넓이가 최대가 되는 점 P의 x좌표가 $\dfrac{1}{2}$이다. 이때의 점 P에서 $y = x$까지의 거리를 d라 할 때, $12d^2$의 값은?

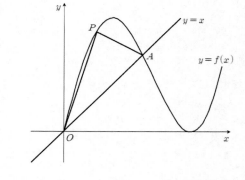

① 2 ② 4 ③ 6 ④ 8 ⑤ 10

11. [2013학년도 9월 20번 변형 오답률 56%]

어느 공장에서 생산하는 제품의 무게는 모평균이 m, 모표준편차가 σ인 정규분포를 따른다고 한다. 이 공장에서 생산한 제품 중에서 임의추출한 n개의 표본평균은 $\bar{x}$ 이다. 신뢰도 95%로 추정한 모평균 m에 대한 신뢰구간이 $[a, b]$일 때, $P(|\bar{x} - m| \le c) = 0.95$를 만족시키는 c를 a, b로 나타낸 것은?

① $\dfrac{1}{2}(b-a)$ ② $\dfrac{3}{2}(b-a)$ ③ $\dfrac{5}{2}(b-a)$

④ $\dfrac{7}{2}(b-a)$ ⑤ $\dfrac{9}{2}(b-a)$

12. [2013학년도 9월 21번 변형 오답률 61%]

좌표평면에서 두 함수

$$f(x) = 3x^3 - 2x, \quad g(x) = |x - a|$$

의 그래프가 서로 다른 두 점에서 만나도록 하는 모든 실수 a의 값의 제곱의 합은 $\dfrac{q}{p}$이다. $p+q$의 값은? (단, p, q는 서로소인 자연수이다.)

① 181 ② 184 ③ 187 ④ 190 ⑤ 193

13. [2013학년도 9월 27번 변형 오답률 55%]

A 과수원에서 생산하는 귤의 무게는 평균이 86, 표준편차가 15인 정규분포를 따르고, B 과수원에서 생산하는 귤의 무게는 평균이 88, 표준편차가 10인 정규분포를 따른다고 한다. A 과수원에서 임의로 선택한 귤의 무게가 98 이하일 확률과 B 과수원에서 임의로 선택한 4개의 귤의 무게의 평균이 a 이하일 확률이 같을 때, a의 값을 구하시오. (단, 귤의 무게의 단위는 g이다.)

14. [2013학년도 9월 28번 변형 오답률 79%]

수열 $\{a_n\}$이 모든 자연수 n에 대하여

$$a_n < a_{n+1}, \quad \sum_{k=1}^{n}(a_{k+1}-a_k)^2 = 2\left(1-\frac{1}{9^n}\right)$$

을 만족시킬 때, $10\sum_{n=1}^{\infty}(a_{2n+1}-a_{2n})$의 값을 구하시오.

15. [2013학년도 9월 29번 변형 오답률 81%]

그림과 같이 곡선 $y = x^3$과 양수 t에 대하여 세 점 $O(0, 0)$, $A(t, 0)$, $B(t, t^3)$을 지나는 원 C가 있다. 원 C의 내부와 부등식 $y \le x^3$이 나타내는 영역의 공통부분의 넓이를 $S(t)$라 할 때, $S'(2) = \dfrac{p\pi + q}{2}$이다. $p + q$의 값을 구하시오. (단, p, q는 정수)

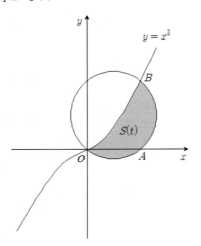

16. [2013학년도 9월 30번 변형 오답률 91%]

좌표평면에서 다음 조건을 만족시키는 정사각형 중 두 함수 $y = \sqrt{\dfrac{x}{5}} + 1$, $y = \sqrt{\dfrac{x}{7}} + 1$의 그래프와 모두 만나는 것의 개수를 구하시오.

(가) 꼭짓점의 x좌표, y좌표가 모두 정수이고 한 변의 길이가 1이다.
(나) 꼭짓점의 x좌표는 모두 120 이하의 정수이다.

2013학년도 6월 평가원

핵심기출 8선 및 변형예상 8선

제15장

1 2 3 등급 판정 기준		
등급	원점수	8선모음 정답수
1	97 ~ 100점	7 ~ 8개
2	89 ~ 96점	5 ~ 6개
3	77 ~ 88점	2 ~ 4개

제15장 체크리스트

차수	1차 풀이		2차 풀이		3차 풀이	
날짜						
구분	기출	변형	기출	변형	기출	변형
체크리스트	1	9	1	9	1	9
	2	10	2	10	2	10
	3	11	3	11	3	11
	4	12	4	12	4	12
	5	13	5	13	5	13
	6	14	6	14	6	14
	7	15	7	15	7	15
	8	16	8	16	8	16
등급						

1. [2013학년도 6월 17번 오답률 53%]

곡선 $y = x^3 - 5x$ 위의 점 $A(1, -4)$에서의 접선이 점 A가 아닌 점 B에서 곡선과 만난다. 선분 AB의 길이는?

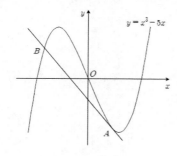

① $\sqrt{30}$　② $\sqrt{35}$　③ $2\sqrt{10}$　④ $3\sqrt{5}$　⑤ $5\sqrt{2}$

2. [2013학년도 6월 18번 오답률 68%]

2보다 큰 자연수 n에 대하여 $(-3)^{n-1}$의 n제곱근 중 실수인 것의 개수를 a_n이라 할 때, $\displaystyle\sum_{n=3}^{\infty} \frac{a_n}{2^n}$의 값은?

① $\dfrac{1}{6}$　② $\dfrac{1}{4}$　③ $\dfrac{1}{3}$　④ $\dfrac{5}{12}$　⑤ $\dfrac{1}{2}$

3. [2013학년도 6월 19번 오답률 51%]

함수

$$f(x) = \begin{cases} x & (|x| \geq 1) \\ -x & (|x| < 1) \end{cases}$$

에 대하여 다음 중 옳은 것만을 있는 대로 고른 것은?

> ㄱ. 함수 $f(x)$가 불연속인 점은 2개다.
> ㄴ. 함수 $(x-1)f(x)$는 $x=1$에서 연속이다.
> ㄷ. 함수 $\{f(x)\}^2$은 실수 전체의 집합에서 연속이다.

① ㄱ ② ㄴ ③ ㄱ, ㄴ ④ ㄱ, ㄷ ⑤ ㄱ, ㄴ, ㄷ

4. [2013학년도 6월 20번 오답률 53%]

닫힌 구간 $[-2, 5]$에서 정의된 함수 $y=f(x)$의 그래프가 그림과 같다.

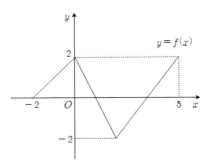

$\displaystyle \lim_{n \to \infty} \frac{|nf(a) - 1| - nf(a)}{2n + 3} = 1$을 만족시키는 상수 a의 개수는?

① 1 ② 2 ③ 3 ④ 4 ⑤ 5

5. [2013학년도 6월 21번 오답률 56%]

양수 x에 대하여 $\log x$의 소수부분을 $f(x)$라 할 때, $f(2x) \le f(x)$를 만족시키는 100보다 작은 자연수 x의 개수는?

① 55   ② 57   ③ 59   ④ 61   ⑤ 63

6. [2013학년도 6월 28번 오답률 69%]

수열 $\{a_n\}$에서 $a_1 = 2$이고, $n \ge 1$일 때 a_{n+1}은

$$\frac{1}{n+2} < \frac{a_n}{k} \le \frac{1}{n}$$

을 만족시키는 자연수 k의 개수이다. a_9의 값을 구하시오.

7. [2013학년도 6월 29번 오답률 68%]

방정식

$$x^2 + \frac{1}{x^2} + a\left(x - \frac{1}{x}\right) + 7 = 0$$

이 실근을 갖기 위한 양수 a의 최솟값을 m이라 할 때, m^2의 값을 구하시오.

8. [2013학년도 6월 30번 오답률 85%]

4이상인 자연수 n에 대하여 $f(n)$을 다음 조건을 만족시키는 가장 작은 자연수 a라 하자.

(가) $a \geq 3$
(나) 두 점 $(2, 0)$, $(a, \sqrt{na - 2n})$을 지나는 직선의 기울기가 2보다 작거나 같다.

예를 들어 $f(5) = 4$이다. $\displaystyle\sum_{n=4}^{50} f(n)$의 값을 구하시오.

9. [2013학년도 6월 17번 변형 오답률 53%]

곡선 $y = x^3 - 5x$ 위의 점 $A(1, -4)$에서의 접선이 점 A가 아닌 점 B에서 곡선과 만난다. 이때 곡선 $y = x^3 - 5x$와 접선으로 둘러싸인 부분의 넓이는 $\dfrac{q}{p}$이다. 서로소인 두 자연수 p, q에 대하여 $p + q$의 값은?

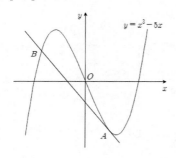

① 31　　② 33　　③ 35　　④ 37　　⑤ 39

10. [2013학년도 6월 18번 변형 오답률 68%]

2보다 큰 자연수 n에 대하여 3^{n-1}의 n제곱근 중 실수인 것의 개수를 a_n이라 할 때, $\displaystyle\sum_{n=3}^{\infty} \dfrac{a_n}{2^n} = \alpha$이다. 120α의 값은?

① 38　　② 40　　③ 42　　④ 44　　⑤ 46

11. [2013학년도 6월 19번 변형 오답률 51%]

함수

$$f(x) = \begin{cases} x-1 & (|x| \geq 1) \\ -x+1 & (|x| < 1) \end{cases}$$

에 대하여 다음 중 옳은 것만을 있는 대로 고른 것은?

ㄱ. 함수 $f(x)$가 미분가능하지 않은 점은 2개다.

ㄴ. 함수 $(x+1)f(x)$는 $x=-1$에서 미분가능하다.

ㄷ. 함수 $\{f(x)\}^2$은 실수 전체의 집합에서 미분가능하다.

① ㄱ   ② ㄴ   ③ ㄱ, ㄴ   ④ ㄱ, ㄷ   ⑤ ㄱ, ㄴ, ㄷ

12. [2013학년도 6월 20번 변형 오답률 53%]

닫힌 구간 $[-2, 5]$에서 정의된 함수 $y = f(x)$의 그래프가 그림과 같다.

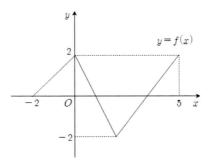

$$\lim_{n \to \infty} \frac{|n^2 f^2(a) - n^2| - n^2 f^2(a)}{(n+3)(3n+1)} = \frac{1}{6}$$ 을 만족시키는 상수 a의 개수는 m개다. m^2의 값은?

① 21   ② 23   ③ 25   ④ 27   ⑤ 29

13. [2013학년도 6월 21번 변형 오답률 56%]

양수 x에 대하여 $\log x$의 소수부분을 $f(x)$라 할 때, $f(3x) \le f(x)$를 만족시키는 100보다 작은 자연수 x의 개수는?

① 64   ② 66   ③ 68   ④ 70   ⑤ 72

14. [2013학년도 6월 28번 변형 오답률 69%]

수열 $\{a_n\}$에서 $a_1 = 2$이고, $n \ge 1$일 때 a_{n+1}은

$$\frac{1}{n+3} \le \frac{a_n}{k-1} < \frac{1}{n}$$

을 만족시키는 자연수 k의 개수이다. a_6의 값을 구하시오.

15. [2013학년도 6월 29번 변형 오답률 68%]

방정식

$$x^2 + \frac{1}{x^2} + a\left(x - \frac{1}{x}\right) + 7 = 0$$

이 $x > 1$인 실근을 갖기 위한 a의 최댓값을 m이라 할 때, m^2의 값을 구하시오.

16. [2013학년도 6월 30번 변형 오답률 85%]

4이상인 자연수 n에 대하여 $f(n)$을 다음 조건을 만족시키는 가장 작은 자연수 a라 하자.

> (가) $a \geq 4$
> (나) 두 점 $(3, 0)$, $(a, \sqrt{na - 3n})$을 지나는 직선의 기울기가 2보다 작거나 같다.

예를 들어 $f(5) = 5$이다. $\displaystyle\sum_{n=4}^{50} f(n)$의 값을 구하시오.

2012학년도 수능

핵심기출 8선 및 변형예상 8선

제16장

1 2 3 등급 판정 기준		
등급	원점수	8선모음 정답수
1	97 ～ 100점	7 ～ 8개
2	89 ～ 96점	5 ～ 6개
3	77 ～ 88점	2 ～ 4개

16장 체크리스트

차수	1차 풀이		2차 풀이		3차 풀이	
날짜						
구분	기출	변형	기출	변형	기출	변형
체크리스트	1	9	1	9	1	9
	2	10	2	10	2	10
	3	11	3	11	3	11
	4	12	4	12	4	12
	5	13	5	13	5	13
	6	14	6	14	6	14
	7	15	7	15	7	15
	8	16	8	16	8	16
등급						

1. [2012학년도 수능 14번 오답률 53%]

반지름의 길이가 1인 원이 있다. 그림과 같이 가로의 길이와 세로의 길이의 비가 3:1인 직사각형을 이 원에 내접하도록 그리고, 원의 내부와 직사각형의 외부의 공통부분에 색칠하여 얻은 그림을 R_1이라 하자.

그림 R_1에서 직사각형의 세 변에 접하도록 원 2개를 그린다. 새로 그려진 각 원에 그림 R_1에서 얻은 것과 같은 방법으로 직사각형을 그리고 색칠하여 얻은 그림을 R_2라 하자.

그림 R_2에서 새로 그려진 직사각형의 세 변에 접하도록 원 4개를 그린다. 새로 그려진 각 원에 그림 R_1에서 얻은 것과 같은 방법으로 직사각형을 그리고 색칠하여 얻은 그림을 R_3라 하자.

이와 같은 과정을 계속하여 n번째 얻은 그림 R_n에서 색칠된 부분의 넓이를 S_n이라 할 때, $\lim_{n \to \infty} S_n$의 값은?

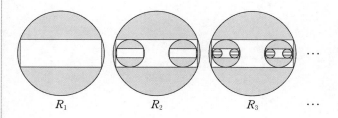

R_1 R_2 R_3 ...

① $\dfrac{5}{4}\pi - \dfrac{5}{3}$ ② $\dfrac{5}{4}\pi - \dfrac{3}{2}$ ③ $\dfrac{4}{3}\pi - \dfrac{8}{5}$

④ $\dfrac{5}{4}\pi - 1$ ⑤ $\dfrac{4}{3}\pi - \dfrac{16}{15}$

2. [2012학년도 수능 16번 오답률 51%]

어느 공장에서 생산되는 제품의 길이 X는 평균이 m이고, 표준편차가 4인 정규분포를 따른다고 한다.

$P(m \le X \le a) = 0.3413$일 때, 이 공장에서 생산된 제품 중에서 임의 추출한 제품 16개의 길이의 표본평균이 $a-2$ 이상일 확률을 오른쪽 표준정규분포표를 이용하여 구한 것은?
(단, a는 상수이고, 길이의 단위는 cm이다.)

z	$P(0 \le Z \le z)$
1.0	0.3413
1.5	0.4332
2.0	0.4772

① 0.0228   ② 0.0668   ③ 0.0919

④ 0.1359   ⑤ 0.1587

3. [2012학년도 수능 19번 오답률 58%]

이차함수 $f(x)$는 $f(0)=-1$이고,

$$\int_{-1}^{1} f(x)\,dx = \int_{0}^{1} f(x)\,dx = \int_{-1}^{0} f(x)\,dx$$

를 만족시킨다. $f(2)$의 값은?

① 11   ② 10   ③ 9   ④ 8   ⑤ 7

4. [2012학년도 수능 20번 오답률 69%]

양수 x에 대하여 $\log x$의 정수부분과 소수부분을 각각 $f(x)$, $g(x)$라 하자. 두 부등식

$$f(n) \le f(54),\ g(n) \le g(54)$$

를 만족시키는 자연수 n의 개수는?

① 42   ② 44   ③ 46   ④ 48   ⑤ 50

5. [2012학년도 수능 21번 오답률 58%]

최고차항의 계수가 1인 삼차함수 $f(x)$가 모든 실수 x에 대하여 $f(-x) = -f(x)$를 만족시킨다. 방정식 $|f(x)| = 2$의 서로 다른 실근의 개수가 4일 때, $f(3)$의 값은?

① 12   ② 14   ③ 16   ④ 18   ⑤ 20

6. [2012학년도 수능 27번 오답률 62%]

구간 $[0, 1]$에서 정의된 연속확률변수 X의 확률밀도함수가 $f(x)$이다. X의 평균이 $\dfrac{1}{4}$이고, $\displaystyle\int_0^1 (ax+5)f(x)\,dx = 10$일 때, 상수 a의 값을 구하시오.

7. [2012학년도 수능 28번 오답률 75%]

좌표평면에서 자연수 n에 대하여 점 P_n의 좌표를 $(n, 3^n)$, 점 Q_n의 좌표를 $(n, 0)$이라 하자. 사각형 $P_n Q_{n+1} Q_{n+2} P_{n+1}$의 넓이를 a_n이라 할 때, $\displaystyle\sum_{n=1}^{\infty} \frac{1}{a_n} = \frac{q}{p}$이다. $p^2 + q^2$의 값을 구하시오. (단, p와 q는 서로소인 자연수이다.)

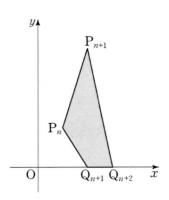

8. [2012학년도 수능 30번 오답률 98%]

자연수 a, b에 대하여 곡선 $y = (x+1)^a + 1$과 곡선 $y = x^b + 1$이 직선 $x = t \, (t \geq 1)$와 만나는 점을 각각 P, Q라 하자. 다음 조건을 만족시키는 a, b의 모든 순서쌍 (a, b)의 개수를 구하시오. 예를 들어, $a = 4, b = 5$는 다음 조건을 만족시킨다.

(가) $1 \leq a \leq 10,\ 1 \leq b \leq 10$
(나) $t \geq 1$인 어떤 실수 t에 대하여 $\overline{PQ} \leq 10$이다.

9. [2012학년도 수능 14번 변형 오답률 53%]

반지름의 길이가 1인 원이 있다. 그림과 같이 가로의 길이와 세로의 길이의 비가 $3:1$인 직사각형을 이 원에 내접하도록 그리고, 원의 내부와 직사각형의 외부의 공통부분에 색칠하여 얻은 그림을 R_1이라 하자.

그림 R_1에서 직사각형의 세 변에 접하도록 원 3개를 그린다. 새로 그려진 각 원에 그림 R_1에서 얻은 것과 같은 방법으로 직사각형을 그리고 색칠하여 얻은 그림을 R_2라 하자.

그림 R_2에서 새로 그려진 직사각형의 세 변에 접하도록 원 9개를 그린다. 새로 그려진 각 원에 그림 R_1에서 얻은 것과 같은 방법으로 직사각형을 그리고 색칠하여 얻은 그림을 R_3라 하자.

이와 같은 과정을 계속하여 n번째 얻은 그림 R_n에서 색칠된 부분의 넓이를 S_n이라 할 때, $\lim\limits_{n\to\infty} S_n = \dfrac{a\pi+b}{7}$이다. $a-b$의 값은?

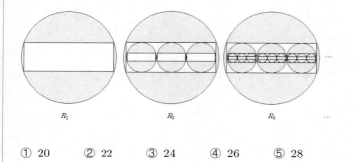

| R_1 | R_2 | R_3 | $\cdots$ |

① 20   ② 22   ③ 24   ④ 26   ⑤ 28

10. [2012학년도 수능 16번 변형 오답률 51%]

어느 공장에서 생산되는 제품의 길이 X는 평균이 m이고, 표준편차가 4인 정규분포를 따른다고 한다.

$P(m \le X \le a) = 0.3413$일 때, 이 공장에서 생산된 제품 중에서 임의추출한 제품 n개의 길이의 표본평균이 $a-3$ 이상일 확률이 0.0668일 때, n의 값을 오른쪽 표준정규분포표를 이용하여 구하면? (단, a는 상수이고, 길이의 단위는 cm이다.)

z	$P(0 \le Z \le z)$
1.0	0.3413
1.5	0.4332
2.0	0.4772

① 25   ② 36   ③ 49   ④ 64   ⑤ 81

11. [2012학년도 수능 19번 변형 오답률 58%]

최고차항의 계수가 1인 삼차함수 $f(x)$는 $f(0) = -1$이고,

$$\int_{-1}^{1} f(x)\,dx = \int_{0}^{1} f(x)\,dx = \int_{-1}^{0} f(x)\,dx$$

를 만족시킨다. $f(2)$의 값은?

① 12　　② 14　　③ 16　　④ 18　　⑤ 20

12. [2012학년도 수능 20번 변형 오답률 69%]

양수 x에 대하여 $\log_5 x$의 정수부분과 소수부분을 각각 $f(x)$, $g(x)$라 하자. 두 부등식

$$f(n) \leq f(15),\ g(n) \leq g(15)$$

를 만족시키는 자연수 n의 개수는?

① 14　　② 15　　③ 16　　④ 17　　⑤ 18

13. [2012학년도 수능 21번 변형 오답률 58%]

최고차항의 계수가 1인 사차함수 $f(x)$가 모든 실수 x에 대하여 $f(-x) = f(x)$를 만족시킨다. 방정식 $|f(x)| = 2$의 서로 다른 실근의 개수가 5일 때, $f(3)$의 값은?

① 43   ② 45   ③ 47   ④ 49   ⑤ 51

14. [2012학년도 수능 27번 변형 오답률 62%]

구간 $[0, 1]$에서 정의된 연속확률변수 X의 확률밀도함수가 $f(x)$이다. X의 평균이 $\frac{1}{4}$, 분산이 $\frac{1}{16}$이고,

$$\int_0^1 (8x^2 + ax + 5) f(x) \, dx = 10$$일 때,

상수 a의 값을 구하시오.

15. [2012학년도 수능 28번 변형 오답률 75%]

좌표평면에서 자연수 n와 k에 대하여 점 P_n의 좌표를 $(n, (k+1)^n)$, 점 Q_n의 좌표를 $(n, 0)$이라 하자. 사각형 $P_n Q_{n+1} Q_{n+2} P_{n+1}$의 넓이를 a_n이라 할 때, $\sum\limits_{n=1}^{\infty} \dfrac{1}{a_n} = \dfrac{1}{72}$이다. k의 값을 구하시오.

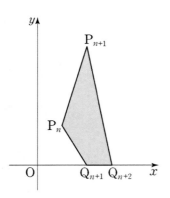

16. [2012학년도 수능 30번 변형 오답률 98%]

자연수 a, b에 대하여 곡선 $y = \sqrt[a]{x-1} - 1$과 곡선 $y = \sqrt[b]{x-1}$이 직선 $y = t \ (t \geq 1)$와 만나는 점을 각각 P, Q라 하자. 다음 조건을 만족시키는 a, b의 모든 순서쌍 (a, b)의 개수를 구하시오. 예를 들어, $a = 4, b = 5$는 다음 조건을 만족시킨다.

> (가) $1 \leq a \leq 20, \ 1 \leq b \leq 20$
> (나) $t \geq 1$인 어떤 실수 t에 대하여 $\overline{PQ} \leq 20$이다.

2012학년도 9월 평가원

핵심기출 8선 및 변형예상 8선

제17장

1 2 3 등급 판정 기준		
등급	원점수	8선모음 정답수
1	97 ～ 100점	7 ～ 8개
2	89 ～ 96점	5 ～ 6개
3	77 ～ 88점	2 ～ 4개

17장 체크리스트

차수	1차 풀이			2차 풀이			3차 풀이		
날짜									
구분	기출	변형		기출	변형		기출	변형	
체크리스트	1	9		1	9		1	9	
	2	10		2	10		2	10	
	3	11		3	11		3	11	
	4	12		4	12		4	12	
	5	13		5	13		5	13	
	6	14		6	14		6	14	
	7	15		7	15		7	15	
	8	16		8	16		8	16	
등급									

1. [2012학년도 9월 16번 오답률 51%]

어느 공장에서 생산되는 제품 A의 무게는 정규분포 $N(m, 1)$을 따르고, 제품 B의 무게는 정규분포 $N(2m, 4)$를 따른다. 이 공장에서 생산된 제품 A와 제품 B에서 임의로 제품을 1개씩 선택할 때, 선택된 제품 A의 무게가 k 이상일 확률과 선택된 제품 B의 무게가 k 이하일 확률이 서로 같다. $\dfrac{k}{m}$의 값은?

① $\dfrac{11}{9}$ ② $\dfrac{5}{4}$ ③ $\dfrac{23}{18}$ ④ $\dfrac{47}{36}$ ⑤ $\dfrac{4}{3}$

2. [2012학년도 9월 17번 오답률 60%]

양수 x에 대하여 $\log x$의 정수부분과 소수부분을 각각 $f(x)$, $g(x)$라 할 때, 다음 조건을 만족시키는 모든 x의 값의 곱은?

> (가) $f(x) + 3g(x)$의 값은 정수이다.
> (나) $f(x) + f(x^2) = 6$

① 10^4 ② $10^{\frac{13}{3}}$ ③ $10^{\frac{14}{3}}$ ④ 10^5 ⑤ $10^{\frac{16}{3}}$

3. [2012학년도 9월 19번 오답률 51%]

수열 $\{a_n\}$은 $a_1 = 1$이고,

$$a_{n+1} = \frac{3a_n - 1}{4a_n - 1} \ (n \geq 1)$$

을 만족시킨다. 다음은 일반항 a_n을 구하는 과정의 일부이다.

모든 자연수 n에 대하여

$$4a_{n+1} - 1 = 4 \times \frac{3a_n - 1}{4a_n - 1} - 1 = 2 - \frac{1}{4a_n - 1}$$

이다. 수열 $\{b_n\}$을

$$b_1 = 1, \ b_{n+1} = (4a_n - 1)b_n \ (n \geq 1) \ \cdots\cdots \ (\bigstar)$$

이라 하면

$$\vdots$$

$$b_{n+2} - b_{n+1} = b_{n+1} - b_n \ \text{이다.}$$

즉, $\{b_n\}$은 등차수열이므로 $(\bigstar)$에 의하여

$$b_n = \boxed{\text{(가)}} \ \text{이고,}$$

$$a_n = \boxed{\text{(나)}} \ \text{이다.}$$

위의 (가), (나)에 알맞은 식을 각각 $f(n)$, $g(n)$이라 할 때, $f(14) \times g(5)$의 값은?

① 15　　② 16　　③ 17　　④ 18　　⑤ 19

4. [2012학년도 9월 20번 오답률 53%]

함수 $f(x) = x^2 - x + a$에 대하여 함수 $g(x)$를

$$g(x) = \begin{cases} f(x+1) & (x \leq 0) \\ f(x-1) & (x > 0) \end{cases}$$

이라 하자. 함수 $y = \{g(x)\}^2$이 $x = 0$에서 연속일 때, 상수 a의 값은?

① -2　　② -1　　③ 0　　④ 1　　⑤ 2

5. [2012학년도 9월 21번 오답률 56%]

같은 높이의 지면에서 동시에 출발하여 지면과 수직인 방향으로 올라가는 두 물체 A, B가 있다. 그림은 시각 $t\,(0 \le t \le c)$에서 물체 A의 속도 $f(t)$와 물체 B의 속도 $g(t)$를 나타낸 것이다.

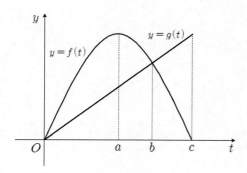

$\displaystyle\int_0^c f(t)\,dt = \int_0^c g(t)\,dt$이고 $0 \le t \le c$일 때, 다음 중 옳은 것만을 있는 대로 고른 것은?

ㄱ. $t = a$일 때, 물체 A는 물체 B보다 높은 위치에 있다.
ㄴ. $t = b$일 때, 물체 A와 물체 B의 높이의 차가 최대이다.
ㄷ. $t = c$일 때, 물체 A와 물체 B는 같은 높이에 있다.

① ㄴ   ② ㄷ   ③ ㄱ, ㄴ   ④ ㄱ, ㄷ   ⑤ ㄱ, ㄴ, ㄷ

6. [2012학년도 9월 28번 오답률 76%]

첫째항이 12이고 공비가 $\dfrac{1}{3}$인 등비수열 $\{a_n\}$에 대하여 수열 $\{b_n\}$을 다음 규칙에 따라 정한다.

(가) $b_1 = 1$
(나) $n \ge 1$일 때, b_{n+1}은 점 $P_n(-b_n, b_n{}^2)$을 지나고 기울기가 a_n인 직선과 곡선 $y = x^2$의 교점 중에서 P_n이 아닌 점의 x좌표이다.

$\displaystyle\lim_{n \to \infty} b_n$의 값을 구하시오.

7. [2012학년도 9월 29번 오답률 57%]

어느 학교 학생들의 통학 시간은 평균이 50분, 표준편차가 σ 분인 정규분포를 따른다. 이 학교 학생들을 대상으로 16명을 임의추출하여 조사한 통학 시간의 표본평균을 $\overline{X}$라 하자.
$P(50 \le \overline{X} \le 56) = 0.4332$일 때, σ의 값을 오른쪽 표준정규분포표를 이용하여 구하시오.

z	$P(0 \le Z \le z)$
1.0	0.3413
1.5	0.4332
2.0	0.4772

8. [2012학년도 9월 30번 오답률 88%]

자연수 n에 대하여 좌표평면에서 다음 조건을 만족시키는 가장 작은 정사각형의 한 변의 길이를 a_n이라 하자.

(가) 정사각형 각 변은 좌표축에 평행하고, 두 대각선의 교점은 $(n,\ n^2 + 2)$이다.

(나) 정사각형과 그 내부에 있는 점 $(x,\ y)$ 중에서 x가 자연수이고, $y = x^2 + 2$을 만족시키는 점은 3개뿐이다.

예를 들어 $a_1 = 16$이다. $\sum_{k=1}^{10} a_k$의 값을 구하시오.

9. [2012학년도 9월 16번 변형 오답률 51%]

어느 공장에서 생산되는 제품 A의 무게는 정규분포 $N(m, 1)$을 따르고, 제품 B의 무게는 정규분포 $N(2m, 4)$를 따른다. 이 공장에서 생산된 제품 A에서 임의로 제품을 1개 선택할 때, 선택된 제품 A의 무게가 k 이상일 확률과 이 공장에서 생산된 제품 B에서 임의로 제품을 4개 선택할 때, 선택된 4개의 제품 B의 무게의 합이 $6k$ 이하일 확률이 서로 같다. $\dfrac{k}{m}$의 값은?

① $\dfrac{16}{15}$ ② $\dfrac{11}{10}$ ③ $\dfrac{17}{15}$ ④ $\dfrac{7}{6}$ ⑤ $\dfrac{6}{5}$

10. [2012학년도 9월 17번 변형 오답률 60%]

양수 x에 대하여 $\log x$의 정수부분과 소수부분을 각각 $f(x)$, $g(x)$라 할 때, 다음 조건을 만족시키는 모든 x의 값의 곱은 10^k이다. $5k$의 값은?

> (가) $f(x) + 5g(x)$의 값은 정수이다.
> (나) $f(x) + f(x^3) = 9$

① 15 ② 20 ③ 25 ④ 30 ⑤ 35

11. [2012학년도 9월 19번 변형 오답률 51%]

수열 $\{a_n\}$은 $a_1 = 1$이고,

$$a_{n+1} = \frac{3a_n - 1}{4a_n - 1} \quad (n \geq 1)$$

을 만족시킨다. 다음은 일반항 a_n을 구하는 과정의 일부이다.

모든 자연수 n에 대하여

$$4a_{n+1} - 1 = 4 \times \frac{3a_n - 1}{4a_n - 1} - 1 = 2 - \frac{1}{4a_n - 1}$$

이다. 수열 $\{b_n\}$을

$$b_1 = 1, \quad b_{n+1} = (4a_n - 1)b_n \quad (n \geq 1) \quad \cdots\cdots \;(\bigstar)$$

이라 하면

$$\vdots$$

$$b_{n+2} + b_n = \boxed{(가)} \times b_{n+1} \text{ 이다.}$$

따라서 $b_n = \boxed{(나)}$ $(n \geq 1)$이고,

$(\bigstar)$에 의하여 $a_n = \boxed{(다)}$ $(n \geq 1)$이다.

위의 (가)에 알맞은 수를 a, (나), (다)에 알맞은 식을 각각 $f(n), g(n)$이라 할 때, $a \times f(14) \times g(5)$의 값은?

① 30   ② 32   ③ 34   ④ 36   ⑤ 38

12. [2012학년도 9월 20번 변형 오답률 53%]

최고차항의 계수가 1인 이차함수 $f(x)$에 대하여 함수 $g(x)$를

$$g(x) = \begin{cases} f(x+1) & (x \leq 0) \\ f(x-1) & (x > 0) \end{cases}$$

이라 하자. 함수 $y = \{g(x)\}^2$이 $x = 0$에서 미분가능할 때, $f(5)$의 값은?

① 20   ② 22   ③ 24   ④ 26   ⑤ 28

13. [2012학년도 9월 21번 변형 오답률 56%]

같은 높이의 지면에서 동시에 출발하여 지면과 수직인 방향으로 올라가는 두 물체 A, B가 있다. 그림은 시각 $t\,(0 \le t \le c)$에서 물체 A의 속도 $f(t)$와 물체 B의 속도 $g(t)$를 나타낸 것이다.

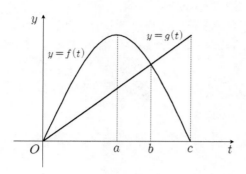

$\int_0^c f(t)\,dt = \int_0^c g(t)\,dt$이고 $0 \le t \le c$일 때, 다음 중 옳은 것만을 있는 대로 고른 것은? (단, $f(x)$는 이차함수의 일부이고, $g(x)$는 직선의 일부이다.)

ㄱ. $0 < t < c$에서, 물체 A는 물체 B보다 항상 높은 위치에 있다.

ㄴ. $t = a$일 때, 물체 A와 물체 B의 높이의 차가 최대이다.

ㄷ. $\int_0^b \{f(t) - g(t)\}\,dt = \int_b^c \{g(t) - f(t)\}\,dt$

① ㄴ ② ㄷ ③ ㄱ, ㄷ ④ ㄴ, ㄷ ⑤ ㄱ, ㄴ, ㄷ

14. [2012학년도 9월 28번 변형 오답률 76%]

첫째항이 12이고 공비가 $\frac{1}{4}$인 등비수열 $\{a_n\}$에 대하여 수열 $\{b_n\}$을 다음 규칙에 따라 정한다.

(가) $b_1 = 1$

(나) $n \ge 1$일 때, b_{n+1}은 점 $P_n(-b_n,\ b_n{}^2)$을 지나고 기울기가 a_n인 직선과 곡선 $y = x^2$의 교점 중에서 P_n이 아닌 점의 x좌표이다.

$\sum\limits_{n=1}^{\infty} (b_{n+1} - b_n)$의 값을 구하시오.

15. [2012학년도 9월 29번 변형 오답률 57%]

어느 학교 학생들의 통학 시간은 평균이 50분, 표준편차가 16분인 정규분포를 따른다. 이 학교 학생들을 대상으로 n명을 임의추출하여 조사한 통학 시간의 표본평균을 $\overline{X}$라 하자.

z	$P(0 \le Z \le z)$
1.0	0.3413
1.5	0.4332
2.0	0.4772

$P(46 \le \overline{X} \le 56) = 0.7745$일 때, n의 값을 오른쪽 표준정규분포표를 이용하여 구하시오.

16. [2012학년도 9월 30번 변형 오답률 88%]

자연수 n에 대하여 좌표평면에서 다음 조건을 만족시키는 가장 작은 정사각형의 한 변의 길이를 a_n이라 하자.

> (가) 정사각형 각 변은 좌표축에 평행하고, 두 대각선의 교점은 $(n, n^3 + 2)$이다.
>
> (나) 정사각형과 그 내부에 있는 점 (x, y) 중에서 x가 자연수이고, $y = x^3 + 2$을 만족시키는 점은 3개뿐이다.

예를 들어 $a_1 = 52$이다. $\displaystyle\sum_{k=1}^{6} a_k$의 값을 구하시오.

2012학년도 6월 평가원

핵심기출 8선 및 변형예상 8선

제18장

1 2 3 등급 판정 기준		
등급	원점수	8선모음 정답수
1	95 ~ 100점	7 ~ 8개
2	88 ~ 94점	5 ~ 6개
3	77 ~ 87점	2 ~ 4개

18장 체크리스트

차수	1차 풀이				2차 풀이				3차 풀이			
날짜												
구분	기출		변형		기출		변형		기출		변형	
체크리스트	1		9		1		9		1		9	
	2		10		2		10		2		10	
	3		11		3		11		3		11	
	4		12		4		12		4		12	
	5		13		5		13		5		13	
	6		14		6		14		6		14	
	7		15		7		15		7		15	
	8		16		8		16		8		16	
등급												

1. [2012학년도 6월 14번 오답률 51%]

두 수열 $\{a_n\}$, $\{b_n\}$의 일반항이 각각

$$a_n = \left(\frac{1}{2}\right)^{n-1}, \quad b_n = \sum_{k=1}^{n}\left(\frac{1}{2}\right)^{k-1}$$

이다. 좌표평면에서 중심이 (a_n, b_n)이고 y축에 접하는 원의 내부와 연립부등식 $\begin{cases} y \le b_n \\ 2x+y-2 \le 0 \end{cases}$ 이 나타내는 영역의 공통부분을 P_n이라 하고, y축에 대하여 P_n과 대칭인 영역을 Q_n이라 하자. P_n의 넓이와 Q_n의 넓이의 합을 S_n이라 할 때, $\sum_{n=1}^{\infty} S_n$의 값은?

① $\dfrac{5(\pi-1)}{9}$　　② $\dfrac{11(\pi-1)}{18}$　　③ $\dfrac{2(\pi-1)}{3}$

④ $\dfrac{13(\pi-1)}{18}$　　⑤ $\dfrac{7(\pi-1)}{9}$

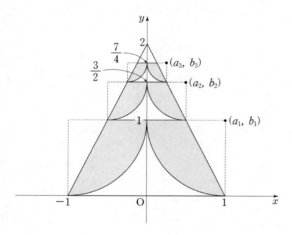

2. [2012학년도 6월 15번 오답률 48%]

삼차함수 $f(x) = x^3 + ax^2 + 2ax$가 구간 $(-\infty, \infty)$에서 증가하도록 하는 실수 a의 최댓값을 M이라 하고, 최솟값을 m이라 할 때, $M-m$의 값은?

① 3　　② 4　　③ 5　　④ 6　　⑤ 7

3. [2012학년도 6월 18번 오답률 53%]

실수 t에 대하여 직선 $y=t$가 함수 $y=|x^2-1|$의 그래프와 만나는 점의 개수를 $f(t)$라 할 때, $\lim\limits_{t \to 1-}f(t)$의 값은?

① 1 ② 2 ③ 3 ④ 4 ⑤ 5

4. [2012학년도 6월 19번 오답률 54%]

삼차함수 $f(x)$의 도함수의 그래프와 이차함수 $g(x)$의 도함수의 그래프가 그림과 같다. 함수 $h(x)$를 $h(x)=f(x)-g(x)$라 하자. $f(0)=g(0)$일 때, 다음 중 옳은 것만을 있는 대로 고른 것은?

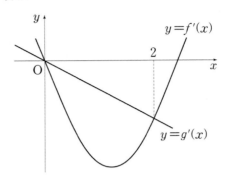

ㄱ. $0<x<2$에서 $h(x)$는 감소한다.
ㄴ. $h(x)$는 $x=2$에서 극솟값을 갖는다.
ㄷ. 방정식 $h(x)=0$은 서로 다른 세 실근을 갖는다.

① ㄱ ② ㄴ ③ ㄱ, ㄴ ④ ㄱ, ㄷ ⑤ ㄱ, ㄴ, ㄷ

5. [2012학년도 6월 20번 오답률 51%]

자연수 n에 대하여 $S_n = \dfrac{1}{2}(3^n - 2^n)$이라 하고,

$T_n = \displaystyle\sum_{k=1}^{n} S_k$라 할 때, $\displaystyle\lim_{n \to \infty} \dfrac{T_n}{3^n}$의 값은?

① $\dfrac{5}{8}$ ② $\dfrac{11}{16}$ ③ $\dfrac{3}{4}$ ④ $\dfrac{13}{16}$ ⑤ $\dfrac{7}{8}$

6. [2012학년도 6월 21번 오답률 67%]

그림과 같이 한 변의 길이가 1인 정사각형 $ABCD$의 두 대각선의 교점의 좌표는 $(0, 1)$이고, 한 변의 길이가 1인 정사각형 $EFGH$의 두 대각선의 교점은 곡선 $y = x^2$ 위에 있다. 두 정사각형의 내부의 공통부분의 넓이의 최댓값은? (단, 정사각형의 모든 변은 x축 또는 y축에 평행하다.)

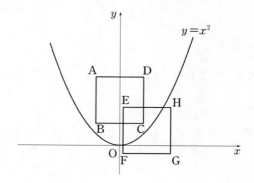

① $\dfrac{4}{27}$ ② $\dfrac{1}{6}$ ③ $\dfrac{5}{27}$ ④ $\dfrac{11}{54}$ ⑤ $\dfrac{2}{9}$

7. [2012학년도 6월 28번 오답률 57%]

자연수 n에 대하여 두 직선 $2x+y=4^n$, $x-2y=2^n$이 만나는 점의 좌표를 (a_n, b_n)이라 할 때, $\displaystyle\lim_{n\to\infty}\frac{b_n}{a_n}=p$이다. $60p$의 값을 구하시오.

8. [2012학년도 6월 30번 오답률 76%]

100이하의 자연수 전체의 집합을 S라 할 때, $n\in S$에 대하여 집합

$$\{ k \mid k\in S \text{이고 } \log_2 n - \log_2 k \text{는 정수}\}$$

의 원소의 개수를 $f(n)$이라 하자.
예를 들어 $f(10)=5$이고 $f(99)=1$이다.
이때, $f(n)=1$인 n의 개수를 구하시오.

9. [2012학년도 6월 14번 변형 오답률 51%]

두 수열 $\{a_n\}$, $\{b_n\}$의 일반항이 각각

$$a_n = \left(\frac{1}{2}\right)^{n-1}, \quad b_n = \sum_{k=1}^{n}\left(\frac{1}{2}\right)^{k-1}$$

이다. 좌표평면에서 중심이 (a_n, b_n)이고 y축에 접하는 원의 내부와 연립부등식 $\begin{cases} y \le b_n \\ 2x+y-2 \le 0 \\ y \ge (x-a_n)+b_n \end{cases}$ 이 나타내는 영역의 공통부분을 P_n이라 하고, y축에 대하여 P_n과 대칭인 영역을 Q_n이라 하자. P_n의 넓이와 Q_n의 넓이의 합을 S_n이라 할 때, $\displaystyle\sum_{n=1}^{\infty} S_n = \frac{a\pi+b}{9}$이다. $a-b$의 값은?

① 1   ② 3   ③ 5   ④ 7   ⑤ 9

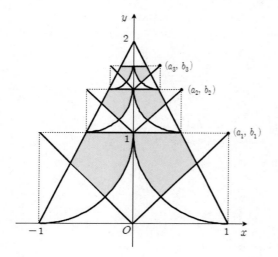

10. [2012학년도 6월 15번 변형 오답률 48%]

극값을 가지는 삼차함수 $f(x) = x^3 + ax^2 + 2ax$가 구간 $(-\infty, -2) \cup (1, \infty)$에서 증가하도록 하는 실수 a의 최솟값은?

① $-\dfrac{3}{2}$ ② $-\dfrac{5}{4}$ ③ -1 ④ $-\dfrac{3}{4}$ ⑤ $-\dfrac{1}{2}$

11. [2012학년도 6월 18번 변형 오답률 53%]

실수 t에 대하여 직선 $y=t$가 함수 $y=|x^2-1|$의 그래프와 만나는 점의 개수를 $f(t)$라 할 때,

$$\sum_{k=0}^{2}\left\{\lim_{t\to k-}f(t)+f(k)+\lim_{t\to k+}f(t)\right\}$$의 값은?

① 17   ② 18   ③ 19   ④ 20   ⑤ 21

12. [2012학년도 6월 19번 변형 오답률 54%]

최고차항의 계수가 1인 삼차함수 $f(x)$의 도함수의 그래프와 이차함수 $g(x)$의 도함수의 그래프가 그림과 같다. 함수 $h(x)$를 $h(x)=f(x)-g(x)$라 하자. $f(2)=g(2)$일 때, 다음 중 옳은 것만을 있는 대로 고른 것은?

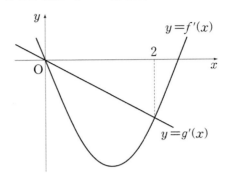

ㄱ. $0<x<2$에서 $h(x)$는 감소한다.

ㄴ. 방정식 $h(x)=0$은 음수인 정수근을 갖는다.

ㄷ. 방정식 $|h(x)|=k$가 서로 다른 실근을 3개 이상 갖도록 하는 모든 정수 k의 합은 10이다.

① ㄱ   ② ㄴ   ③ ㄱ, ㄴ   ④ ㄱ, ㄷ   ⑤ ㄱ, ㄴ, ㄷ

13. [2012학년도 6월 20번 변형 오답률 51%]

자연수 n에 대하여 $S_n = \dfrac{1}{2}(3^n - 2^n)$이라 하고,

$T_n = \displaystyle\sum_{k=1}^{n} S_k$라 할 때, $\displaystyle\sum_{n=1}^{\infty} \dfrac{9\,T_n}{4^n}$의 값은?

① 12　　② 14　　③ 16　　④ 18　　⑤ 20

14. [2012학년도 6월 21번 변형 오답률 67%]

그림과 같이 한 변의 길이가 1인 정사각형 $ABCD$의 두 대각선의 교점의 좌표는 $(0, 1)$이고, 한 변의 길이가 1인 정사각형 $EFGH$의 두 대각선의 교점은 곡선 $y = x^3$ 위에 있다. 두 정사각형의 내부의 공통부분의 넓이의 최댓값은 $\dfrac{q}{p}$이다. 서로소인 두 자연수 p, q에 대해 $p+q$의 값은? (단, 정사각형의 모든 변은 x축 또는 y축에 평행하다.)

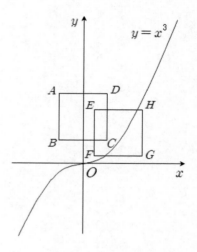

① 280　　② 283　　③ 286　　④ 289　　⑤ 292

15. [2012학년도 6월 28번 변형 오답률 57%]

자연수 n에 대하여 세 직선

$$2x + y = 4^n, \ x - 2y = 2^n, \ y = 0$$

으로 만들어지는 삼각형의 무게중심의 좌표를 (a_n, b_n)이라 할 때, $\lim\limits_{n \to \infty} \dfrac{b_n}{a_n} = p$이다. $72p$의 값을 구하시오.

16. [2012학년도 6월 30번 변형 오답률 76%]

100이하의 자연수 전체의 집합을 S라 할 때, $n \in S$에 대하여 집합

$$\{ k \mid k \in S \text{이고 } \log_2 n - \log_2 k \text{는 정수} \}$$

의 원소의 개수를 $f(n)$이라 하자.

예를 들어 $f(10) = 5$이고 $f(99) = 1$이다.

이때, $f(n) \geq 5$인 n의 개수를 구하시오.

나의 등급을 확인하는 가장 빠른 방법!!
수능특보 -기출변형편-

불후의 명기출 등급을 결정짓다!

이제 EBS 연계는 기본!

EBS 비연계 8문항이 123등급을 결정짓는다!

2017학년도 수능·9월·6월 평가원 완벽분석적용

가장 빠른 교재 수능특보

기출
변형편

나의 등급을 확인하는 가장 빠른 방법! —————————

수능특보

불후의 명기출 등급을 결정짓다.

이제 EBS ◖● 연계는 기본!

EBS ◖● 비연계 8문항이 1, 2, 3등급을 결정짓는다!

2017학년도 수능 · 9월 · 6월 평가원 완벽분석적용!

가장 빠른 교재 수능특보!

값 16,000원

53410

9 791159 873300
ISBN 979-11-5987-330-0

2 0 1 8 학 년 도 수 능 및 내 신 대 비

이제 EBS ◐● 연계는 기본!
EBS 비연계 8문항이 1, 2, 3등급을 결정짓는다!

기출
변형편

ⅼ 수학 나형 ⅼ

수능특보

김기환 저

☀ 불후의 명기출 등급을 결정짓다!

정답 및 해설

¤ 수능 · 9월 · 6월 평가원 고득점 BEST 8

¤ 핵심 기출 8선 & 변형 예상 8선

¤ 총 18회 288문항 총결산

북랩 book Lab

이제 **EBS** 연계는 기본!
EBS 비연계 8문항이 1, 2, 3등급을 결정짓는다!

기출
변형편

| 수학 나형 |

수능특보

김기환 저

....

☀ **불후의 명기출 등급을 결정짓다!**

정답 및 해설

¤ 수능·9월·6월 평가원 고득점 BEST 8

¤ 핵심 기출 8선 & 변형 예상 8선

¤ 총 18회 288문항 총결산

북랩 book Lab

목차

정답 및 해설

|| 수능특보 빠른 정답 ||

[제1회 정답]

번호	1	2	3	4	5	6	7	8
정답	④	②	⑤	④	32	16	62	65

번호	9	10	11	12	13	14	15	16
정답	②	①	⑤	②	34	36	221	42

[제2회 정답]

번호	1	2	3	4	5	6	7	8
정답	④	①	④	⑤	②	19	43	65

번호	9	10	11	12	13	14	15	16
정답	④	②	④	③	20	274	25	20

[제3회 정답]

번호	1	2	3	4	5	6	7	8
정답	⑤	②	⑤	⑤	30	12	186	78

번호	9	10	11	12	13	14	15	16
정답	①	②	③	③	30	4	17	156

[제4회 정답]

번호	1	2	3	4	5	6	7	8
정답	②	④	①	⑤	30	97	45	222

번호	9	10	11	12	13	14	15	16
정답	②	④	③	①	48	26	120	63

[제5회 정답]

번호	1	2	3	4	5	6	7	8
정답	②	①	②	④	72	110	35	250

번호	9	10	11	12	13	14	15	16
정답	②	⑤	④	②	72	90	645	440

[제6회 정답]

번호	1	2	3	4	5	6	7	8
정답	②	①	①	⑤	③	③	8	16

번호	9	10	11	12	13	14	15	16
정답	⑤	①	③	⑤	③	④	53	11

[제7회 정답]

번호	1	2	3	4	5	6	7	8
정답	④	②	①	⑤	5	33	16	127

번호	9	10	11	12	13	14	15	16
정답	④	②	③	⑤	57	107	2	87

[제8회 정답]

번호	1	2	3	4	5	6	7	8
정답	③	④	③	①	5	4	10	176

번호	9	10	11	12	13	14	15	16
정답	③	②	④	②	169	13	65	709

[제9회 정답]

번호	1	2	3	4	5	6	7	8
정답	④	①	③	⑤	34	8	10	51

번호	9	10	11	12	13	14	15	16
정답	④	③	①	⑤	38	9	22	82

[제10회 정답]

번호	1	2	3	4	5	6	7	8
정답	①	③	②	④	20	13	12	22

번호	9	10	11	12	13	14	15	16
정답	①	④	①	③	105	8	12	25

‖ 수능특보 빠른 정답 ‖

[제11회 정답]

번호	1	2	3	4	5	6	7	8
정답	③	①	④	③	6	40	256	103

번호	9	10	11	12	13	14	15	16
정답	①	④	③	③	14	20	729	21

[제12회 정답]

번호	1	2	3	4	5	6	7	8
정답	④	③	④	⑤	③	⑤	11	30

번호	9	10	11	12	13	14	15	16
정답	④	③	②	⑤	④	①	18	42

[제13회 정답]

번호	1	2	3	4	5	6	7	8
정답	③	④	②	98	16	40	68	484

번호	9	10	11	12	13	14	15	16
정답	③	④	⑤	196	176	40	32	735

[제14회 정답]

번호	1	2	3	4	5	6	7	8
정답	③	②	⑤	④	96	12	13	58

번호	9	10	11	12	13	14	15	16
정답	②	③	①	⑤	92	5	33	71

[제15회 정답]

번호	1	2	3	4	5	6	7	8
정답	④	①	⑤	②	①	512	36	429

번호	9	10	11	12	13	14	15	16
정답	①	②	④	③	⑤	486	36	476

[제16회 정답]

번호	1	2	3	4	5	6	7	8
정답	②	①	①	⑤	④	20	37	51

번호	9	10	11	12	13	14	15	16
정답	②	②	④	①	③	16	8	200

[제17회 정답]

번호	1	2	3	4	5	6	7	8
정답	⑤	②	①	②	⑤	19	16	250

번호	9	10	11	12	13	14	15	16
정답	⑤	③	①	③	③	16	16	690

[제18회 정답]

번호	1	2	3	4	5	6	7	8
정답	③	④	④	③	③	①	30	25

번호	9	10	11	12	13	14	15	16
정답	③	④	⑤	⑤	①	②	16	18

[제1회 정답]

번호	1	2	3	4	5	6	7	8
정답	④	②	⑤	④	32	16	62	65

번호	9	10	11	12	13	14	15	16
정답	②	①	⑤	②	34	36	221	42

---

1) ④

$f(a) \neq 0$이면
$\lim_{x \to a} \dfrac{f(x)-(x-a)}{f(x)+(x-a)} = \dfrac{f(a)}{f(a)} = 1$ 이므로
조건을 만족시키지 못한다.
그러므로 $f(a) = 0$ 이다.

$f(x) = (x-a)(x-b)$ 라 두면
$\lim_{x \to a} \dfrac{f(x)-(x-a)}{f(x)+(x-a)} = \lim_{x \to a} \dfrac{(x-a)(x-b-1)}{(x-a)(x-b+1)}$

$\qquad = \dfrac{a-b-1}{a-b+1} = \dfrac{3}{5}$

이 식을 정리하면
$a-b = 4$ 이고, a, b는 $f(x) = 0$의 두 근이므로
$|\alpha - \beta| = 4$

2) ②

$(x, y) \to (x+1, y)$로 점프하는 방법을 A,
$(x, y) \to (x, y+1)$로 점프하는 방법을 B,
$(x, y) \to (x+1, y+1)$로 점프하는 방법을 C라 하자.

$(0, 0) \to (4, 3)$으로 가는 경우는 모두 4가지가 있고
각각 경우는 같은 것이 있는 순열이다.

ⅰ) $ACCC \to \dfrac{4!}{3!} = 4$

ⅱ) $AABCC \to \dfrac{5!}{2!2!} = 30$

ⅲ) $AAABBC \to \dfrac{6!}{3!2!} = 60$

ⅳ) $AAAABBB \to \dfrac{7!}{4!3!} = 35$

따라서 모든 경우의 수는 $4+30+60+35 = 129$ 이다.

(가) : $k = 4$ $\therefore$ $a = 4$
(나) : $P(X = k+2) = P(X = 6) = \dfrac{1}{N} \times \dfrac{6!}{3!2!} = \dfrac{1}{N} \times 60$ $\therefore$ $b = 60$
(다) : $N = 129$ $\therefore$ $c = 129$

그러므로 $a+b+c = 193$

3) ⑤

(가) 조건에 의해 $f'(x)$는 이차함수이고
$x = 0$과 $x = k$를 근으로 가진다.
함수 $y = f(x)$와 $y = f'(x)$의 그래프는 다음과 같다.

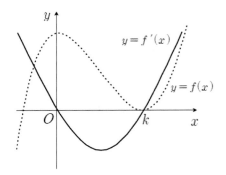

(나) 조건에서
1보다 큰 모든 실수 t에 대하여
$\int_0^t |f'(x)| \, dx = f(t) + f(0)$ 을 만족해야 하므로
k의 위치에 따라 구분하여 살펴보자.

ⅰ) $k > 1$인 경우
1 $< t < k$인 t에 대하여
$\int_0^t |f'(x)| \, dx = -\int_0^t f'(x) \, dx = -[f(x)]_0^t$
$\qquad\qquad = -f(t) + f(0)$
이므로
조건을 만족시키지 못한다.

ⅱ) $0 < k \leq 1$인 경우
$k \leq 1 < t$인 t에 대하여
$\int_0^t |f'(x)| \, dx = -\int_0^k f'(x) \, dx + \int_k^t f'(x) \, dx$
$\qquad\qquad = -f(k) + f(0) + f(t) - f(k)$
$\qquad\qquad = f(t) + f(0) - 2f(k)$
이므로
$f(k) = 0$이면 조건을 만족시킨다.

그러므로 $0 < k \leq 1$이고 극솟값 $f(k) = 0$이어야 한다.

ㄱ. $\int_0^k f'(x) \, dx < 0$ (참)

ㄴ. $0 < k \leq 1$ (참)

ㄷ. 함수 $f(x)$의 극솟값은 0이다. (참)

따라서 ㄱ, ㄴ, ㄷ 모두 옳다.

4) ④

격자점의 개수는 아래 그림과 같이 3가지의 경우로 나누어 살펴볼 수 있다.

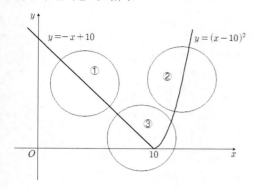

i) $y=-x+10$에만 영향을 받는 경우 ($n=1, 2, 3, \cdots, 8$)
원 내부의 격자점과 직선 $y=-x+10$의 관계를 그림으로 나타내면 다음과 같다.

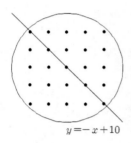

따라서 $A_n=10$, $B_n=10$이다.

ii) $y=(x-10)^2$에만 영향을 받는 경우
($n=12, 13, 14, \cdots, 20$)
원 내부의 격자점과 직선 $y=(x-10)^2$의 관계를 $n=12$인 경우를 예를 들어 그림으로 나타내면 다음과 같다.

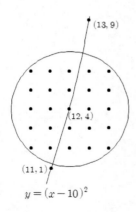

따라서 $A_n=12$, $B_n=12$이다.

iii) 두 곡선에 모두 영향을 받는 경우
($n=9, 10, 11$)
이 경우는 n의 값에 따라 각각 살펴보아야 한다.

① $n=9$인 경우

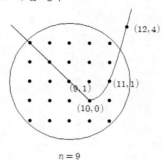

따라서 $A_n=12$, $B_n=8$이다.

② $n=10$인 경우

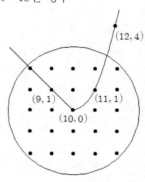

따라서 $A_n=17$, $B_n=4$이다.

③ $n=11$인 경우

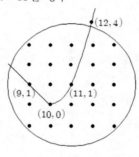

따라서 $A_n=15$, $B_n=7$이다.

그러므로 $\displaystyle\sum_{n=1}^{20}(A_n-B_n)=4+13+8=25$

5) 32

$a+b+c=7$을 만족하는 모든 순서쌍의 개수는
중복조합에 의해 $_3H_7={}_9C_7={}_9C_2=\dfrac{9\times8}{2}=36$

$2^a\times4^b$은 8의 배수가 되는 조건을 구하면
$2^a\times4^b=2^a\times2^{2b}=2^{a+2b}$ 이므로
$8=2^3$의 배수가 되려면 $a+2b\geq3$ 이어야 한다.

여사건은 $a+2b<3$ 이므로
이를 만족하는 순서쌍 $(a,\ b,\ c)$을 구하면
$(0,\ 0,\ 7),\ (0,\ 1,\ 6),\ (1,\ 0,\ 6),\ (2,\ 0,\ 5)$로
모두 4가지이다.

따라서 두 조건을 모두 만족하는 순서쌍의 개수는
$36-4=32$

6) 16

점 P_n의 좌표는 $\left(4^n,\ \sqrt{4^n}\right)=(4^n,\ 2^n)$이고
점 P_{n+1}의 좌표는 $\left(4^{n+1},\ \sqrt{4^{n+1}}\right)=(4^{n+1},\ 2^{n+1})$이므로

$$L_n{}^2=(4^{n+1}-4^n)^2+(2^{n+1}-2^n)^2=(3\times4^n)^2+(2^n)^2$$
$$=9\times16^n+4^n \text{ 이고}$$
$$L_{n+1}{}^2=9\times16^{n+1}+4^{n+1} \text{ 이다.}$$

$$\lim_{n\to\infty}\left(\frac{L_{n+1}}{L_n}\right)^2=\lim_{n\to\infty}\frac{9\times16^{n+1}+4^{n+1}}{9\times16^n+4^n}$$

$\dfrac{\infty}{\infty}$꼴이므로 분자와 분모를 16^n으로 나누면

$$\lim_{n\to\infty}\left(\frac{L_{n+1}}{L_n}\right)^2=\lim_{n\to\infty}\frac{9\times16+4\times\left(\frac14\right)^n}{9+\left(\frac14\right)^n}=16$$

7) 62

$X:N(m,\ 5^2)$인 정규분포를 따르고
확률밀도함수 $y=f(x)$의 그래프와 두 조건을 나타내면
다음 그림과 같다.

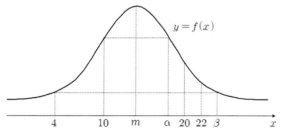

정규분포 곡선의 대칭성과
m이 자연수라는 조건을 이용하면
$\alpha=18,\ m=14,\ \beta=24$이어야 한다.

그러므로 $X:N(14,\ 5^2)$을 따르고
표준화하면 $Z=\dfrac{X-14}{5}$이다.

따라서 $P(17\le X\le18)=P(0.6\le Z\le0.8)$
$\qquad\qquad\qquad\quad=P(0\le Z\le0.8)-P(0\le Z\le0.6)$
$\qquad\qquad\qquad\quad=0.288-0.226=0.062$
$\therefore\ 1000a=62$

8) 65

$f(x)=x^3-3x^2+6x+k$ 에서
도함수는 $f'(x)=3x^2-6x+6$ 이다.
$f'(x)>0$이므로 $f(x)$는 증가함수이고
역함수 $g(x)$도 증가함수이다.

$4f'(x)+12x-18=(f'\circ g)(x)$ 에서
$4(3x^2-6x+6)+12x-18=3\{g(x)\}^2-6g(x)+6$
$4x^2-4x=\{g(x)\}^2-2g(x)$
$\{g(x)\}^2-(2x)^2-2g(x)+4x=0$
$\{g(x)-2x\}\{g(x)+2x\}-2\{g(x)-2x\}=0$
$\{g(x)-2x\}\{g(x)+2x-2\}=0$
$\therefore\ g(x)=2x \text{ or } g(x)=-2x+2$

$0\le x\le1$ 에서
두 방정식 $g(x)=2x,\ g(x)=-2x+2$가
실근을 가질 조건을 살펴보자.

ⅰ) $g(x)=2x\ (0\le x\le1)$가 실근을 가질 조건

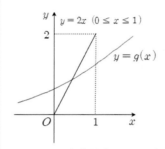

$g(x)$는 증가함수이므로 교점이 존재하려면
$g(0)\ge0$이고 $g(1)\le2$이어야 한다.

역함수의 정의에 의해 $f(g(a))=a$이고
$f(x)$는 증가함수이므로 $x_1\le x_2$이면 $f(x_1)\le f(x_2)$이다.

$g(0)\ge0$에서 $f(g(0))\ge f(0)$이고 $0\ge f(0)$이다.
$f(0)=k$이므로 $k\le0$
$g(1)\le2$에서 $f(g(1))\le f(2)$이고 $1\le f(2)$이다.
$f(2)=8+k$이므로 $k\ge-7$
$\therefore\ -7\le k\le0\ \cdots\cdots(1)$

ⅱ) $g(x)=-2x+2\ (0\le x\le1)$가 실근을 가질 조건

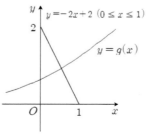

$g(x)$는 증가함수이므로 교점이 존재하려면
$g(0)\le2$이고 $g(1)\ge0$이어야 한다.

역함수의 정의에 의해 $f(g(a))=a$이고
$f(x)$는 증가함수이므로 $x_1 \leq x_2$이면 $f(x_1) \leq f(x_2)$이다.

$g(0) \leq 2$에서 $f(g(0)) \leq f(2)$이고 $0 \leq f(2)$이다.
$f(2)=8+k$이므로 $k \geq -8$
$g(1) \geq 0$에서 $f(g(1)) \geq f(0)$이고 $1 \geq f(0)$이다.
$f(0)=k$이므로 $k \leq 1$
$\therefore -8 \leq k \leq 1$ ······ (2)

(1)과 (2)로부터 k의 최솟값과 최댓값은
$m=-8$, $M=1$ 이다.

$\therefore m^2+M^2=64+1=65$

9) ②

$f(a) \neq 0$이면
$\displaystyle\lim_{x \to a}\frac{f(x)-(x-a)}{f(x)+(x-a)}=\frac{f(a)}{f(a)}=1$ 이므로
조건을 만족시키지 못한다.
그러므로 $f(a)=0$ 이다.

$f(x)=x(x-a)(x-b)$ 라 두면
$\displaystyle\lim_{x \to a}\frac{f(x)-(x-a)}{f(x)+(x-a)}=\lim_{x \to a}\frac{(x-a)(x^2-bx-1)}{(x-a)(x^2-bx+1)}$
$\qquad =\dfrac{a^2-ab-1}{a^2-ab+1}=\dfrac{3}{5}$

이 식을 정리하면
$a(a-b)=4$ 이고
a, b는 $f(x)=0$의 자연수인 두 근이므로
정수조건의 부정방정식에 의해
$a=4$, $b=3$ 이다.
$\therefore \alpha+\beta=7$

10) ①

$(x, y) \to (x+1, y)$로 점프하는 방법을 A,
$(x, y) \to (x, y+1)$로 점프하는 방법을 B,
$(x, y) \to (x+1, y+1)$로 점프하는 방법을 C라 하자.

$(0, 0) \to (4, 4)$으로 가는 경우는 모두 5가지가 있고
각각 경우는 같은 것이 있는 순열이다.

ⅰ) $CCCC \to \dfrac{4!}{4!}=1$

ⅱ) $ABCCC \to \dfrac{5!}{3!}=20$

ⅲ) $AABBCC \to \dfrac{6!}{2!2!2!}=90$

ⅳ) $AAABBBC \to \dfrac{7!}{3!3!}=140$

ⅴ) $AAAABBBB \to \dfrac{8!}{4!4!}=70$

따라서 모든 경우의 수는 $1+20+90+140+70=321$이다.

(가) : $k=4$ $\therefore a=4$
(나) : $P(X=k+2)=P(X=6)=\dfrac{1}{N} \times \dfrac{6!}{2!2!2!}=\dfrac{1}{N} \times 90$

$\qquad \therefore b=90$
(다) : $N=321$ $\therefore c=321$

그러므로 $a+b+c=415$

11) ⑤

(가) 조건에 의해 $f'(x)$는 삼차함수이고
$x=0$, $x=1$, $x=k$를 근으로 가진다.
함수 $y=f(x)$와 $y=f'(x)$의 그래프는 다음과 같다.

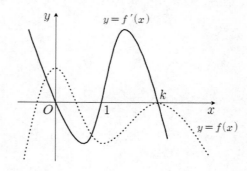

(나) 조건에서
2보다 큰 모든 실수 t에 대하여
$\displaystyle\int_0^t |f'(x)| dx=-f(t)+f(0)-2f(1)$을 만족해야 하므로
k의 위치에 따라 구분하여 살펴보자.

ⅰ) $k>2$인 경우
$2<t<k$인 t에 대하여
$\displaystyle\int_0^t |f'(x)| dx=-\int_0^1 f'(x) dx+\int_1^t f'(x) dx$
$\qquad\qquad\qquad =f(t)+f(0)-2f(1)$
이므로
조건을 만족시키지 못한다.

ⅱ) $1<k \leq 2$인 경우
$k \leq 2<t$인 t에 대하여
$\displaystyle\int_0^t |f'(x)| dx$
$\quad =-\int_0^1 f'(x) dx+\int_1^k f'(x) dx-\int_k^t f'(x) dx$
$\quad =-f(t)+f(0)-2f(1)+2f(k)$
이므로
$f(k)=0$이면 조건을 만족시킨다.

그러므로 $1<k \leq 2$이고 $f(k)=0$이어야 한다.

ㄱ. $\int_1^k f(x)\,dx < 0$ (참)

ㄴ. $1 < k \le 2$ (참)

ㄷ. $f(k) = 0$이므로 극솟값 $f(1)$은 항상 음수이다. (참)

따라서 ㄱ, ㄴ, ㄷ 모두 옳다.

12) ②

격자점의 개수는 아래 그림과 같이 3가지의 경우로
나누어 살펴볼 수 있다.

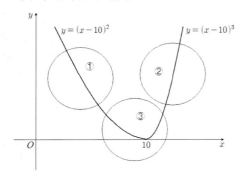

ⅰ) $y = (x-10)^2$에만 영향을 받는 경우 ($n = 1, 2, 3, \cdots, 8$)
원 내부의 격자점과 직선 $y = (x-10)^2$의 관계를
$n = 8$인 경우를 예를 들어 그림으로 나타내면
다음과 같다.

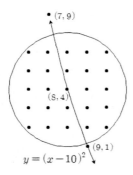

따라서 $A_n = 12$, $B_n = 12$이다.

ⅱ) $y = (x-10)^3$에만 영향을 받는 경우
($n = 12, 13, 14, \cdots, 20$)
원 내부의 격자점과 직선 $y = (x-10)^3$의 관계를
$n = 12$인 경우를 예를 들어 그림으로 나타내면
다음과 같다.

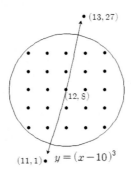

따라서 $A_n = 12$, $B_n = 12$이다.

ⅲ) 두 곡선에 모두 영향을 받는 경우
($n = 9, 10, 11$)
이 경우는 n의 값에 따라 각각 살펴보아야 한다.

① $n = 9$인 경우

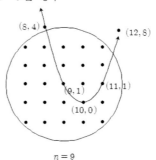

$n = 9$

따라서 $A_n = 15$, $B_n = 7$이다.

② $n = 10$인 경우

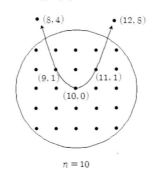

$n = 10$

따라서 $A_n = 18$, $B_n = 4$이다.

③ $n = 11$인 경우

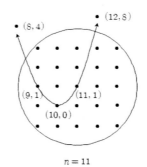

$n = 11$

따라서 $A_n = 15$, $B_n = 7$이다.

그러므로 $\displaystyle\sum_{n=1}^{20}(A_n - B_n) = 8 + 14 + 8 = 30$

13) 34

$a + b + c = 10$을 만족하는 모든 자연수 순서쌍의 개수는
중복조합에 의해 $_3H_7 = {}_9C_7 = {}_9C_2 = \dfrac{9 \times 8}{2} = 36$

$3^a \times 9^b$ 은 243의 배수가 되는 조건을 구하면
$3^a \times 9^b = 3^a \times 3^{2b} = 3^{a+2b}$ 이므로
$243 = 3^5$ 의 배수가 되려면 $a + 2b \ge 5$ 이어야 한다.

여사건은 $a+2b < 5$ 이므로
이를 만족하는 자연수 순서쌍 (a, b, c)을 구하면
$(1, 1, 8)$, $(2, 1, 7)$로 모두 2가지이다.

따라서 두 조건을 모두 만족하는 순서쌍의 개수는
$36 - 2 = 34$

14) 36

점 P_n의 좌표는 $\left(4^n, \sqrt{4^n}\right)=(4^n, 2^n)$이고
점 P_{n+1}의 좌표는 $\left(4^{n+1}, \sqrt{4^{n+1}}\right)=(4^{n+1}, 2^{n+1})$이므로

$$L_n{}^2 = \left(4^{n+1}-4^n\right)^2 + \left(2^{n+1}-2^n\right)^2 = \left(3 \times 4^n\right)^2 + \left(2^n\right)^2$$
$$= 9 \times 16^n + 4^n \text{ 이고}$$
$$L_{n+1}{}^2 = 9 \times 16^{n+1} + 4^{n+1} \text{ 이다.}$$

사각형 $P_n Q_n Q_{n+1} P_{n+1}$의 넓이 S_n은
$$S_n = \frac{1}{2} \times \left(4^{n+1}-4^n\right) \times \left(2^{n+1}+2^n\right)$$
$$= \frac{1}{2} \times \left(3 \times 4^n\right) \times \left(3 \times 2^n\right) = \frac{9}{2} \times 8^n$$
$$S_{n+2}{}^2 = \left(\frac{9}{2} \times 8^{n+2}\right)^2 = \frac{81}{4} \times 16^{n+2}$$

$$\lim_{n \to \infty} \left(\frac{S_{n+2}}{L_{n+1}}\right)^2 = \lim_{n \to \infty} \frac{\frac{81}{4} \times 16^{n+2}}{9 \times 16^{n+1} + 4^{n+1}}$$

$\frac{\infty}{\infty}$꼴이므로 분자와 분모를 16^{n+1}으로 나누면

$$\lim_{n \to \infty} \left(\frac{L_{n+2}}{S_{n+1}}\right)^2 = \lim_{n \to \infty} \frac{\frac{81}{4} \times 16}{9 + \left(\frac{1}{4}\right)^{n+1}} = 36$$

15) 221

$X : N(m, 5^2)$인 정규분포를 따르고
$\overline{X} : N(m, 1^2)$인 정규분포를 따른다.
확률밀도함수 $y = f(x)$의 그래프와 두 조건을 나타내면
다음 그림과 같다.

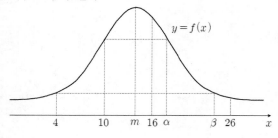

정규분포 곡선의 대칭성과
m이 자연수라는 조건을 이용하면
$\alpha = 18$, $m = 14$, $\beta = 24$이어야 한다.

그러므로 $X : N(14, 5^2)$을 따르고
표준화하면 $Z = \dfrac{X-14}{5}$이다.

$\overline{X} : N(14, 1^2)$을 따르고
표준화하면 $Z = \overline{X} - 14$이다.

따라서 $P(17 \le X \le 18) = P(0.6 \le Z \le 0.8)$
$\qquad\qquad = P(0 \le Z \le 0.8) - P(0 \le Z \le 0.6)$
$\qquad\qquad = 0.288 - 0.226 = 0.062$

$\qquad P(\overline{X} \ge 15) = P(Z \ge 1)$
$\qquad\qquad = 0.5 - P(0 \le Z \le 1)$
$\qquad\qquad = 0.5 - 0.341 = 0.159$

$\therefore a = 0.062 + 0.159 = 0.221$
$\therefore 1000a = 221$

16) 42

$f(x) = \dfrac{1}{3}x^3 - x^2 + 6x + k$에서
도함수는 $f'(x) = x^2 - 2x + 6$ 이다.
$f'(x) > 0$이므로 $f(x)$는 증가함수이고
역함수 $g(x)$도 증가함수이다.

$9f'(x) + 12x - 48 = (f' \circ g)(x)$ 에서
$9(x^2 - 2x + 6) + 12x - 48 = \{g(x)\}^2 - 2g(x) + 6$
$9x^2 - 6x = \{g(x)\}^2 - 2g(x)$
$\{g(x)\}^2 - (3x)^2 - 2g(x) + 6x = 0$
$\{g(x) - 3x\}\{g(x) + 3x\} - 2\{g(x) - 3x\} = 0$
$\{g(x) - 3x\}\{g(x) + 3x - 2\} = 0$
$\therefore g(x) = 3x$ or $g(x) = -3x + 2$

$0 \le x \le 1$에서
두 방정식 $g(x) = 3x$, $g(x) = -3x + 2$가
실근을 가질 조건을 살펴보자.

ⅰ) $g(x) = 3x$ $(0 \le x \le 1)$가 실근을 가질 조건

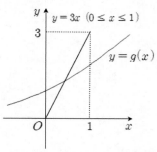

$g(x)$는 증가함수이므로 교점이 존재하려면
$g(0) \ge 0$이고 $g(1) \le 3$이어야 한다.

역함수의 정의에 의해 $f(g(a)) = a$이고
$f(x)$는 증가함수이므로 $x_1 \le x_2$이면 $f(x_1) \le f(x_2)$이다.

$g(0) \geq 0$에서 $f(g(0)) \geq f(0)$이고 $0 \geq f(0)$이다.

$f(0) = k$이므로 $k \leq 0$

$g(1) \leq 3$에서 $f(g(1)) \leq f(3)$이고 $1 \leq f(3)$이다.

$f(3) = 18 + k$이므로 $k \geq -17$

$\therefore -17 \leq k \leq 0 \cdots\cdots (1)$

ⅱ) $g(x) = -3x + 2 \ (0 \leq x \leq 1)$가 실근을 가질 조건

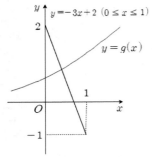

$g(x)$는 증가함수이므로 교점이 존재하려면

$g(0) \leq 2$이고 $g(1) \geq -1$이어야 한다.

역함수의 정의에 의해 $f(g(a)) = a$이고

$f(x)$는 증가함수이므로 $x_1 \leq x_2$이면 $f(x_1) \leq f(x_2)$이다.

$g(0) \leq 2$에서 $f(g(0)) \leq f(2)$이고 $0 \leq f(2)$이다.

$f(2) = \dfrac{32}{3} + k$이므로 $k \geq -\dfrac{32}{3}$

$g(1) \geq -1$에서 $f(g(1)) \geq f(-1)$이고 $1 \geq f(-1)$이다.

$f(-1) = -\dfrac{22}{3} + k$이므로 $k \leq \dfrac{25}{3}$

$\therefore -\dfrac{32}{3} \leq k \leq \dfrac{25}{3} \cdots\cdots (2)$

(1)과 (2)로부터 k의 값의 범위는

$-17 \leq k \leq \dfrac{25}{3}$

$\therefore 3\beta - \alpha = 3 \times \dfrac{25}{3} + 17 = 42$

[제2회 정답]

번호	1	2	3	4	5	6	7	8
정답	④	①	④	⑤	②	19	43	65

번호	9	10	11	12	13	14	15	16
정답	④	②	④	③	20	274	25	20

1) ④

$$a_n = \frac{1}{2} \times \{(n+1)-(n-1)\} \times \frac{3}{n} = \frac{3}{n}$$

$$a_{n+1} = \frac{3}{n+1}$$

$$\sum_{n=1}^{10} \frac{9}{a_n a_{n+1}} = \sum_{n=1}^{10} n(n+1) = \frac{10 \times 11 \times 21}{6} + \frac{10 \times 11}{2} = 440$$

2) ①

(가) : 서로 다른 $n-1$개 중에서 서로 다른 3개를 뽑는 경우의 수이므로
$$f(k) = {}_{k-1}C_3 \quad \therefore f(6) = {}_5C_3 = 10$$

(나) : ${}_kC_r = \frac{k}{r} \times {}_{k-1}C_{r-1}$에서
$$k \times {}_{k-1}C_{r-1} = r \times {}_kC_r \text{ 이므로 } r=4\text{를 대입하면}$$
$$k \times {}_{k-1}C_3 = 4 \times {}_kC_4 \text{ 이다.}$$
$$g(k) = {}_kC_4 \quad \therefore g(5) = {}_5C_4 = 5$$

(다) : $E(X) = \frac{4}{{}_nC_4} \times {}_{n+1}C_5 = 4 \times \frac{(n+1)!}{(n-4)! \times 5!} \times \frac{(n-4)! \times 4!}{n!}$
$$= (n+1) \times \frac{4}{5} \quad \therefore a = \frac{4}{5}$$

그러므로 $a \times f(6) \times g(5) = \frac{4}{5} \times 10 \times 5 = 40$

3) ④

각 자리의 수를 각각 x, y, z, w라 하면
$$x+y+z+w = 7 \ (x \geq 1, y \geq 1, z \geq 1, w \geq 1)$$

$x' = x-1, \ y' = y-1, \ z' = z-1, \ w' = w-1$라 하면
$$x'+y'+z'+w' = 3 \ (x' \geq 0, y' \geq 0, z' \geq 0, w' \geq 0)$$

중복조합에 의해
$$_4H_3 = {}_6C_3 = 20$$

4) ⑤

$f(x)$의 도함수 $f'(x)$는 이차함수이므로
$x = -2$에서 극대이고 $f'(-3) = f'(3)$을 만족하는
$y = f'(x)$의 그래프는 다음과 같다.

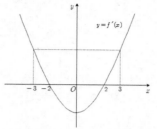

ㄱ. $f'(x)$는 $x=0$에서 최솟값을 갖는다. (참)

ㄴ. $f(x)$는 $x=2$에서 극솟값을 가지므로
방정식 $f(x) = f(2)$는 서로 다른 두 실근을 갖는다. (참)

ㄷ. $f'(x) = a(x+2)(x-2) = a(x^2-4)$로 나타낼 수 있다.
따라서 $f(x) = \frac{a}{3}x^3 - 4ax + C$ (C는 적분상수) 이다.
$(-1, f(-1))$에서의 접선의 방정식은
$$y = f'(-1)(x+1) + f(-1) = -3a(x+1) - \frac{a}{3} + 4a + C$$
$$= -3ax + \frac{2}{3}a + C$$
$y = f(x)$와 접선의 방정식의 교점의 x좌표를 구하면
$$\frac{a}{3}x^3 - 4ax + 3ax - \frac{2}{3}a = 0$$
$$\frac{1}{3}x^3 - x - \frac{2}{3} = 0$$
$$x^3 - 3x - 2 = 0$$
$$(x+1)^2(x-2) = 0$$
그러므로 $x=2$에서 만난다. (참)

따라서 ㄱ, ㄴ, ㄷ 모두 옳다.

5) ②

사차함수 $f(x)$는 $0, 2, 3$의 세 실근을 가지므로
반드시 중근을 가지게 된다.
따라서 다음의 3가지의 경우가 있다.

(1) $f(x) = ax^2(x-2)(x-3) \ (a<0)$인 경우 $f(1) = 2a$
(2) $f(x) = ax(x-2)^2(x-3)$인 경우 $f(1) = -2a$
(3) $f(x) = ax(x-2)(x-3)^2$인 경우 $f(1) = -4a$

$a<0$이므로 $f(1)$의 최댓값은 (3)번의 경우이다.

실수 x에 대하여 $f(x)$와 $|x(x-2)(x-3)|$ 중
크지 않은 값을 $g(x)$라 할 때,
함수 $g(x)$가 실수 전체의 집합에서 미분가능하려면
모든 실수 x에서 $|x(x-2)(x-3)| \geq f(x)$이어야 한다.

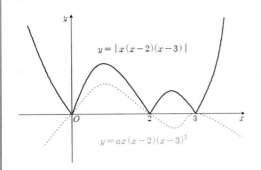

$$= \left[-\frac{1}{3}x^3 + 2x^2 \right]_a^4 + \left[\frac{1}{2}x^2 - 4x \right]_4^{a+4}$$

$$= \frac{2a^3 - 9a^2 + 64}{6}$$

$g(a) = \dfrac{2a^3 - 9a^2 + 64}{6}$ 라 두면

$g'(x) = \dfrac{6a^2 - 18a}{6} = a(a-3)$ 이므로

$a = 3$에서 극소이면서 최소이다.

그러므로 최솟값은 $g(3) = \dfrac{2 \times 27 - 9 \times 9 + 64}{6} = \dfrac{37}{6}$ 이다.

$\therefore p + q = 43$

$0 < x < 2$ 이외의 부분에서는 $f(x) \le 0$으로 조건을 만족하므로 $0 < x < 2$인 부분에서 $|x(x-2)(x-3)| \ge f(x)$을 만족시키면 된다.

$h(x) = x(x-2)(x-3)$이라 두면
$h(x) - f(x) \ge 0 \ (0 < x < 2)$이어야 한다.
$ax(x-2)(x-3)^2 - x(x-2)(x-3) \le 0$
$x(x-2)(x-3)(ax - 3a - 1) \le 0 \ (0 < x < 2)$

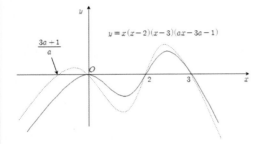

조건을 만족하려면 위 그림과 같이 $\dfrac{3a+1}{a} \le 0$ 이어야 한다.

즉, $3a + 1 \ge 0 \ (\because a < 0) \ \therefore -\dfrac{1}{3} \le a < 0$

$f(1) = -4a$이므로 $0 < f(1) \le \dfrac{4}{3}$

그러므로 $f(1)$의 최댓값은 $\dfrac{4}{3}$이다.

6) 19

급수와 정적분의 관계에 의하여

$$\lim_{n \to \infty} \sum_{k=1}^n \frac{k}{n^2} f\!\left(\frac{k}{n}\right) = \lim_{n \to \infty} \sum_{k=1}^n \left(\frac{k}{n}\right) f\!\left(\frac{k}{n}\right) \frac{1}{n} = \int_0^1 x f(x)\, dx$$

$$= \int_0^1 (4x^3 + 6x^2 + 32x)\, dx$$

$$= \left[x^4 + 2x^3 + 16x^2 \right]_0^1 = 19$$

7) 43

$0 \le a \le 4$인 경우

$$\int_a^{a+4} f(x)\, dx = \int_a^4 (-x^2 + 4x)\, dx + \int_4^{a+4} (x-4)\, dx$$

8) 65

$\left\{ (x, y) \,\middle|\, 0 \le x \le n, \ 0 \le y \le \dfrac{\sqrt{x+3}}{2} \right\}$이 나타내는 영역을 그래프로 나타내면 다음과 같이 색칠된 부분이다.

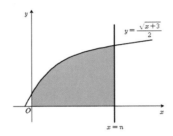

$y = \dfrac{\sqrt{x+3}}{2}$의 그래프 위의 정수인 점을 살펴보면 $(1, 1), (13, 2), (33, 3), (61, 4), (97, 5), \cdots$이다.

한 변의 길이가 $\sqrt{5}$이하인 정사각형은 다음과 같이 4가지의 종류가 있다.

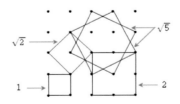

이제, $61 < n \le 97$인 경우의 영역 내의 정사각형의 개수를 종류별로 다음 그래프를 참조하여 구해보자.

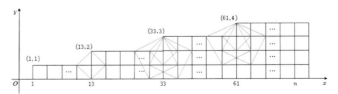

ⅰ) 한 변의 길이가 1인 정사각형
$(n-1) + (n-13) + (n-33) + (n-61) = 4n - 108$

ⅱ) 한 변의 길이가 $\sqrt{2}$인 정사각형
$(n-13) + (n-33) + (n-61) = 3n - 107$

iii) 한 변의 길이가 2인 정사각형
$$(n-14)+(n-34)+(n-62)=3n-110$$
iv) 한 변의 길이가 $\sqrt{5}$인 정사각형
$$(n-33)+(n-34)+(n-61)+(n-62)=4n-190$$

그러므로 모든 정사각형의 개수는
$14n-515$ $(61<n\leq 97)$이다.

$14n-515\leq 400$를 만족하는 n의 최댓값을 구하면
$n\leq \dfrac{915}{14}=65+\dfrac{5}{14}$ 이므로 65이다.

9) ④

$$a_n=\frac{1}{2}\times\{(n+1)-(n-1)\}\times\frac{3}{n}=\frac{3}{n}$$

$$a_{n+1}=\frac{3}{n+1}$$

$$\sum_{n=1}^{10}\frac{a_n a_{n+1}}{9}=\sum_{n=1}^{10}\frac{1}{n(n+1)}=\sum_{n=1}^{10}\left(\frac{1}{n}-\frac{1}{n+1}\right)$$

$$=\left(1-\frac{1}{2}\right)+\left(\frac{1}{2}-\frac{1}{3}\right)+\left(\frac{1}{3}-\frac{1}{4}\right)+\cdots+\left(\frac{1}{10}-\frac{1}{11}\right)$$

$$=1-\frac{1}{11}=\frac{10}{11}$$

10) ②

(가) : $_kC_r=\dfrac{k}{r}\times {_{k-1}C_{r-1}}$에서
$k\times {_{k-1}C_{r-1}}=r\times {_kC_r}$ 이므로 $r=4$를 대입하면
$k\times {_{k-1}C_3}=4\times {_kC_4}$ 이다.

$$f(k)={_kC_4}\quad \therefore f(6)={_6C_4}={_6C_2}=15$$

(나) : $\displaystyle\sum_{k=4}^{n}{_kC_4}={_4C_4}+{_5C_4}+{_6C_4}+\cdots+{_nC_4}$
$$={_5C_5}+{_5C_4}+{_6C_4}+\cdots+{_nC_4}$$
$$={_6C_5}+{_6C_4}+{_7C_4}+\cdots+{_nC_4}$$
$$={_{n+1}C_5}$$

$$g(n)={_{n+1}C_5}\quad \therefore g(5)={_6C_5}=6$$

(다) : $E(X)=\dfrac{4}{{_nC_4}}\times {_{n+1}C_5}=4\times\dfrac{(n+1)!}{(n-4)!\times 5!}\times\dfrac{(n-4)!\times 4!}{n!}$
$$=\frac{4}{5}\times (n+1)$$

$$h(n)=n+1\quad \therefore h(5)=6$$

그러므로 $\dfrac{f(6)\times g(5)}{h(5)}=\dfrac{15\times 6}{6}=15$

11) ④

각 자리의 수를 각각 x,y,z,w라 하면
$x+y+z+w=7$ $(x\geq 0,\ y\geq 0,\ z\geq 0,\ w\geq 0)$
중복조합에 의해
$$_4H_7={_{10}C_7}={_{10}C_3}=\frac{10\times 9\times 8}{3\times 2}=120$$

$x=0$인 경우
$y+z+w=7$ $(y\geq 0,\ z\geq 0,\ w\geq 0)$
중복조합에 의해
$$_3H_7={_9C_7}={_9C_2}=\frac{9\times 8}{2}=36$$

그러므로 $120-36=84$

12) ③

삼차함수 $f(x)$의 도함수 $f'(x)$는 이차함수이므로
$x=-2$에서 극소이고 $f'(-3)=f'(1)$을 만족하는
$y=f'(x)$의 그래프와 $y=f(x)$의 그래프 개형은 다음과 같다.

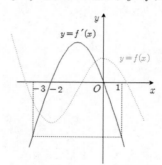

ㄱ. $f'(x)$는 $x=-1$에서 최댓값을 갖는다. (참)

ㄴ. $f(x)$는 $x=-2$에서 극솟값, $x=0$에서 극댓값을 가지므로
$f(-1)$은 극솟값과 극댓값 사이의 값을 가지므로
방정식 $f(x)=f(-1)$는 서로 다른 세 실근을 갖는다. (참)

ㄷ. $f'(x)=ax(x+2)=a(x^2+2x)$ $(a<0)$로 나타낼 수 있다.
따라서 $f(x)=\dfrac{a}{3}x^3+ax^2+C$ (C는 적분상수) 이다.
$(-1,f(-1))$에서의 접선의 방정식은
$$y=f'(-1)(x+1)+f(-1)=-a(x+1)-\frac{a}{3}+a+C$$
$$=-ax-\frac{1}{3}a+C$$
$y=f(x)$와 접선의 방정식의 교점의 x좌표를 구하면
$$\frac{a}{3}x^3+ax^2+ax+\frac{1}{3}a=0$$
$$x^3+3x^2+3x+1=0$$
$$(x+1)^3=0$$
그러므로 $x=-1$에서만 만난다. (거짓)

따라서 옳은 것은 ㄱ, ㄴ 이다.

13) 20

사차함수 $f(x)$는 $0, 2, 3$의 세 실근을 가지므로
반드시 중근을 가지게 된다.

따라서 다음의 3가지의 경우가 있다.
(1) $f(x) = ax^2(x-2)(x-3)$ $(a<0)$인 경우 $f(1) = 2a$
(2) $f(x) = ax(x-2)^2(x-3)$인 경우 $f(1) = -2a$
(3) $f(x) = ax(x-2)(x-3)^2$인 경우 $f(1) = -4a$

$a < 0$이므로 $f(1)$의 최댓값은 (3)번의 경우이고,
최솟값은 (1)번의 경우이다.

실수 x에 대하여 $f(x)$와 $|x(x-2)(x-3)|$ 중
크지 않은 값을 $g(x)$라 할 때,
함수 $g(x)$가 실수 전체의 집합에서 미분가능하려면
모든 실수 x에서 $|x(x-2)(x-3)| \geq f(x)$이어야 한다.

먼저 $f(1)$의 최댓값 M을 구해보자.

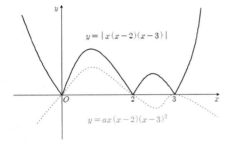

$0 < x < 2$ 이외의 부분에서는 $f(x) \leq 0$으로 조건을 만족하므로
$0 < x < 2$인 부분에서 $|x(x-2)(x-3)| \geq f(x)$을 만족시키면
된다.

$h(x) = x(x-2)(x-3)$이라 두면
$h(x) - f(x) \geq 0$ $(0 < x < 2)$이어야 한다.
$ax(x-2)(x-3)^2 - x(x-2)(x-3) \leq 0$
$x(x-2)(x-3)(ax-3a-1) \leq 0$ $(0 < x < 2)$

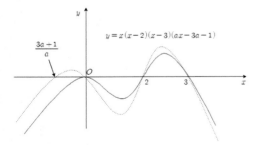

조건을 만족하려면 위 그림과 같이 $\dfrac{3a+1}{a} \leq 0$ 이어야 한다.

즉, $3a+1 \geq 0$ $(\because a < 0)$ $\therefore -\dfrac{1}{3} \leq a < 0$

$f(1) = -4a$이므로 $0 < f(1) \leq \dfrac{4}{3}$

그러므로 $f(1)$의 최댓값은 $M = \dfrac{4}{3}$이다.

같은 방법으로 $f(1)$의 최솟값 m을 구하자.

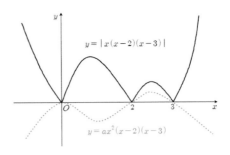

$2 < x < 3$ 이외의 부분에서는 $f(x) \leq 0$으로 조건을 만족하므로
$2 < x < 3$인 부분에서 $|x(x-2)(x-3)| \geq f(x)$을 만족시키면
된다.

$h(x) = x(x-2)(x-3)$이라 두면
$-h(x) - f(x) \geq 0$ $(2 < x < 3)$이어야 한다.
$ax^2(x-2)(x-3) + x(x-2)(x-3) \leq 0$
$x(x-2)(x-3)(ax+1) \leq 0$ $(2 < x < 3)$

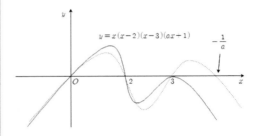

조건을 만족하려면 위 그림과 같이 $-\dfrac{1}{a} \geq 3$ 이어야 한다.

즉, $a \geq -\dfrac{1}{3}$ $(\because a < 0)$ $\therefore -\dfrac{1}{3} \leq a < 0$

$f(1) = 2a$이므로 $-\dfrac{2}{3} \leq f(1) < 0$

그러므로 $f(1)$의 최솟값은 $m = -\dfrac{2}{3}$이다.

$\therefore 30(M+m) = 20$

14) 274

급수와 정적분의 관계에 의하여

$$3\lim_{n\to\infty}\sum_{k=1}^{n}\frac{n+2k}{n^2}f\left(\frac{2k}{n}\right) = \frac{3}{2}\lim_{n\to\infty}\sum_{k=1}^{n}\left(1+\frac{2k}{n}\right)f\left(\frac{2k}{n}\right)\frac{2}{n}$$
$$= \frac{3}{2}\int_{0}^{2}(1+x)f(x)\,dx$$
$$= \frac{3}{2}\int_{0}^{2}(4x^3+10x^2+38x+32)\,dx$$
$$= \frac{3}{2}\left[x^4+\frac{10}{3}x^3+19x^2+32x\right]_{0}^{2} = 274$$

15) 25

t의 범위에 따른 함수 $g(t)$를 구하면

i) $0 \le t \le 1$일 때

$$g(t) = \int_t^{t+3} (-x^2 + 4x)\,dx = \left[-\frac{1}{3}x^3 + 2x^2 \right]_t^{t+3}$$

$$= -3t^2 + 3t + 9$$

$$g'(t) = -6t + 3$$

$t = \frac{1}{2}$에서 극대이면서 최대이다.

ii) $1 < t \le 4$일 때

$$g(t) = \int_t^4 (-x^2 + 4x)\,dx + \int_4^{t+3} (x - 4)\,dx$$

$$= \left[-\frac{1}{3}x^3 + 2x^2 \right]_t^4 + \left[\frac{1}{2}x^2 - 4x \right]_4^{t+3}$$

$$= \frac{2t^3 - 9t^2 - 6t + 67}{6}$$

$$g'(t) = \frac{6t^2 - 18t - 6}{6} = t^2 - 3t - 1$$

$t = \dfrac{3 + \sqrt{13}}{2}$에서 극소이면서 최소이다.

iii) $4 < t \le 5$일 때

$$g(t) = \int_t^{t+3} (x - 4)\,dx = \left[\frac{1}{2}x^2 - 4x \right]_t^{t+3}$$

$$= 3t - \frac{15}{2}$$

$g'(t) = 3$이므로 증가하는 구간이다.

따라서 $\alpha = \dfrac{1}{2}$, $\beta = \dfrac{3 + \sqrt{13}}{2}$, $\therefore \alpha + \beta = 2 + \dfrac{1}{2}\sqrt{13}$

그러므로 $10(p+q) = 10 \times \dfrac{5}{2} = 25$

16) 20

$\left\{ (x, y) \mid 0 \le x \le n,\ 0 \le y \le \dfrac{\sqrt{x+4}}{2} \right\}$이 나타내는 영역을 그래프로 나타내면 다음과 같이 색칠된 부분이다.

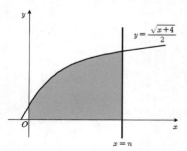

$y = \dfrac{\sqrt{x+4}}{2}$의 그래프 위의 정수인 점을 살펴보면

$(0, 1)$, $(12, 2)$, $(32, 3)$, $(60, 4)$, $(96, 5)$, $\cdots$이다.

한 변의 길이가 $\sqrt{8}$ 이하인 정사각형은 다음과 같이 5가지의 종류가 있다.

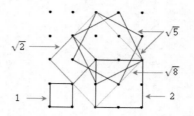

우선, $32 < n \le 60$인 경우의 영역 내의 정사각형의 개수를 종류별로 다음 그래프를 참조하여 구해보자.

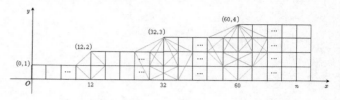

i) 한 변의 길이가 1인 정사각형
$$(n) + (n - 12) + (n - 32) = 3n - 44$$

ii) 한 변의 길이가 $\sqrt{2}$인 정사각형
$$(n - 12) + (n - 32) = 2n - 44$$

iii) 한 변의 길이가 2인 정사각형
$$(n - 13) + (n - 33) = 2n - 46$$

iv) 한 변의 길이가 $\sqrt{5}$인 정사각형
$$(n - 32) + (n - 33) = 2n - 65$$

그러므로 모든 정사각형의 개수는 $9n - 199$ $(32 < n \le 60)$이다.

$9n - 199 \ge 200$를 만족하는 n의 최솟값을 구하면

$n \ge \dfrac{399}{9} = 44 + \dfrac{1}{3}$ 이므로 45이다.

이제, $60 < n \le 96$인 경우의 영역 내의 정사각형의 개수를 종류별로 위 그래프를 참조하여 구해보자.

i) 한 변의 길이가 1인 정사각형
$$(n) + (n - 12) + (n - 32) + (n - 60) = 4n - 104$$

ii) 한 변의 길이가 $\sqrt{2}$인 정사각형
$$(n - 12) + (n - 32) + (n - 60) = 3n - 104$$

iii) 한 변의 길이가 2인 정사각형
$$(n - 13) + (n - 33) + (n - 61) = 3n - 107$$

iv) 한 변의 길이가 $\sqrt{5}$인 정사각형
$$(n - 32) + (n - 33) + (n - 60) + (n - 61) = 4n - 186$$

v) 한 변의 길이가 $\sqrt{8}$인 정사각형
$$(n - 61) = n - 61$$

그러므로 모든 정사각형의 개수는
$15n - 562$ $(60 < n \le 96)$이다.

$15n - 562 \le 400$를 만족하는 n의 최댓값을 구하면

$n \le \dfrac{962}{15} = 64 + \dfrac{2}{15}$ 이므로 64이다.

따라서 조건을 만족하는 n의 범위는 $45 \le n \le 64$이다.
그러므로 n의 개수는 20개이다.

[제3회 정답]

번호	1	2	3	4	5	6	7	8
정답	⑤	②	⑤	⑤	30	12	186	78

번호	9	10	11	12	13	14	15	16
정답	①	②	③	③	30	4	17	156

---

1) ⑤

ⅰ) $S_1 = \dfrac{5}{2}$

ⅱ) 공비를 구하자.

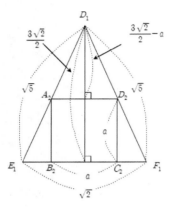

삼각형 $D_1E_1F_1$의 높이는 $\sqrt{5-\dfrac{1}{2}} = \dfrac{3}{\sqrt{2}} = \dfrac{3\sqrt{2}}{2}$

삼각형 $D_1E_1F_1$과 삼각형 $D_1A_2D_2$는 닮음이므로
내접 정사각형 $A_2B_2C_2D_2$의 한 변의 길이를 a라 하면

$$\sqrt{2} : a = \dfrac{3\sqrt{2}}{2} : \dfrac{3\sqrt{2}}{2} - a$$

$$\therefore a = \dfrac{3\sqrt{2}}{5}$$

닮음비는 $2 : \dfrac{3\sqrt{2}}{5} = 1 : \dfrac{3\sqrt{2}}{10}$

넓이비는 $1 : \dfrac{18}{100} = 1 : \dfrac{9}{50}$

따라서 등비급수의 공비는 $\dfrac{9}{50}$

ⅲ) 등비급수의 합 구하기

$$\lim_{n\to\infty} S_n = \dfrac{\dfrac{5}{2}}{1 - \dfrac{9}{50}} = \dfrac{125}{41}$$

2) ②

$f(x) = m(x-a)(x-c)(x-e) \ (m > 0)$
$g(x) = n(x-c) \ (n > 0)$라 하자.

$h(x) = f(x)g(x)$라 하면
$h(x) = mn(x-a)(x-c)^2(x-e)$이므로 그래프 개형을
그려보면 다음과 같다.

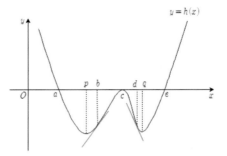

$y = h(x)$의 도함수는
$h'(x) = f'(x)g(x) + f(x)g'(x)$이고
$h'(p) = h'(q) = 0$이다.

$x = b$에서의 $h'(x)$의 부호를 조사하면
$h'(b) = f'(b)g(b) + f(b)g'(b)$
$f'(b) = 0, f(b) > 0, g'(b) = n > 0$이므로
$h'(b) > 0$이다.
따라서 $a < p < b$이다.

같은 방법으로
$x = d$에서의 $h'(x)$의 부호를 조사하면
$h'(d) < 0$이고 $d < q < e$이다.

3) ⑤

$n = 1$일 때, $a_2 = a_1 - 2 = a - 2$
$n = 2$일 때, $a_3 = a_2 + 2 = a$
$n = 3$일 때, $a_4 = a_3 + 1 = a + 1$

$n = 4$일 때, $a_5 = a_4 + 2 = a + 3$
$n = 5$일 때, $a_6 = a_5 - 2 = a + 1$
$n = 6$일 때, $a_7 = a_6 + 1 = a + 2$

3으로 나눈 나머지별로 규칙이 존재하므로
$a_{3k} = a + k - 1 \ (k = 1, 2, 3, \cdots)$이다.

따라서 $a_{15} = a + 5 - 1 = a + 4 = 43$

그러므로 $a = 39$이다.

4) ⑤

ㄱ. $y=f(x)$의 그래프를 그려보면 $f(0)<0$이므로
다음과 같다.

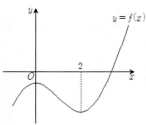

따라서 $|f(0)|<|f(2)|$이다. (참)

ㄴ. $f(0)f(2)\geq0$을 만족하는 $f(x)$는 다음과 같이 4가지이다.

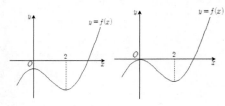

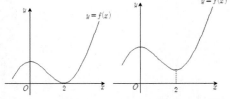

어느 경우든 $y=|f(x)|$의 그래프는 2개의 극소를 갖는다. (참)

ㄷ. $f(0)=-f(2)$이므로 $y=f(x)$와 $y=|f(x)|$의 그래프는
다음과 같다.

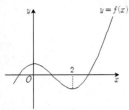 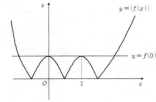

따라서 방정식 $|f(x)|=f(0)$는 서로 다른 4개의
실근을 갖는다. (참)

5) 30

서로 같은 색일 경우는 모두 흰 색이거나 모두 검은 색인 경우이므로 구하고자 하는 조건부 확률은

$$\dfrac{\dfrac{a}{100}\times\dfrac{100-2a}{100}}{\dfrac{a}{100}\times\dfrac{100-2a}{100}+\dfrac{100-a}{100}\times\dfrac{2a}{100}}=\dfrac{-2a^2+100a}{-4a^2+300a}=\dfrac{2}{9}$$

정리하면 $10a(a-30)=0$
그러므로 자연수 a의 값은 $a=30$

6) 12

$f(x)=x^3+ax^2-a^2x+2$에서 도함수는
$f\,'(x)=3x^2+2ax-a^2=(x+a)(3x-a)$
$a>0$이므로

$x=\dfrac{a}{3}$에서 극소이자 최소이다.

최솟값이 $\dfrac{14}{27}$이므로

$$f\left(\dfrac{a}{3}\right)=\dfrac{a^3}{27}+\dfrac{a^3}{9}-\dfrac{a^3}{3}+2=\dfrac{14}{27}$$

정리하면
$a^3=8$ $\therefore$ $a=2$

$f(-a)=-a^3+a^3+a^3+2=a^3+2=10$
$f(a)=a^3+a^3-a^3+2=a^3+2=10$ 이므로
구간 $[-a,a]$에서 최댓값 $M=10$
$\therefore$ $a+M=2+10=12$

7) 186

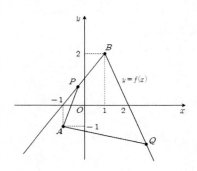

ⅰ) $x<1$일 때
$y=f(x)$ 위의 임의의 점 P의 좌표는 $(x,x+1)$이고,
선분 AP와 선분 BP의 거리의 제곱이
같아지는 조건을 구하면
$(x+1)^2+(x+2)^2=(x-1)^2+(x-1)^2$
$2x^2+6x+5=2x^2-4x+2$
$\therefore$ $x=-\dfrac{3}{10}$

ⅱ) $x\geq1$일 때
$y=f(x)$ 위의 임의의 점 Q의 좌표는 $(x,-2x+4)$이고,
선분 AQ와 선분 BQ의 거리의 제곱이
같아지는 조건을 구하면
$(x+1)^2+(-2x+5)^2=(x-1)^2+(-2x+2)^2$
$5x^2-18x+26=5x^2-10x+5$
$\therefore$ $x=\dfrac{21}{8}$

따라서 미분가능하지 않은 a의 값은 2개이다.
그러므로 $80p=80\left(-\dfrac{3}{10}+\dfrac{21}{8}\right)=186$

[참조]

$g(x)$를 식으로 나타내면

$$g(x) = \begin{cases} 2x^2+6x+5 & (x < -\dfrac{3}{10}) \\ 2x^2-4x+2 & (-\dfrac{3}{10} \le x < 1) \\ 5x^2-10x+5 & (1 \le x < \dfrac{21}{8}) \\ 5x^2-18x+26 & (x \ge \dfrac{21}{8}) \end{cases}$$

$g'(x)$를 식으로 나타내면

$$g'(x) = \begin{cases} 4x+6 & (x < -\dfrac{3}{10}) \\ 4x-4 & (-\dfrac{3}{10} < x < 1) \\ 10x-10 & (1 < x < \dfrac{21}{8}) \\ 10x-18 & (x > \dfrac{21}{8}) \end{cases}$$

$x=1$에서는 미분가능하다.

8) 78

$na-a^2 = nb-b^2 = 2^k \ (k=1, 2, 3, \cdots)$

$na-a^2 = nb-b^2$

$a^2-b^2-n(a-b)=0$

$(a-b)(a+b-n)=0$

$b-a>0$이므로 $a+b=n$이다. $\quad\cdots\cdots(1)$

$0 < b-a < \dfrac{n}{2}$에 (1)을 대입하면

$0 < n-2a < \dfrac{n}{2} \quad \therefore \dfrac{n}{4} \le a < \dfrac{n}{2} \quad\cdots\cdots(2)$

방정식 $na-a^2 = 2^k \ (k=1, 2, 3, \cdots)$의 해를

$y=nx-x^2 \left(\dfrac{n}{4} \le x < \dfrac{n}{2}\right)$과 $y=2^k$의 교점으로 해석하면

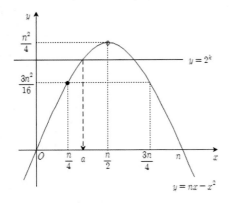

즉, $\dfrac{3n^2}{16} \le 2^k < \dfrac{n^2}{4}$를 만족해야 실수 a, b가 존재한다.

이 식을 n에 대해 정리하면

$2^{k+2} < n^2 \le \dfrac{2^{k+4}}{3}$이다.

자연수 k에 대해 만족하는 n값을 조사하면

$k=1$일 때 $8 < n^2 \le \dfrac{32}{3}$이므로 $n=3$

$k=2$일 때 $16 < n^2 \le \dfrac{64}{3}$이므로 만족하는 n은 없다.

$k=3$일 때 $32 < n^2 \le \dfrac{128}{3}$이므로 $n=6$

$k=4$일 때 $64 < n^2 \le \dfrac{256}{3}$이므로 $n=9$

$k=5$일 때 $128 < n^2 \le \dfrac{512}{3}$이므로 $n=12, 13$

$k=6$일 때 $256 < n^2 \le \dfrac{1024}{3}$이므로 $n=17, 18$

$k \ge 7$이면 $512 < n^2$이므로
만족하는 20이하의 자연수는 존재하지 않는다.

그러므로 만족하는 모든 n값의 합은 78이다.

9) ①

ⅰ) S_1 구하기

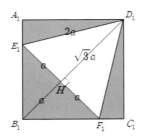

대각선 B_1D_1과 선분 E_1F_1의 교점을 H라 하면
삼각형 D_1E_1H는 $\angle E_1D_1H = 30^\circ$인 직각삼각형이고
삼각형 B_1E_1H는 직각이등변삼각형이므로
정삼각형 한 변의 길이를 $2a$라 하면
대각선 B_1D_1에서

$\sqrt{3}\,a + a = 2\sqrt{2}$

$\therefore a = \dfrac{2\sqrt{2}}{\sqrt{3}+1} = \sqrt{6}-\sqrt{2}$

그러므로 정삼각형 한 변의 길이는 $2(\sqrt{6}-\sqrt{2})$이다.

따라서 $S_1 = 4 - \dfrac{\sqrt{3}}{4}(2\sqrt{6}-2\sqrt{2})^2 = 16 - 8\sqrt{3}$

ⅱ) 공비 구하기

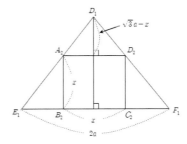

삼각형 $D_1 E_1 F_1$의 높이는 $\dfrac{\sqrt{3}}{2} 2a = \sqrt{3}\,a$

삼각형 $D_1 E_1 F_1$과 삼각형 $D_1 A_2 D_2$는 닮음이므로
내접 정사각형 $A_2 B_2 C_2 D_2$의 한 변의 길이를 x라 하면
$2a : x = \sqrt{3}\,a : \sqrt{3}\,a - x$
$\therefore x = 18\sqrt{2} - 10\sqrt{6}$
닮음비는 $2 : 18\sqrt{2} - 10\sqrt{6} = 1 : 9\sqrt{2} - 5\sqrt{6}$
넓이비는 $1 : (9\sqrt{2} - 5\sqrt{6})^2 = 1 : 312 - 180\sqrt{3}$

따라서 등비급수의 공비는 $312 - 180\sqrt{3}$

iii) 등비급수의 합 구하기
$\displaystyle \lim_{n \to \infty} S_n = \dfrac{16 - 8\sqrt{3}}{1 - (312 - 180\sqrt{3})} = \dfrac{16 - 8\sqrt{3}}{180\sqrt{3} - 311}$

$\therefore a + b + c = 188$

10) ②

$f(x) = m(x-a)(x-c)(x-e)\ (m > 0)$
$g(x) = n(x-c)\ (n > 0)$라 하자.

$h(x) = f(x)g(x)$라 하면
$h(x) = mn(x-a)(x-c)^2(x-e)$이므로 그래프 개형을
그려보면 다음과 같다.

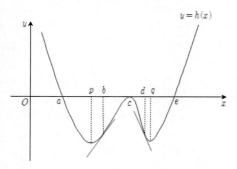

$y = h(x)$의 도함수는
$h'(x) = f'(x)g(x) + f(x)g'(x)$이고
$h'(p) = h'(q) = 0$이다.

$x = b$에서의 $h'(x)$의 부호를 조사하면
$h'(b) = f'(b)g(b) + f(b)g'(b)$
$f'(b) = 0$, $f(b) > 0$, $g'(b) = n > 0$이므로
$h'(b) > 0$이다. 즉 $x = b$에서 $h(x)$는 증가하고 있다.
따라서 $a < p < b$이다.

같은 방법으로 $x = d$에서의 $h'(x)$의 부호를 조사하면
$h'(d) < 0$이고 $d < q < e$이다.

$y = |h(x)|$은 $x = p$, $x = q$에서 극대로 바뀌지만
p, q의 위치에는 영향을 미치지 않는다.

11) ③

$n = 1$일 때, $a_2 = a_1 - 2 = a - 2$
$n = 2$일 때, $a_3 = a_2 + 2 = a$
$n = 3$일 때, $a_4 = a_3 + 1 = a + 1$

$n = 4$일 때, $a_5 = a_4 + 2 = a + 3$
$n = 5$일 때, $a_6 = a_5 - 2 = a + 1$
$n = 6$일 때, $a_7 = a_6 + 1 = a + 2$
$\vdots$

3으로 나눈 나머지별로 규칙이 존재하므로
$a_{3k-1} = (a + k - 1) + (-1)^n \times 2$
$a_{3k} = a + k - 1\ (k = 1, 2, 3, \cdots)$
$a_{3k+1} = a + k$ 이다.

따라서 $a_{30} = a + 9$, $a_{31} = a + 10$, $a_{32} = a + 10 - 2 = a + 8$
$a_{30} + a_{31} + a_{32} = 3a + 27 = 84$
그러므로 a는 19이다.

12) ③

ㄱ. $y = f(x)$의 그래프를 그려보면
$f(0) < 0$이므로 다음과 같다.

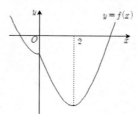

따라서 $|f(0)| < |f(2)|$이다. (참)

ㄴ. $f(0)f(2) \geq 0$을 만족하는 $f(x)$는 다음과 같이 4가지이다.

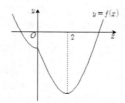 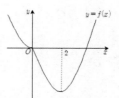

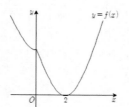 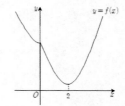

처음 2가지 경우는 $y = |f(x)|$의 그래프는 2개의 극소를
갖지만 3, 4번째 경우는 극소를 1개만 가진다. (거짓)

제3장 2017학년도 6월 평가원 정답 및 해설 ┃ 21

ㄷ. $f(0) = -f(2)$이므로 $y = f(x)$와 $y = |f(x)|$의 그래프는 다음과 같다.

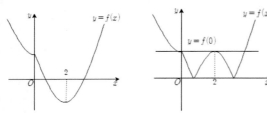

따라서 방정식 $|f(x)| = f(0)$는 서로 다른 3개의 실근을 갖는다. (참)

그러므로 옳은 것은 ㄱ, ㄷ 이다.

13) 30

서로 다른 색일 경우는
상자 A가 흰색이고 상자 B가 검은 색이거나
또는 그 반대의 경우이므로
구하고자 하는 조건부 확률은

$$\dfrac{\dfrac{a}{100} \times \dfrac{100-2a}{100}}{\dfrac{a}{100} \times \dfrac{100-2a}{100} + \dfrac{100-a}{100} \times \dfrac{2a}{100}} = \dfrac{-2a^2 + 100a}{-4a^2 + 300a} = \dfrac{2}{9}$$

정리하면
$10a(a-30) = 0$

그러므로 자연수 a의 값은 $a = 30$

14) 4

$f(x) = x^3 + ax^2 - a^2x + 2$에서 도함수는
$f'(x) = 3x^2 + 2ax - a^2 = (x+a)(3x-a)$

$a < 0$이므로
$x = \dfrac{a}{3}$에서 극대이자 최대이다.

최댓값이 $\dfrac{94}{27}$이므로
$f\left(\dfrac{a}{3}\right) = \dfrac{a^3}{27} + \dfrac{a^3}{9} - \dfrac{a^3}{3} + 2 = \dfrac{94}{27}$
정리하면
$a^3 = -8$ $\therefore a = -2$

$f(-a) = -a^3 + a^3 + a^3 + 2 = a^3 + 2 = -6$
$f(a) = a^3 + a^3 - a^3 + 2 = a^3 + 2 = -6$ 이므로

구간 $[a, -a]$에서 최솟값 $m = -6$

$\therefore a - m = -2 + 6 = 4$

15) 17

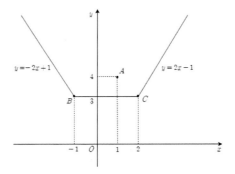

i) $x < -1$일 때

$y = f(x)$ 위의 임의의 점 P의 좌표는 $(x, -2x+1)$이고,
선분 AP와 선분 BP의 거리의 제곱이
같아지는 조건을 구하면
$\overline{AP}^2 = \overline{BP}^2$
$(x-1)^2 + (-2x-3)^2 = (x+1)^2 + (-2x-2)^2$
$5x^2 + 10x + 10 = 5x^2 + 10x + 5$ 로 등식이 성립하지 않는다.
$\therefore \overline{BP}^2$이 항상 작다.
$\therefore g(x) = 5x^2 + 10x + 5 \ (x < -1)$

ii) $-1 \le x < 1$일 때

$y = f(x)$ 위의 임의의 점 P의 좌표는 $(x, 3)$이고,
선분 AP와 선분 BP의 거리의 제곱이
같아지는 조건을 구하면
$\overline{AP}^2 = \overline{BP}^2$
$(x-1)^2 + 1 = (x+1)^2$
$x^2 - 2x + 2 = x^2 + 2x + 1$
$\therefore x = \dfrac{1}{4}$

$\therefore g(x) = \begin{cases} x^2 + 2x + 1 & \left(-1 \le x < \dfrac{1}{4}\right) \\ x^2 - 2x + 2 & \left(\dfrac{1}{4} \le x < 1\right) \end{cases}$

iii) $1 \le x < 2$일 때

$y = f(x)$ 위의 임의의 점 P의 좌표는 $(x, 3)$이고,
선분 AP와 선분 CP의 거리의 제곱이
같아지는 조건을 구하면
$\overline{AP}^2 = \overline{CP}^2$
$(x-1)^2 + 1 = (x-2)^2$
$x^2 - 2x + 2 = x^2 - 4x + 4$
$\therefore x = 1$ 따라서 이 구간에서는 $\overline{CP}^2$이 항상 같거나 작다.
$\therefore g(x) = x^2 - 4x + 4 \ (1 \le x < 2)$

iv) $x \ge 2$일 때

$y = f(x)$ 위의 임의의 점 P의 좌표는 $(x, 2x-1)$이고,
선분 AP와 선분 CP의 거리의 제곱이

같아지는 조건을 구하면

$\overline{AP}^2 = \overline{CP}^2$

$(x-1)^2 + (2x-5)^2 = (x-2)^2 + (2x-4)^2$

$5x^2 - 22x + 26 = 5x^2 - 20x + 20$

$\therefore x = 3$

$\therefore g(x) = \begin{cases} 5x^2 - 20x + 20 \ (2 \le x < 3) \\ 5x^2 - 22x + 26 \ (x \ge 3) \end{cases}$

따라서 미분가능하지 않은 a의 값은 $\frac{1}{4}$, 1, 3으로 3개이다.

그러므로 $4p = 4\left(\frac{1}{4} + 1 + 3\right) = 17$

[참조]

$g(x)$를 식으로 나타내면

$g(x) = \begin{cases} 5x^2 + 10x + 5 & (x < -1) \\ x^2 + 2x + 1 & (-1 \le x < \frac{1}{4}) \\ x^2 - 2x + 2 & (\frac{1}{4} \le x < 1) \\ x^2 - 4x + 4 & (1 \le x < 2) \\ 5x^2 - 20x + 20 & (2 \le x < 3) \\ 5x^2 - 22x + 26 & (x \ge 3) \end{cases}$

$g'(x)$를 식으로 나타내면

$g'(x) = \begin{cases} 10x + 10 & (x < -1) \\ 2x + 2 & (-1 < x < \frac{1}{4}) \\ 2x - 2 & (\frac{1}{4} < x < 1) \\ 2x - 4 & (1 < x < 2) \\ 10x - 20 & (2 < x < 3) \\ 10x - 22 & (x > 3) \end{cases}$

$x = -1, 2$에서는 미분가능하고,

$x = \frac{1}{4}$, 1, 3에서는 미분불가능하다.

16) 156

$2na - a^2 = 2nb - b^2 = 3^k \ (k = 1, 2, 3, \cdots)$

$2na - a^2 = 2nb - b^2$

$a^2 - b^2 - 2n(a-b) = 0$

$(a-b)(a+b-2n) = 0$

$b - a > 0$이므로 $a + b = 2n$이다. ……(1)

$0 < b - a \le n$에 (1)을 대입하면

$0 < 2n - 2a \le n$ $\therefore \frac{n}{2} \le a < n$ ……(2)

방정식 $2na - a^2 = 3^k \ (k = 1, 2, 3, \cdots)$의 해를

$y = 2nx - x^2 \left(\frac{n}{2} \le x < n\right)$과 $y = 3^k$의 교점으로 해석하면

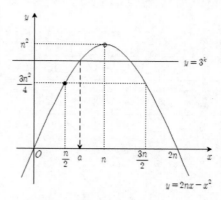

실수 a, b가 존재하려면 $\frac{3n^2}{4} \le 3^k < n^2$ 이어야 한다.

이 식을 n에 대해 정리하면

$3^k < n^2 \le 4 \times 3^{k-1}$이다.

자연수 k에 대해 만족하는 n값을 조사하면

$k = 1$일 때 $3 < n^2 \le 4$이므로 $n = 2$

$k = 2$일 때 $9 < n^2 \le 12$이므로 만족하는 n은 없다.

$k = 3$일 때 $27 < n^2 \le 36$이므로 $n = 6$

$k = 4$일 때 $81 < n^2 \le 108$이므로 $n = 10$

$k = 5$일 때 $243 < n^2 \le 324$이므로 $n = 16, 17, 18$

$k = 6$일 때 $729 < n^2 \le 972$이므로 $n = 28, 29, 30, (31)$

$k \ge 7$이면 $2187 < n^2$이므로 만족하는

30이하의 자연수는 존재하지 않는다.

그러므로 만족하는 n값의 합은 156이다.

[제4회 정답]

번호	1	2	3	4	5	6	7	8
정답	②	④	①	⑤	30	97	45	222

번호	9	10	11	12	13	14	15	16
정답	②	④	③	①	48	26	120	63

---

1) ②

ⅰ) S_1 구하기

정사각형 $ABCD$의 대각선의 길이는 $5\sqrt{2}$이므로
3개의 정사각형의 대각선의 길이는 각각 $\sqrt{2}$이고
2개의 원의 지름의 길이는 각각 $\sqrt{2}$이다.

$$\therefore S_1 = 3\times(1\times1) + 2\times\left(\frac{1}{2}\pi\right) = 3+\pi$$

ⅱ) 급수의 공비 구하기

새로 그려진 2개의 정사각형의 대각선의 길이는
각각 $2\sqrt{2}$이므로

닮음비는 $5:2 = 1:\dfrac{2}{5}$

넓이비는 $1:\dfrac{4}{25}$

개수가 2배씩 늘어나므로

급수의 공비는 $\dfrac{4}{25}\times 2 = \dfrac{8}{25}$

ⅲ) 등비급수의 합 구하기

$$\lim_{n\to\infty}S_n = \frac{S_1}{1-(\text{공비})} = \frac{\pi+3}{1-\dfrac{8}{25}} = \frac{25(\pi+3)}{17}$$

2) ④

0인 것 2개를 정하는 경우의 수는

$$_5C_2 = \frac{5\times4}{2\times1} = 10 \qquad \cdots\cdots \text{㉠}$$

$a=b=0$일 때,
$c+d+e=10$을 만족시키는 자연수 c, d, e의
순서쌍 (c, d, e)의 개수는
$c=c'+1,\ d=d'+1,\ e=e'+1$
(단, c', d', e'는 음이 아닌 정수)라 하면
$(c'+1)+(d'+1)+(e'+1)=10$
$c'+d'+e'=7$을 만족시키는 순서쌍의 개수와 같으므로

$$_3H_7 = _{3+7-1}C_7 = _9C_7 = _9C_2 = \frac{9\times8}{2\times1} = 36 \qquad \cdots\cdots \text{㉡}$$

㉠, ㉡에서 구하고자 하는 순서쌍의 개수는
$10\times36 = 360$

3) ①

$h(-x)=f(-x)g(-x)=-f(x)g(x)=-h(x)$이므로
다항함수 $h(x)$의 그래프는 원점에 대칭이고, $h(0)=0$이다.

$h(x)=a_{2n+1}x^{2n+1}+a_{2n-1}x^{2n-1}+\cdots+a_1x$로 놓으면
$h'(x)=(2n+1)a_{2n+1}x^{2n}+(2n-1)a_{2n-1}x^{2n-2}+\cdots+a_1$
이므로 $h'(-x)=h'(x)$를 만족시킨다.

$$\int_{-3}^{3}(xh'(x)+5h'(x))dx$$
$$=2\int_{0}^{3}5h'(x)dx = 10\Big[h(x)\Big]_0^3 = 10(h(3)-h(0))$$

$10(h(3)-h(0))=10$에서
$h(3)=h(0)+1=0+1=1$

4) ⑤

조건 (가)에 의하여 $f(-1)=0$

또한, 조건 (가), (나)에 의하여 함수 $y=f(x)$의 그래프는
닫힌 구간 $[3, 5]$에서 x축과 접하게 된다.

따라서 $f(x)=k(x+1)(x-\alpha)^2(k\ne0,\ 3\le\alpha\le5)$라고 하면
$f'(x)=k(x-\alpha)^2+2k(x+1)(x-\alpha)$이므로

$$\frac{f'(0)}{f(0)} = \frac{k\alpha^2-2k\alpha}{k\alpha^2} = 1-\frac{2}{\alpha}$$

그런데, $3\le\alpha\le5$이므로

$\alpha=3$일 때 최솟값 $m=\dfrac{1}{3}$

$\alpha=5$일 때 최댓값 $M=\dfrac{3}{5}$

$$\therefore Mm = \frac{3}{5}\times\frac{1}{3} = \frac{1}{5}$$

5) 30

이 회사의 A 부서에 속해 있는 직원의 50%가 여성이므로
A 부서의 여성 직원은 10명이다.
이 회사 여성 직원의 60%가 B 부서에 속해 있으므로
40%는 A 부서에 속해 있다.

이 회사 총 여성 직원의 수를 x명이라 하면
$x\times\dfrac{40}{100}=10 \quad\therefore x=25$
그러므로 B 부서의 여성 직원은 15명이다.

이를 표로 나타내면 다음과 같다.

	남	여	계
A	10	10	20
B	25	15	40
계	35	25	60

이 회사의 직원 60명 중에서 임의로 선택한 한 명이
B 부서에 속하는 사건을 M,
이 직원이 여성인 사건을 N이라 하면

$$p = P(N|M) = \frac{P(N \cap M)}{P(M)} = \frac{\dfrac{15}{60}}{\dfrac{40}{60}} = \frac{15}{40} = \frac{3}{8}$$

$$\therefore 80p = 80 \times \frac{3}{8} = 30$$

6) 97

조건 (나)에서 $x \to 2$일 때,
(분모)$\to 0$이므로 (분자)$\to 0$이어야 하므로 $f(2) = g(2)$

조건 (가)에서 $x = 2$를 대입하면
$g(2) = 8f(2) - 7$이므로 $g(2) = 8g(2) - 7$에서 $g(2) = 1$

또 조건 (나)에서
$$\lim_{x \to 2} \frac{\{f(x) - f(2)\} - \{g(x) - g(2)\}}{x - 2} = f'(2) - g'(2) = 2$$

조건 (가)의 양변을 x에 대하여 미분하면
$$g'(x) = 3x^2 f(x) + x^3 f'(x)$$

$x = 2$를 대입하면
$g'(2) = 12 \times f(2) + 8f'(2)$
$g'(2) = 12 \times 1 + 8\{g'(2) + 2\} = 8g'(2) + 28$에서
$g'(2) = -4$

따라서 접선의 방정식은
$y - 1 = -4(x - 2)$, $y = -4x + 9$이므로
$a^2 + b^2 = (-4)^2 + 9^2 = 97$

7) 45

$f(0) = 0$이므로
$f(x) = ax^2 + bx \, (a \neq 0)$라 하자.

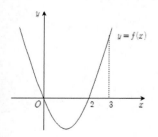

조건 (가)에 의하여
$$\int_0^2 |f(x)| dx = 4, \quad \int_0^2 f(x) dx = -4$$
이므로 구간 $[0, 2]$에서 $f(x) \leq 0$이다.

또한, 조건 (나)에 의하여
$$\int_2^3 |f(x)| dx = \int_2^3 f(x) dx$$
이므로 구간 $[2, 3]$에서 $f(x) \geq 0$이다.

따라서 $f(2) = 0$이므로
$f(2) = 4a + 2b = 0$
$\therefore b = -2a$

즉, $f(x) = ax^2 - 2ax$이므로
$$\int_0^2 (ax^2 - 2ax) dx = \left[\frac{a}{3} x^3 - ax^2 \right]_0^2 = \frac{8}{3}a - 4a = -\frac{4}{3}a = -4$$
$\therefore a = 3$

따라서 $f(x) = 3x^2 - 6x$이므로
$f(5) = 3 \times 5^2 - 6 \times 5 = 75 - 30 = 45$

8) 222

$f(x) = 10^{-n}(x - 10^n) \, (10^n \leq x < 10^{n+1})$의 그래프는
다음과 같다.

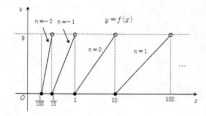

$n \geq -2$인 정수에 대하여 $10^n \leq x \leq 10^{n+1}$일 때,
함수 $y = f(x)$의 그래프와 $g(x) = ax + b$의 그래프가
한 점에서만 만나려면 아래 그림과 같이
$g(10^n) \geq 9$이고 $g(10^{n+1}) < 0$을 동시에 만족해야 한다.
정리하면 $-10^n a + 9 \leq b < -10^{n+1} a$ 을 만족하는 영역이다.

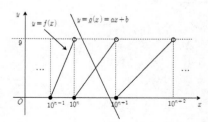

(i) $n = -1$일 때
$$-\frac{1}{10}a + 9 \leq b < -a$$
따라서 조건 (가)를 만족시키면서 위의 부등식을 만족시키는
순서쌍 (a, b)가 나타내는 영역은 그림과 같다.

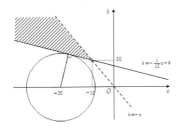

이때, $(a+20)^2 + b^2 = k^2$이라 하면,
k^2은 점 $(-20, 0)$과 점 (a, b) 사이의 거리의 제곱이다.

따라서 $n = -1$일 때,
점 $(-20, 0)$에서 직선 $b = -\frac{1}{10}a + 9$까지의 거리의 제곱이
최소이므로 점과 직선 사이의 거리에 의해

$(-20, 0) \leftrightarrow a + 10b - 90 = 0$

$k = \dfrac{|-20 - 90|}{\sqrt{1 + 10^2}} = \dfrac{110}{\sqrt{101}}$

$k^2 = \dfrac{110^2}{101} = 100 \times \dfrac{121}{101}$

(ii) $n \geq 0$일 때
$-10^n a + 9 \leq b < -10^{n+1}a$
따라서 조건 (가)를 만족시키면서 위의 부등식을 만족시키는
순서쌍 (a, b)가 나타내는 영역은 그림과 같고,
k^2의 최솟값은 (i)의 경우보다 크다.

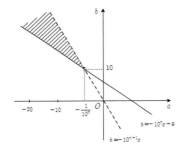

(iii) $n = -2$일 때
$-\dfrac{1}{100}a + 9 \leq b < -\dfrac{1}{10}a$
따라서 조건 (가)를 만족시키면서 위의 부등식을 만족시키는
순서쌍 (a, b)가 나타내는 영역은 그림과 같고,
k^2의 최솟값은 (i)의 경우보다 크다.

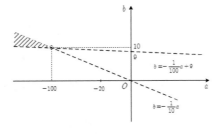

따라서 (i), (ii), (iii)에 의하여
최솟값은 $100 \times \dfrac{121}{101}$이므로
$p + q$의 값은 $121 + 101 = 222$

9) ②

i) S_1 구하기
원의 지름의 길이는 $5\sqrt{2}$이므로
2개의 정사각형의 대각선의 길이는 각각 $\sqrt{2}$이고
3개의 원의 지름의 길이는 각각 $\sqrt{2}$이다.

$\therefore S_1 = 2 \times (1 \times 1) + 3 \times \left(\dfrac{1}{2}\pi\right) = 2 + \dfrac{3}{2}\pi$

ii) 급수의 공비 구하기
새로 그려진 2개의 원의 지름의 길이는
각각 $2\sqrt{2}$이므로
닮음비는 $5\sqrt{2} : 2\sqrt{2} = 5 : 2 = 1 : \dfrac{2}{5}$

넓이비는 $1 : \dfrac{4}{25}$

개수가 2배씩 늘어나므로
급수의 공비는 $\dfrac{4}{25} \times 2 = \dfrac{8}{25}$

iii) 등비급수의 합 구하기

$\displaystyle\lim_{n\to\infty} S_n = \dfrac{S_1}{1 - (\text{공비})} = \dfrac{2 + \dfrac{3}{2}\pi}{1 - \dfrac{8}{25}} = \dfrac{100 + 75\pi}{34}$

$\therefore a + b = 175$

10) ④

(i) 0이 2개인 경우
　0인 것 2개를 정하는 경우의 수는

　　$_5C_2 = \dfrac{5 \times 4}{2 \times 1} = 10$ 　　　…… ㉠

　$a = b = 0$일 때 $c + d + e = 10$을 만족시키는
　자연수 c, d, e의 순서쌍 (c, d, e)의 개수는
　$c = c' + 1, d = d' + 1, e = e' + 1$
　(단, c', d', e'는 음이 아닌 정수)라 하면
　$(c' + 1) + (d' + 1) + (e' + 1) = 10$
　$c' + d' + e' = 7$
　을 만족시키는 순서쌍 (c', d', e')의 개수와 같으므로

　　$_3H_7 = {}_{3+7-1}C_7 = {}_9C_7 = {}_9C_2 = \dfrac{9 \times 8}{2 \times 1} = 36$ …… ㉡

　㉠, ㉡에서 구하고자 하는 순서쌍의 개수는
　　$10 \times 36 = 360$

(ii) 0이 1개인 경우
　0인 것 1개를 정하는 경우의 수는

　　$_5C_1 = 5$ 　　　…… ㉠

　$a = 0$일 때 $b + c + d + e = 10$을 만족시키는

자연수 b, c, d, e의
순서쌍 (b, c, d, e)의 개수는 같은 방법으로

$$_4H_6 = {}_9C_6 = {}_9C_3 = \frac{9 \times 8 \times 7}{3 \times 2 \times 1} = 84 \quad \cdots\cdots \text{ⓛ}$$

㉠, ⓛ에서 구하고자 하는 순서쌍의 개수는
$$5 \times 84 = 420$$

(ⅲ) 0이 0개인 경우
$a+b+c+d+e=10$을 만족시키는 자연수 a, b, c, d, e의
순서쌍 (a, b, c, d, e)의 개수는 같은 방법으로

$$_5H_5 = {}_9C_5 = {}_9C_4 = \frac{9 \times 8 \times 7 \times 6}{4 \times 3 \times 2 \times 1} = 126$$

그러므로 구하고자 하는 순서쌍의 개수는
$$360 + 420 + 126 = 906$$

11) ③

$i(-x) = f(-x)g(-x)h(-x) = -f(x)g(x)h(x) = -i(x)$
이므로 다항함수 $i(x)$의 그래프는 원점에 대칭이고,
$i(0) = 0$이다.

$i(x) = a_{2n+1}x^{2n+1} + a_{2n-1}x^{2n-1} + \cdots + a_1 x$로 놓으면
$i'(x) = (2n+1)a_{2n+1}x^{2n} + (2n-1)a_{2n-1}x^{2n-2} + \cdots + a_1$
이므로 $i'(-x) = i'(x)$를 만족시킨다.

$$\int_{-5}^{5} (x^3 i'(x) - 2x i'(x) + 2i'(x))dx$$
$$= 2\int_{0}^{5} 2i'(x)dx = 4\Big[i(x)\Big]_0^5 = 4(i(5) - i(0)) = 100$$
$$\therefore i(5) = 25$$

12) ①

조건 (가)에 의하여 $f(-1) = 0$

또한, 조건 (가), (나)에 의하여 함수 $y = f(x)$의 그래프는
닫힌 구간 $[2, 4]$에서 x축과 3중근을 갖게 된다.

따라서 $f(x) = k(x+1)(x-\alpha)^3 (k \neq 0, \ 2 \leq \alpha \leq 4)$라 하면
$f'(x) = k(x-\alpha)^3 + 3k(x+1)(x-\alpha)^2$이므로
$$\left| \frac{f'(0)}{f(0)} \right| = \left| \frac{\alpha - 3}{\alpha} \right|$$

그런데, $2 \leq \alpha \leq 4$이므로
$\alpha = 3$일 때 최솟값 $m = 0$
$\alpha = 2$일 때 최댓값 $M = \dfrac{1}{2}$
$$\therefore 100(M+m) = 50$$

13) 48

이 회사의 A 부서에 속해 있는 직원의 40%가 여성이므로
A 부서의 여성 직원은 8명이다.
이 회사 여성 직원의 60%가 B 부서에 속해 있으므로
40%는 A 부서에 속해 있다.

이 회사 총 여성 직원의 수를 x명이라 하면
$$x \times \frac{40}{100} = 8 \quad \therefore x = 20$$
그러므로 B 부서의 여성 직원은 12명이다.

이를 표로 나타내면 다음과 같다.

	남	여	계
A	12	8	20
B	28	12	40
계	40	20	60

이 회사의 직원 60명 중에서 임의로 선택한 한 명이
B 부서에 속하는 사건을 M,
이 직원이 여성인 사건을 N이라 하면
$$p = P(M|N) = \frac{P(N \cap M)}{P(N)} = \frac{\frac{12}{60}}{\frac{20}{60}} = \frac{12}{20} = \frac{3}{5}$$

$$\therefore 80p = 80 \times \frac{3}{5} = 48$$

14) 26

조건 (나)에서 $x \to 1$일 때, 극한값이 존재하고
(분모)$\to 0$이므로 (분자)$\to 0$이어야 하므로 $2f(1) = g(1)$

조건 (가)에서 $x = 1$를 대입하면 $g(1) = f(1) + 2$이므로
$2f(1) = f(1) + 2$에서 $f(1) = 2$, $g(1) = 4$

또 조건 (나)에서
$h(x) = 2xf(x) - g(x)$라 두면 $h(1) = 0$이므로
$$\lim_{x \to 1} \frac{h(x) - h(1)}{x - 1} = h'(1) = -3 \ \text{이다.}$$
$h'(x) = 2f(x) + 2xf'(x) - g'(x)$이고
$h'(1) = 2f(1) + 2f'(1) - g'(1) = -3$
$$\therefore g'(1) = 2f'(1) + 7 \qquad \cdots\cdots(1)$$

조건 (가)의 양변을 x에 대하여 미분하면
$g'(x) = 3x^2 f(x) + x^3 f'(x)$
$x = 1$를 대입하면
$g'(1) = 3f(1) + f'(1) = 6 + f'(1) \qquad \cdots\cdots(2)$
(1)과 (2)에서 $f'(1) = -1$, $g'(1) = 5$

따라서 접선의 방정식은 기울기가 5이고 $(1, 4)$을 지나므로
$y - 4 = 5(x-1)$, $y = 5x - 1$이므로
$$a^2 + b^2 = 26$$

15) 120

$f(0)=0$이고

조건 (가)에 의하여

$$\int_0^2 |f(x)|\,dx=8, \quad \int_0^2 f(x)\,dx=-8$$

이므로 구간 $[0,2]$에서 $f(x) \leq 0$이다.

또한, 조건 (나)에 의하여

$$\int_2^3 |f(x)|\,dx=\int_2^3 f(x)\,dx$$

이므로 구간 $[2,3]$에서 $f(x) \geq 0$이다.

또한, 조건 (다)에 의하여

$$\int_3^4 |f(x)|\,dx=\int_3^4 f(x)\,dx$$

이므로 구간 $[3,4]$에서 $f(x) \leq 0$이다.

그래프로 나타내면 다음과 같다.

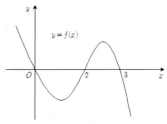

$f(x)=ax(x-2)(x-3) \ (a<0)$라 둘 수 있다.

조건 (가)로부터 a의 값을 구하면

$$a\int_0^2 (x^3-5x^2+6x)\,dx=a\left[\frac{1}{4}x^4-\frac{5}{3}x^3+3x^2\right]_0^2=\frac{8}{3}a$$

$$\frac{8}{3}a=-8 \qquad \therefore \ a=-3$$

따라서 $f(x)=-3x(x-2)(x-3)$이므로

$$f(-2)=(-3)(-2)(-4)(-5)=120$$

16) 63

$\dfrac{1}{25} \leq x < \dfrac{1}{5}$일 때, $\dfrac{1}{5} \leq 5x < 1$이므로

$$f\!\left(\frac{1}{5}\right)=f\!\left(\frac{1}{25}\right)=0, \quad \lim_{x\to 1^-}f(x)=\lim_{x\to \frac{1}{5}^-}f(x)=8$$

$\dfrac{1}{5} \leq x < 1$일 때, $1 \leq 5x < 5$이므로

$$f(1)=f\!\left(\frac{1}{5}\right)=0, \quad \lim_{x\to 5^-}f(x)=\lim_{x\to 1^-}f(x)=8$$

같은 방법으로 계속 반복하여 그래프를 그리면 아래와 같다.

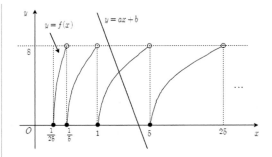

$n \geq -2$인 정수에 대하여

$5^n \leq x \leq 5^{n+1}$일 때,

함수 $y=f(x)$의 그래프와 $g(x)=ax+b$의 그래프가 한 점에서만 만나려면 아래 그림과 같이 $g(5^n) \geq 8$이고 $g(5^{n+1}) < 0$을 동시에 만족해야 한다.

정리하면 $-5^n a+8 \leq b < -5^{n+1}a$을 만족하는 영역이다.

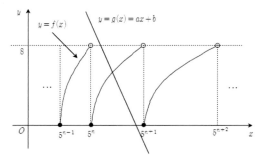

(ⅰ) $n=-2$일 때, $\quad -\dfrac{1}{25}a+8 \leq b < -\dfrac{1}{5}a$

(ⅱ) $n=-1$일 때, $\quad -\dfrac{1}{5}a+8 \leq b < -a$

(ⅲ) $n=0$일 때, $\quad -a+8 \leq b < -5a$

따라서 조건 (가)를 만족시키면서 위의 부등식을 만족시키는 순서쌍 (a, b)가 나타내는 영역은 그림과 같이 빗금 친 부분이 된다.

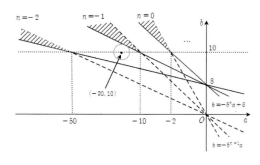

이때, $(a+20)^2+(b-10)^2=k^2$이라 하면,

k^2은 점 $(-20, 10)$과 점 (a, b) 사이의 거리의 제곱이다.

따라서 $n=-1$일 때,

점 $(-20, 10)$에서 직선 $b=-\dfrac{1}{5}a+8$까지의 거리의 제곱이 최소이므로 점과 직선 사이의 거리에 의해

$(-20, 10) \leftrightarrow a + 5b - 40 = 0$

$k = \dfrac{|-20 + 50 - 40|}{\sqrt{1 + 5^2}} = \dfrac{10}{\sqrt{26}}$

$k^2 = \dfrac{100}{26} = \dfrac{50}{13}$

그러므로 $p + q = 63$

[제5회 정답]

번호	1	2	3	4	5	6	7	8
정답	②	①	②	④	72	110	35	250

번호	9	10	11	12	13	14	15	16
정답	②	⑤	④	②	72	90	645	440

---

1) ②

$L = 80 + 28\log\dfrac{v}{100} - 14\log\dfrac{d}{25}$ 에서

$d = 75$ 이고 열차 B 의 속력을 v_B 라 하면
열차 A 의 속력은 $0.9 v_B$ 이다.

$L_B = 80 + 28\log\dfrac{v_B}{100} - 14\log\dfrac{75}{25}$

$L_A = 80 + 28\log\dfrac{0.9 v_B}{100} - 14\log\dfrac{75}{25}$ 이므로

$L_B - L_A = 28\left(\log\dfrac{v_B}{100} - \log\dfrac{0.9 v_B}{100}\right)$

$\qquad\qquad = 28\log\dfrac{v_B}{0.9 v_B} = 28\log\dfrac{10}{9} = 28(1 - 2\log 3)$

$\qquad\qquad = 28 - 56\log 3$

2) ①

ⅰ) $d = 0$ 일 때,
　(가)조건으로부터 $a + b + c = 10$
　(나)조건의 $a + b + c \le 5$ 에 모순

ⅱ) $d = 1$ 일 때,
　(가)조건으로부터 $a + b + c = 7$
　(나)조건의 $a + b + c \le 5$ 에 모순

ⅲ) $d = 2$ 일 때,
　(가)조건으로부터 $a + b + c = 4$　∴ ${}_3 H_4 = {}_6 C_2 = 15$

ⅳ) $d = 3$ 일 때,
　(가)조건으로부터 $a + b + c = 1$　∴ ${}_3 H_1 = {}_3 C_1 = 3$

따라서 구하고자 하는 순서쌍의 개수는 $15 + 3 = 18$

3) ②

$y = \left(\dfrac{1}{2}\right)^{n-1}(x - 1)$ 과 $y = 3x(x - 1)$ 의

교점 A_n, P_n 의 좌표는 각각

$(1, 0)$, $\left(\dfrac{1}{3}\left(\dfrac{1}{2}\right)^{n-1}, \ \dfrac{1}{3}\left(\dfrac{1}{4}\right)^{n-1} - \left(\dfrac{1}{2}\right)^{n-1}\right)$

따라서 $\overline{P_n H_n} = \left(\dfrac{1}{2}\right)^{n-1} - \dfrac{1}{3}\left(\dfrac{1}{4}\right)^{n-1}$

$\displaystyle\sum_{n=1}^{\infty} \overline{P_n H_n} = \sum_{n=1}^{\infty}\left(\dfrac{1}{2}\right)^{n-1} - \sum_{n=1}^{\infty}\dfrac{1}{3}\left(\dfrac{1}{4}\right)^{n-1}$

$\qquad\qquad = \dfrac{1}{1 - \dfrac{1}{2}} - \dfrac{\dfrac{1}{3}}{1 - \dfrac{1}{4}} = 2 - \dfrac{4}{9} = \dfrac{14}{9}$

4) ④

$g(t) = (t^4 - 4t^3 + 10t - 30) - (2t + 2)$ 라 하면

$g(t) = t^4 - 4t^3 + 8t - 32 = (t^3 + 8)(t - 4)$ 이고

$g'(t) = 4t^3 - 12t^2 + 8 = 4(t - 1)(t^2 - 2t - 2)$ 이다.

$f(t) = |g(t)| = \begin{cases} t^4 - 4t^3 + 8t - 32 & (t < -2, \ t > 4) \\ -t^4 + 4t^3 - 8t + 32 & (-2 \le t \le 4) \end{cases}$

주어진 조건은 $x = t$ 인 지점에서의 미분계수의 좌극한과
우극한의 부호가 서로 다르거나 0이 되어야 한다.
즉, $y = f(t)$ 의 개형이 바뀌는 $t = -2$, 4와
$f'(t) = 0$ 을 만족하는 $t = 1 - \sqrt{3}$, 1, $1 + \sqrt{3}$ 이
주어진 조건을 만족한다.

따라서 $-2 + (1 - \sqrt{3}) + 1 + (1 + \sqrt{3}) + 4 = 5$

5) 72

30대가 차지하는 비율은 12%이므로

$60 - a + b = 300 \times \dfrac{12}{100} = 36$　∴ $a - b = 24$ …… (1)

이 도서관 이용자 300명 중에서 임의로 선택한 한 명이
남성일 때, 이 이용자가 20대일 조건부확률은

$\dfrac{\dfrac{a}{300}}{\dfrac{200}{300}} = \dfrac{a}{200}$ 이고,

이 도서관 이용자 300명 중에서 임의로 선택한 한 명이
여성일 때, 이 이용자가 30대일 조건부확률은

$\dfrac{\dfrac{b}{300}}{\dfrac{100}{300}} = \dfrac{b}{100}$ 이므로

$\dfrac{a}{200} = \dfrac{b}{100}$　∴ $a = 2b$ …… (2)

(1)과 (2)로부터 $a = 48$, $b = 24$　∴ $a + b = 72$

6) 110

$$\lim_{n \to \infty} \left(\sqrt{an^2 + 4n} - bn \right) = \frac{1}{5}$$

$$\lim_{n \to \infty} \left(\sqrt{an^2 + 4n} - bn \times \frac{\sqrt{an^2 + 4n} + bn}{\sqrt{an^2 + 4n} + bn} \right) = \frac{1}{5}$$

$$\lim_{n \to \infty} \left(\frac{(a - b^2)n^2 + 4n}{\sqrt{an^2 + 4n} + bn} \right) = \frac{1}{5}$$

위 식의 극한값이 존재하므로 $a - b^2 = 0$, $\dfrac{4}{\sqrt{a} + b} = \dfrac{1}{5}$

따라서 $a = 100$, $b = 10$ $\quad \therefore a + b = 110$

7) 35

확률변수 X의 확률밀도함수 $y = f(x)$의 그래프는 아래와 같다.

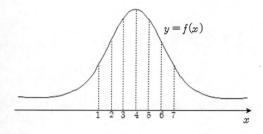

$P(X \le 1) + P(X \le 7) = 1$, $P(X \le 2) + P(X \le 6) = 1$,

$P(X \le 3) + P(X \le 5) = 1$, $P(X \le 4) = \dfrac{1}{2}$

이므로 $\displaystyle\sum_{n=1}^{7} P(X \le n) = 1 + 1 + 1 + \frac{1}{2} = \frac{7}{2}$

$\therefore 10a = 35$

8) 250

함수 $f(x) = \dfrac{\sqrt{x+3}}{2}$와 $g(x) = [f(x)]$의 그래프는 다음과 같다.

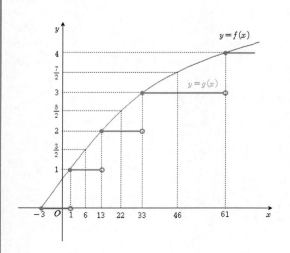

n의 값에 따른 조건을 만족시키는 m의 값을 살펴보자.

ⅰ) $1 \le n \le 12$인 경우

$g(n) = 1$
$h(n) = n + 2g(n) = n + 2$

① $1 \le n \le 10$일 때
$3 \le h(n) \le 12$이므로 $g(h(n)) = 1$
$g(m) \le g(h(n))$에서 $g(m) = 1$
$f(m) - g(m) \ge \dfrac{1}{2}$에서 $m = 6, 7, 8, \cdots 12$
그러므로 $10 \times 7 = 70$개

② $11 \le n \le 12$일 때
$13 \le h(n) \le 14$이므로 $g(h(n)) = 2$
$g(m) \le g(h(n))$에서 $g(m) = 1$ or 2
$g(m) = 1$일 때 $6 \le m \le 12$ (7개)
$g(m) = 2$일 때 $22 \le m \le 32$ (11개)
그러므로 $2 \times 18 = 36$개

ⅱ) $13 \le n \le 20$인 경우

$g(n) = 2$
$h(n) = n + 2g(n) = n + 4$

$17 \le h(n) \le 24$이므로 $g(h(n)) = 2$
$g(m) \le g(h(n))$에서 $g(m) = 1$ or 2
$g(m) = 1$일 때 $6 \le m \le 12$ (7개)
$g(m) = 2$일 때 $22 \le m \le 32$ (11개)
그러므로 $8 \times 18 = 144$개

따라서 $\displaystyle\sum_{n=1}^{20} p(n) = 70 + 36 + 144 = 250$

9) ②

$L = 80 + 28\log \dfrac{v}{100} - 14\log \dfrac{d}{25}$ 에서

$L_B = 80 + 28\log \dfrac{v_B}{100} - 14\log \dfrac{75}{25}$

$L_A = 80 + 28\log \dfrac{v_A}{100} - 14\log \dfrac{75}{25}$ 이므로

$L_B - L_A = 28\left(\log \dfrac{v_B}{100} - \log \dfrac{v_A}{100} \right) = 28\log \dfrac{v_B}{v_A}$ 이고

$L_B - L_A = 28 - 56\log 3 = 28(1 - \log 9) = 28\log \dfrac{10}{9}$ 이다.

$\therefore \dfrac{v_B}{v_A} = \dfrac{10}{9}$

10) ⑤

i) $e = 2$일 때,

(가)조건으로부터 $a + b + c + d = 9$

(다)조건의 0인 두 개를 선택하는 경우의 수 $_4C_2 = 6$

$a = b = 0$인 경우 $c + d = 9 \, (c \geq 1, d \geq 1)$이므로

$_2H_7 = {}_8C_1 = 8 \quad \therefore \, 6 \times 8 = 48$

ii) $e = 3$일 때,

(가)조건으로부터 $a + b + c + d = 6$

(다)조건의 0인 두 개를 선택하는 경우의 수 $_4C_2 = 6$

$a = b = 0$인 경우 $c + d = 6 \, (c \geq 1, d \geq 1)$이므로

$_2H_4 = {}_5C_1 = 5 \quad \therefore \, 6 \times 5 = 30$

iii) $e = 4$일 때,

(가)조건으로부터 $a + b + c + d = 3$

(다)조건의 0인 두 개를 선택하는 경우의 수 $_4C_2 = 6$

$a = b = 0$인 경우 $c + d = 3 \, (c \geq 1, d \geq 1)$이므로

$_2H_1 = {}_2C_1 = 2 \quad \therefore \, 6 \times 2 = 12$

따라서 순서쌍의 개수는 $48 + 30 + 12 = 90$

11) ④

$y = \left(\frac{1}{2}\right)^{n-1}(x-1)$ 과 $y = 3x(x-1)$ 의 교점

A_n, P_n 의 좌표는 각각

$(1, 0)$, $\left(\frac{1}{3}\left(\frac{1}{2}\right)^{n-1}, \, \frac{1}{3}\left(\frac{1}{4}\right)^{n-1} - \left(\frac{1}{2}\right)^{n-1}\right)$이다.

따라서 $\overline{P_nH_n} = \left(\frac{1}{2}\right)^{n-1} - \frac{1}{3}\left(\frac{1}{4}\right)^{n-1}$ 이고

$S_n = \frac{1}{2}\left\{\left(\frac{1}{2}\right)^{n-1} - \frac{1}{3}\left(\frac{1}{4}\right)^{n-1}\right\} \times \left\{1 - \frac{1}{3}\left(\frac{1}{2}\right)^{n-1}\right\}$

$= \frac{1}{2}\left\{\left(\frac{1}{2}\right)^{n-1} - \frac{2}{3}\left(\frac{1}{4}\right)^{n-1} + \frac{1}{9}\left(\frac{1}{8}\right)^{n-1}\right\}$

$\sum_{n=1}^{\infty} S_n = \frac{1}{2}\left\{\frac{1}{1 - \frac{1}{2}} - \frac{2}{3} \times \frac{1}{1 - \frac{1}{4}} + \frac{1}{9} \times \frac{1}{1 - \frac{1}{8}}\right\} = \frac{13}{21}$

$\therefore \, p + q = 34$

12) ②

$f(t) = |(t^4 - 3t^3 + 5t - 4) - (t^3 - 3t - 7)|$

$\quad = |t^4 - 4t^3 + 8t + 3|$

$g(t) = t^4 - 4t^3 + 8t + 3$이라 두고 그래프의 개형을 살펴보자.

$g'(t) = 4t^3 - 12t^2 + 8 = 4(t-1)(t^2 - 2t - 2) = 0$

$\therefore \, t = 1 \text{ or } 1 \pm \sqrt{3}$

인수정리와 조립제법에 의해

$g(t) = (t+1)(t-3)(t^2 - 2t - 1) = 0$

$\therefore \, t = -1, \, 3, \, 1 \pm \sqrt{2}$

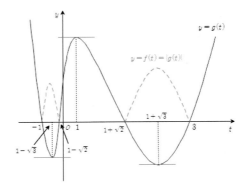

주어진 조건은 $x = t$인 지점에서의

미분계수의 좌극한과 우극한이 서로 다른 부호이거나

0이어야 한다.

즉, $y = f(t)$의 개형이 바뀌는 $t = -1, \, 3, \, 1 \pm \sqrt{2}$ 와

$f'(t) = 0$을 만족하는 $t = 1, \, 1 \pm \sqrt{3}$ 이

주어진 조건을 만족한다.

따라서 구하고자 하는 답은 7이다.

13) 72

30대가 차지하는 비율은 12%이므로

$60 - a + b = 300 \times \frac{12}{100} = 36$

$\therefore \, b = a - 24 \, \cdots\cdots \, (1)$

이 도서관 이용자 300명 중에서 임의로 선택한 한 명이

남성일 때, 이 이용자가 20대일 조건부확률은

$\dfrac{\frac{a}{300}}{\frac{200}{300}} = \dfrac{a}{200}$이고

이 도서관 이용자 300명 중에서 임의로 선택한 한 명이

30대일 때, 이 이용자가 여성일 조건부확률은

$\dfrac{\frac{b}{300}}{\frac{60-a+b}{300}} = \dfrac{b}{60-a+b}$이다.

$\frac{b}{60-a+b}$에 (1)을 대입하면 $\dfrac{b}{60-a+b} = \dfrac{a-24}{36}$이다.

따라서 $\dfrac{a}{200} : \dfrac{a-24}{36} = 9 : 25 \, \cdots\cdots \, (2)$

(1)과 (2)로부터 $a = 48, \, b = 24$

$\therefore \, a + b = 72$

14) 90

$$\lim_{n \to \infty} \left(\sqrt{an^2 + 4n} - bn + 1 \right) = \frac{5}{3}$$

$$\lim_{n \to \infty} \left(\sqrt{an^2 + 4n} - bn + 1 \times \frac{\sqrt{an^2 + 4n} + bn - 1}{\sqrt{an^2 + 4n} + bn - 1} \right) = \frac{5}{3}$$

$$\lim_{n \to \infty} \left(\frac{(a - b^2)n^2 + (4 + 2b)n - 1}{\sqrt{an^2 + 4n} + bn - 1} \right) = \frac{5}{3}$$

위 식의 극한값이 존재하므로

$$b > 0, \ a - b^2 = 0, \ \frac{4 + 2b}{\sqrt{a} + b} = \frac{5}{3}$$

따라서 $a = 9$, $b = 3$

$\therefore a^2 + b^2 = 90$

15) 645

확률변수 X의 확률밀도함수 $y = f(x)$의 그래프는
아래와 같다.

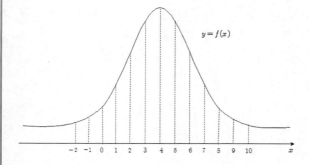

표준정규분포를 따르는 확률변수 $Z = \dfrac{X - 4}{3}$ 이므로
$P(Z \le -2) = P(X \le -2) = 0.05$이다.

정규분포의 확률밀도함수의 대칭성에 의해

$P(X \le 10) = 0.95$
$P(X \le -1) + P(X \le 9) = 1$
$P(X \le 0) + P(X \le 8) = 1$
$P(X \le 1) + P(X \le 7) = 1$
$P(X \le 2) + P(X \le 6) = 1$
$P(X \le 3) + P(X \le 5) = 1$
$P(X \le 4) = 0.5$

$$\sum_{k=-1}^{10} P(X \le k) = 5 + 0.5 + 0.95 = 6.45$$

$\therefore 100a = 645$

16) 440

함수 $f(x) = \dfrac{\sqrt{x + 4}}{3}$ 와 $g(x) = [f(x)]$ 의 그래프는
다음과 같다.

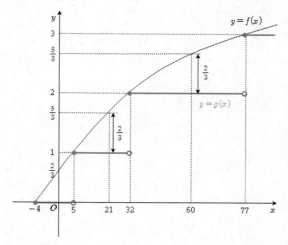

n의 값에 따른 조건을 만족시키는 m의 값을 살펴보자.

ⅰ) $1 \le n \le 4$인 경우
   $g(n) = 0$
   $h(n) = n + 3g(n) = n$
   $1 \le h(n) \le 4$이므로 $g(h(n)) = 0$
   $g(m) \le g(h(n))$에서 $g(m) = 0$
   $f(m) - g(m) \ge \dfrac{2}{3}$에서 $m = 1, 2, 3, 4$
   그러므로 $4 \times 4 = 16$개

ⅱ) $5 \le n \le 30$인 경우
   $g(n) = 1$
   $h(n) = n + 3g(n) = n + 3$

   ① $5 \le n \le 28$일 때
      $8 \le h(n) \le 31$이므로 $g(h(n)) = 1$
      $g(m) \le g(h(n))$에서 $g(m) = 0$ or 1
      $f(m) - g(m) \ge \dfrac{2}{3}$에서 $g(m) = 0$일 때 $m = 1, 2, 3, 4$
      $\qquad\qquad g(m) = 1$일 때 $m = 21, 22, \cdots, 31$
      그러므로 $24 \times 15 = 360$개

   ② $29 \le n \le 30$일 때
      $32 \le h(n) \le 33$이므로 $g(h(n)) = 2$
      $g(m) \le g(h(n))$에서 $g(m) = 0$ or 1 or 2
      $f(m) - g(m) \ge \dfrac{2}{3}$에서 $g(m) = 0$일 때 $m = 1, 2, 3, 4$
      $\qquad\qquad g(m) = 1$일 때 $m = 21, 22, \cdots, 31$
      $\qquad\qquad g(m) = 2$일 때 $m = 60, 61, \cdots, 76$
      그러므로 $2 \times 32 = 64$개

따라서 $\displaystyle\sum_{n=1}^{30} p(n) = 16 + 360 + 64 = 440$

[제6회 정답]

번호	1	2	3	4	5	6	7	8
정답	②	①	①	⑤	③	③	8	16

번호	9	10	11	12	13	14	15	16
정답	⑤	①	③	⑤	③	④	53	11

---

1) ②

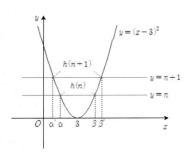

ⅰ) $h(n)$, $h(n+1)$ 구하기

$$h(n) = |\alpha - \beta|$$
$$(x-3)^2 = n$$
$$x^2 - 6x + 9 - n = 0 \leftarrow \alpha, \beta$$
$$\alpha + \beta = 6, \quad \alpha\beta = 9 - n$$
$$\{h(n)\}^2 = (\alpha - \beta)^2 = (\alpha + \beta)^2 - 4\alpha\beta = 36 - 4(9-n) = 4n$$
$$\therefore h(n) = 2\sqrt{n}$$

$$h(n+1) = |\alpha' - \beta'|$$
$$(x-3)^2 = n + 1$$
$$x^2 - 6x + 8 - n = 0 \leftarrow \alpha', \beta'$$
$$\alpha' + \beta' = 6, \quad \alpha'\beta' = 8 - n$$
$$\{h(n)\}^2 = (\alpha' - \beta')^2 = (\alpha' + \beta')^2 - 4\alpha'\beta'$$
$$= 36 - 4(8-n) = 4n + 4$$
$$\therefore h(n+1) = 2\sqrt{n+1}$$

ⅱ) 극한값 구하기

$$\lim_{n \to \infty} \sqrt{n}\{h(n+1) - h(n)\}$$
$$= \lim_{n \to \infty} 2\sqrt{n}(\sqrt{n+1} - \sqrt{n}) = \lim_{n \to \infty} \frac{2\sqrt{n}}{\sqrt{n+1} + \sqrt{n}} = 1$$

2) ①

$$f(x) = g(x)$$
$$3x^3 - x^2 - 3x = x^3 - 4x^2 + 9x + a$$
$$2x^3 + 3x^2 - 12x = a$$

$$h(x) = 2x^3 + 3x^2 - 12x \text{라 두면}$$
$$h'(x) = 6x^2 + 6x - 12 = 6(x+2)(x-1)$$

$x = -2$에서 극댓값 $h(-2) = 20$
$x = 1$에서 극솟값 $h(1) = -7$

함수 $y = h(x)$와 $y = a$의 그래프는 다음과 같다.

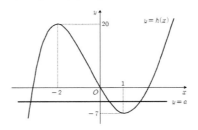

그래프에서 방정식 $f(x) = g(x)$가 서로 다른 두 개의 양의 실근과 한 개의 음의 실근을 갖도록 하는 a값의 범위는 $-7 < a < 0$ 이다.

그러므로 정수 a의 개수는 6개다.

3) ①

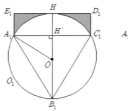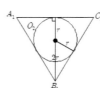

ⅰ) S_1 구하기

원 O_1의 중심 O는 삼각형 $A_1B_1C_1$의 무게중심이므로
$\overline{OB_1} = 2$, $\overline{OH'} = 1$, $\overline{HH'} = 1$
$\triangle OA_1H'$에서 $\overline{A_1H'} = \sqrt{3}$
$$S_1 = 2 \times [(\text{사각형} A_1H'HE_1\text{의 넓이})$$
$$- \{(\text{부채꼴} OA_1H\text{의 넓이}) - (\text{삼각형} OA_1H'\text{의 넓이})\}]$$
$$= 2\left[(\sqrt{3}) - \left\{\left(\frac{1}{6} \times 4\pi\right) - \left(\frac{\sqrt{3}}{2}\right)\right\}\right] = 3\sqrt{3} - \frac{4}{3}\pi$$

ⅱ) 공비 구하기

정삼각형 $A_1B_1C_1$에 내접하는
원 O_2의 반지름의 길이 r이라 하면
$3r$은 정삼각형의 높이와 같으므로
$$3r = \frac{\sqrt{3}}{2} \times 2\sqrt{3} = 3 \quad \therefore r = 1$$

닮음비는 $2 : 1 = 1 : \frac{1}{2}$이고 넓이비는 $1 : \frac{1}{4}$이다.

따라서 등비급수의 공비는 $\frac{1}{4}$

ⅲ) 등비급수의 합 구하기

$$\lim_{n \to \infty} S_n = \frac{S_1}{1 - (\text{공비})} = \frac{3\sqrt{3} - \frac{4}{3}\pi}{1 - \frac{1}{4}} = 4\sqrt{3} - \frac{16}{9}\pi$$

4) ⑤

$S_{n+1}+1=2^n(S_n+1)$의 양변에 밑이 2인 로그를 취하면

$\log_2(S_{n+1}+1)=\log_2 2^n+\log_2(S_n+1)=n+\log_2(S_n+1)$

$b_n=\log_2(S_n+1)$이라 두면

$b_{n+1}=\boxed{n}+b_n$ 이다.

$\therefore f(n)=n$

$S_n=2^{\frac{n^2-n+2}{2}}-1$ 이므로

$S_{n-1}=2^{\frac{(n-1)^2-(n-1)+2}{2}}-1=2^{\frac{n^2-3n+4}{2}}-1$

$a_n=S_n-S_{n-1} \ (n\geq 2)$

$\quad =2^{\frac{n^2-n+2}{2}}-2^{\boxed{\frac{n^2-3n+4}{2}}}$

$\therefore g(n)=\dfrac{n^2-3n+4}{2}$

따라서 $f(15)-g(5)=15-\dfrac{25-15+4}{2}=15-7=5$

5) ③

$f(x)=\left[\dfrac{\sqrt{x+1}}{3}\right]$의 그래프는 아래와 같다.

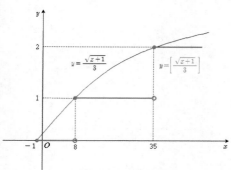

조건 $f(ab)=f(a)f(b)+1$을 만족시키는 a, b의 값을 살펴보자.
a, b가 10이하의 자연수이므로 $f(a)$와 $f(b)$는 0 or 1이다.

ⅰ) $f(a)=0, f(b)=0$인 경우

$f(a)=0$이므로 $a=1, 2, \cdots, 7$

$f(b)=0$이므로 $b=1, 2, \cdots, 7$

$f(ab)=f(a)f(b)+1$에서 $f(ab)=1$ 즉, $\left[\dfrac{\sqrt{ab+1}}{3}\right]=1$

$1\leq\dfrac{\sqrt{ab+1}}{3}<2$이므로 $8\leq ab<35$

이를 만족시키는 순서쌍 (a, b)는 다음과 같다.

$(2, 4), (2, 5), \cdots, (2, 7)$

$(3, 3), (3, 4), \cdots, (3, 7)$

$(4, 2), (4, 3), \cdots, (4, 7)$

$(5, 2), (5, 3), \cdots, (5, 6)$

$(6, 2), (6, 3), \cdots, (6, 5)$

$(7, 2), (7, 3), \cdots, (7, 4)$

ⅱ) $f(a)=0, f(b)=1$인 경우

$f(a)=0$이므로 $a=1, 2, \cdots, 7$

$f(b)=1$이므로 $b=8, 9, 10$

$f(ab)=f(a)f(b)+1$에서 $f(ab)=1$ 즉, $\left[\dfrac{\sqrt{ab+1}}{3}\right]=1$

$1\leq\dfrac{\sqrt{ab+1}}{3}<2$이므로 $8\leq ab<35$

이를 만족시키는 순서쌍 (a, b)는 다음과 같다.

$(1, 8), (1, 9), (1, 10)$

$(2, 8), (2, 9), (2, 10)$

$(3, 8), (3, 9), (3, 10)$

$(4, 8)$

ⅲ) $f(a)=1, f(b)=0$인 경우

ⅱ)의 경우와 a, b의 순서만 바뀐다.

ⅳ) $f(a)=1, f(b)=1$인 경우

$f(a)=1$이므로 $a=8, 9, 10$

$f(b)=1$이므로 $b=8, 9, 10$

$f(ab)=f(a)f(b)+1$에서 $f(ab)=2$ 즉, $\left[\dfrac{\sqrt{ab+1}}{3}\right]=2$

$2\leq\dfrac{\sqrt{ab+1}}{3}<3$이므로 $35\leq ab<80$

이를 만족시키는 순서쌍 (a, b)는 다음과 같다.

$(8, 8), (8, 9)$

$(9, 8)$

이 중 $a+b$의 최댓값은 $(8, 9)$ or $(9, 8)$인 17이고,
최솟값은 $(2, 4)$ or $(3, 3)$ or $(4, 2)$인 6이고,
따라서 $M+m=23$

6) ③

(나)조건으로부터 $y=x+n$과 $y=f(x)$는 같은 부호의 함숫값을 가져야 한다. 그래프로 나타내면 다음과 같다.

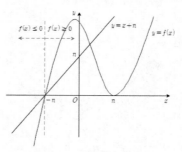

$f(x)=(x+n)(x-n)^2$이고

$f'(x)=(x-n)^2+2(x+n)(x-n)=(x-n)(3x+n)=0$

그러므로 $x=-\dfrac{n}{3}$에서 극대가 된다.

$a_n=f\left(-\dfrac{n}{3}\right)=\left(\dfrac{2}{3}n\right)\left(-\dfrac{4}{3}n\right)^2=\dfrac{32}{27}n^3$

따라서 a_n이 자연수가 되기 위한 n의 최솟값은 3이다.

7) 8

실수 t에 따른 교점의 개수는 다음 그래프와 같다.

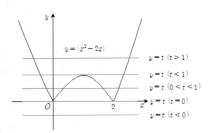

실수 t의 값에 따른 교점의 개수 $y=f(t)$의 그래프는
다음과 같다.

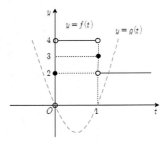

$y=f(t)$가 $t=0$과 $t=1$에서 불연속이므로
$f(t)g(t)$가 모든 실수에서 연속이 되려면
이차함수 $y=g(t)$가 $t=0$과 $t=1$을 근으로 가지면 된다.
따라서 $g(t)=t(t-1)$이다.

그러므로 $f(3)+g(3)=2+6=8$

[참조]
이차함수 $y=g(t)$ 구하기

$g(t)=t^2+at+b$라 두자
$y=f(t)g(t)$가 모든 실수에서 연속이 되려면
$t=0$과 $t=1$에서 연속이면 된다.

즉, $f(0)g(0)=\lim\limits_{t\to 0+}f(t)g(t)=\lim\limits_{t\to 0-}f(t)g(t)$이고
$f(1)g(1)=\lim\limits_{t\to 1+}f(t)g(t)=\lim\limits_{t\to 1-}f(t)g(t)$이어야 한다.

$f(0)g(0)=2b,\ \lim\limits_{t\to 0+}f(t)g(t)=4b,\ \lim\limits_{t\to 0-}f(t)g(t)=0\ \ \therefore\ b=0$

$f(1)g(1)=3(1+a+b),\ \lim\limits_{t\to 1+}f(t)g(t)=2(1+a+b),$
$\lim\limits_{t\to 1-}f(t)g(t)=4(1+a+b)$

$\therefore\ 1+a+b=0,\ a=-1$

$\therefore\ g(t)=t^2-t=t(t-1)$

8) 16

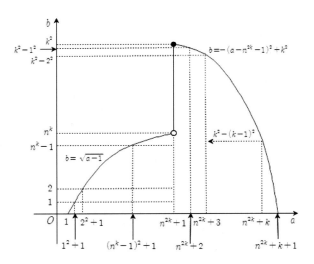

i) $a<n^{2k}+1$인 경우 (a,b) 순서쌍의 개수 구하기

$b=1$과 $b=\sqrt{a-1}$의 교점의 a의 좌표는 1^2+1이므로
$(a,1)$의 순서쌍의 개수는 $(n^{2k}+1)-(1^2+1)=n^{2k}-1^2$

$b=2$와 $b=\sqrt{a-1}$의 교점의 a의 좌표는 2^2+1이므로
$(a,2)$의 순서쌍의 개수는 $(n^{2k}+1)-(2^2+1)=n^{2k}-2^2$

같은 방법으로
$b=n^k-1$과 $b=\sqrt{a-1}$의 교점의 a의 좌표는 $(n^k-1)^2+1$
(a,n^k-1)의 순서쌍의 개수는 $n^{2k}-(n^k-1)^2$ 이다.

따라서 모든 순서쌍의 개수의 합은
$(n^{2k}-1^2)+(n^{2k}-2^2)+(n^{2k}-3^2)+\cdots+(n^{2k}-(n^k-1)^2)$
$=(n^k-1)\times n^{2k}-\dfrac{(n^k-1)\times n^k\times(2n^k-1)}{6}$ ······(가)

ii) $a\ge n^{2k}+1$인 경우 (a,b) 순서쌍의 개수 구하기

$a=n^{2k}+1$과 $b=-(a-n^{2k}-1)^2+k^2$의 교점의 b의 좌표는
k^2이므로 $(n^{2k}+1,b)$의 순서쌍의 개수는 k^2

$a=n^{2k}+2$과 $b=-(a-n^{2k}-1)^2+k^2$의 교점의 b의 좌표는
k^2-1^2이므로 $(n^{2k}+2,b)$의 순서쌍의 개수는 k^2-1^2

같은 방법으로
$a=n^{2k}+k$과 $b=-(a-n^{2k}-1)^2+k^2$의 교점의 b의 좌표는
$k^2-(k-1)^2$, $(n^{2k}+k,b)$의 순서쌍의 개수는 $k^2-(k-1)^2$

따라서 모든 순서쌍의 개수의 합은
$k^2+(k^2-1^2)+(k^2-2^2)+\cdots+(k^2-(k-1)^2)$
$=k^3-\dfrac{(k-1)\times k\times(2k-1)}{6}$ ······(나)

n의 값에 관계없이 k의 값에만 영향을 받는다.

k의 값에 따른 순서쌍의 개수를 계산하면

$k=1$일 때　1개

$k=2$일 때　7개

$k=3$일 때　22개

$k=4$일 때　50개

$k=5$일 때　95개

iii) $f(2)$의 값 구하기

$n=2$이므로 (가)식에 대입하면

$(2^k-1)\times 4^k - \dfrac{(2^k-1)\times 2^k\times(2^{k+1}-1)}{6}$

$k=1$일 때　3개

$k=2$일 때　34개

$k=3$일 때　308개

$k=4$일 때　2600개

(나)식에서 구한 것과 합하면

$k=3$일 때　$22+308=330$

$k=4$일 때　$50+2600=2650$

$\therefore f(2)=4$

iv) $f(3)$의 값 구하기

$n=3$이므로 (가)식에 대입하면

$(3^k-1)\times 9^k - \dfrac{(3^k-1)\times 3^k\times(2\times 3^k-1)}{6}$

$k=1$일 때　13개

$k=2$일 때　444개

(나)식에서 구한 것과 합하면

$k=1$일 때　$1+13=14$

$k=2$일 때　$7+444=451$

$\therefore f(3)=2$

v) $f(4)$의 값 구하기

$n=4$이므로 (가)식에 대입하면

$(4^k-1)\times 16^k - \dfrac{(4^k-1)\times 4^k\times(2\times 4^k-1)}{6}$

$k=1$일 때　34개

$k=2$일 때　2600개

(나)식에서 구한 것과 합하면

$k=1$일 때　$1+34=35$

$k=2$일 때　$7+2600=2607$

$\therefore f(4)=2$

따라서 $f(2)\times f(3)\times f(4)=4\times 2\times 2=16$

9) ⑤

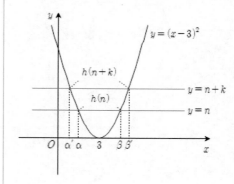

i) $h(n),\ h(n+k)$ 구하기

$h(n)=|\alpha-\beta|$

$(x-3)^2=n$

$x^2-6x+9-n=0 \leftarrow \alpha,\ \beta$

$\alpha+\beta=6,\ \ \alpha\beta=9-n$

$\{h(n)\}^2=(\alpha-\beta)^2=(\alpha+\beta)^2-4\alpha\beta=36-4(9-n)=4n$

$\therefore h(n)=2\sqrt{n}$

$h(n+1)=|\alpha'-\beta'|$

$(x-3)^2=n+k$

$x^2-6x+9-k-n=0 \leftarrow \alpha',\ \beta'$

$\alpha'+\beta'=6,\ \ \alpha'\beta'=9-k-n$

$\{h(n+k)\}^2=(\alpha'+\beta')^2-4\alpha'\beta'$

$\qquad\qquad\quad =36-4(9-k-n)=4n+4k$

$\therefore h(n+k)=2\sqrt{n+k}$

ii) 극한값 구하기

$\displaystyle\lim_{n\to\infty}\sqrt{n}\,\{h(n+k)-h(n)\}$

$=\displaystyle\lim_{n\to\infty}2\sqrt{n}\,(\sqrt{n+k}-\sqrt{n})=\lim_{n\to\infty}\dfrac{2\sqrt{n}\times k}{\sqrt{n+k}+\sqrt{n}}=k$

$\therefore \displaystyle\sum_{k=1}^{10}k=55$

10) ①

$f(x)=g(x)$

$3x^3-x^2-3x=x^3-4x^2+9x+a$

$2x^3+3x^2-12x=a$

$h(x)=2x^3+3x^2-12x$라 두면

$h'(x)=6x^2+6x-12=6(x+2)(x-1)$

$x=-2$에서 극댓값 $h(-2)=20$

$x=1$에서 극솟값 $h(1)=-7$

$h(2)=4$

함수 $y=h(x)$와 $y=a$의 그래프는 다음과 같다.

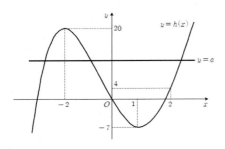

그래프에서 방정식 $f(x)=g(x)$가
서로 다른 두 개의 음의 실근과
2보다 큰 한 개의 음의 실근을 갖도록 하는
a값의 범위는
$4<a<20$ 이다.

그러므로 정수 a의 개수는 15개다.

11) ③

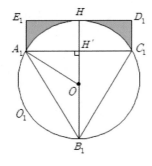 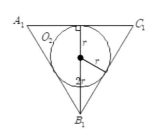

ⅰ) S_1 구하기

원 O_1의 중심 O는 삼각형 $A_1B_1C_1$의 무게중심이므로
$\overline{OB_1}=2$, $\overline{OH'}=1$, $\overline{HH'}=1$
$\triangle OA_1H'$에서 $\overline{A_1H'}=\sqrt{3}$

$S_1 = 2\times[($사각형$A_1H'HE_1$의 넓이$)$
    $\qquad -\{($부채꼴OA_1H의 넓이$)-($삼각형OA_1H'의 넓이$)\}]$
$\quad = 2\left[(\sqrt{3})-\left\{\left(\dfrac{1}{6}\times4\pi\right)-\left(\dfrac{\sqrt{3}}{2}\right)\right\}\right]=3\sqrt{3}-\dfrac{4}{3}\pi$

ⅱ) 공비 구하기

정삼각형 $A_1B_1C_1$에 내접하는 원의
반지름의 길이 r이라 하면
$3r$은 정삼각형의 높이와 같으므로
$3r=\dfrac{\sqrt{3}}{2}\times2\sqrt{3}=3$ $\therefore r=1$

닮음비는 $2:1=1:\dfrac{1}{2}$이고

넓이비는 $1:\dfrac{1}{4}$이다.

정삼각형 $A_1B_1C_1$에 접하면서
동시에 원 O_1에 내접하는
가장 큰 원의 반지름은 $\dfrac{1}{2}$이므로

넓이비는 $1:\dfrac{1}{16}$

R_2에 색칠된 모든 영역의 넓이의 합을 S_2는
$S_2=S_1+S_1\times\dfrac{1}{4}+S_1\times\dfrac{1}{16}\times3=S_1+S_1\times\dfrac{7}{16}$

따라서 등비급수의 공비는 $\dfrac{7}{16}$

ⅲ) 등비급수의 합 구하기

$\displaystyle\lim_{n\to\infty}S_n=\dfrac{S_1}{1-(공비)}=\dfrac{3\sqrt{3}-\dfrac{4}{3}\pi}{1-\dfrac{7}{16}}=\dfrac{144\sqrt{3}-64\pi}{27}$

그러므로 $a+b=80$

12) ⑤

$S_{n+1}+1=2^n(S_n+1)$의 양변에 밑이 2인 로그를 취하면
$\log_2(S_{n+1}+1)=\log_2 2^n+\log_2(S_n+1)=n+\log_2(S_n+1)$

$b_n=\log_2(S_n+1)$이라 두면
$b_{n+1}=n+b_n$, $b_1=1$이다.

$b_{n+1}-b_n=n$ 에서 n에 1부터 $n-1$까지
차례로 대입한 식들은 모두 더하면

$b_n=b_1+\displaystyle\sum_{k=1}^{n-1}k=1+\dfrac{(n-1)n}{2}=\dfrac{n^2-n+2}{2}$

$\therefore f(n)=\dfrac{n^2-n+2}{2}$

$S_n=2^{\frac{n^2-n+2}{2}}-1$ 이므로

$S_{n-1}=2^{\frac{(n-1)^2-(n-1)+2}{2}}-1$
$\qquad=2^{\frac{n^2-3n+4}{2}}-1$

$a_n=S_n-S_{n-1}$ $(n\geq2)$
$\quad=2^{\frac{n^2-n+2}{2}}-2^{\frac{n^2-3n+4}{2}}$
$\quad=2^{\boxed{\frac{n^2-3n+4}{2}}}(2^{n-1}-1)$

$\therefore g(n)=\dfrac{n^2-3n+4}{2}$

따라서 $f(4)+g(5)=\dfrac{16-4+2}{2}+\dfrac{25-15+4}{2}=7+7=14$

13) ③

$f(x) = \left[\dfrac{\sqrt{x+1}}{3}\right]$의 그래프는 아래와 같다.

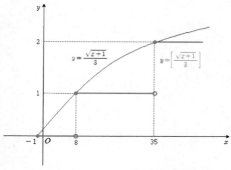

조건 $f(ab) = f(a)f(b)+1$을 만족시키는 a, b의 값을 살펴보자. a, b가 20이하의 자연수이므로 $f(a)$와 $f(b)$는 0 or 1이다.

ⅰ) $f(a) = 0, f(b) = 0$인 경우

$f(a) = 0$이므로 $a = 1, 2, \cdots, 7$
$f(b) = 0$이므로 $b = 1, 2, \cdots, 7$

$f(ab) = f(a)f(b)+1$에서 $f(ab) = 1$ 즉, $\left[\dfrac{\sqrt{ab+1}}{3}\right] = 1$

$1 \le \dfrac{\sqrt{ab+1}}{3} < 2$이므로 $8 \le ab < 35$

이를 만족시키는 순서쌍 (a, b)는 다음과 같다.

$(2, 4), (2, 5), \cdots, (2, 7)$ ----- 4개
$(3, 3), (3, 4), \cdots, (3, 7)$ ----- 5개
$(4, 2), (4, 3), \cdots, (4, 7)$ ----- 6개
$(5, 2), (5, 3), \cdots, (5, 6)$ ----- 5개
$(6, 2), (6, 3), \cdots, (6, 5)$ ----- 4개
$(7, 2), (7, 3), \cdots, (7, 4)$ ----- 3개

그러므로 27개

ⅱ) $f(a) = 0, f(b) = 1$인 경우

$f(a) = 0$이므로 $a = 1, 2, \cdots, 7$
$f(b) = 1$이므로 $b = 8, 9, \cdots, 20$

$f(ab) = f(a)f(b)+1$에서 $f(ab) = 1$ 즉, $\left[\dfrac{\sqrt{ab+1}}{3}\right] = 1$

$1 \le \dfrac{\sqrt{ab+1}}{3} < 2$이므로 $8 \le ab < 35$

이를 만족시키는 순서쌍 (a, b)는 다음과 같다.

$(1, 8), (1, 9), \cdots, (1, 20)$ ----- 13개
$(2, 8), (2, 9), \cdots, (2, 17)$ ----- 10개
$(3, 8), (3, 9), \cdots, (3, 11)$ ----- 4개
$(4, 8)$ ----- 1개

그러므로 28개

ⅲ) $f(a) = 1, f(b) = 0$인 경우

ⅱ)의 경우와 a, b의 순서만 바뀐다.

그러므로 28개

ⅳ) $f(a) = 1, f(b) = 1$인 경우

$f(a) = 1$이므로 $a = 8, 9, \cdots, 20$
$f(b) = 1$이므로 $b = 8, 9, \cdots, 20$

$f(ab) = f(a)f(b)+1$에서 $f(ab) = 2$ 즉, $\left[\dfrac{\sqrt{ab+1}}{3}\right] = 2$

$2 \le \dfrac{\sqrt{ab+1}}{3} < 3$이므로 $35 \le ab < 80$

이를 만족시키는 순서쌍 (a, b)는 다음과 같다.

$(8, 8), (8, 9)$
$(9, 8)$

그러므로 3개

따라서 모든 순서쌍의 개수는 $27 + 28 + 28 + 3 = 86$

14) ④

(나)조건으로부터 $y = x^2 - 4n^2$과 $y = f(x)$는 같은 부호의 함숫값을 가져야 한다. 그래프로 나타내면 다음과 같다.

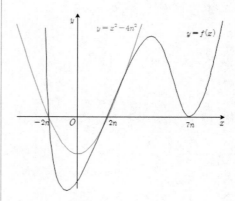

$f(x) = (x+2n)(x-2n)(x-7n)^2$이고
$f'(x) = 2(2x+n)(x-4n)(x-7n) = 0$
그러므로 $x = 4n$에서 극대가 된다.

$a_n = f(4n) = 12n^2 \times (-3n)^2 = 108n^4$

따라서 $\displaystyle\lim_{n\to\infty} \dfrac{a_n}{n^4} = 108$

15) 53

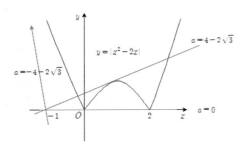

$y = a(x+1)$은 $(-1, 0)$을 지나는 직선이고 a는 기울기이다.
$(-1, 0)$에서 $y = |x^2 - 2x|$에 그은 접선을 구하면

ⅰ) $y = -x^2 + 2x$에 그은 접선
접점을 $(t, -t^2 + 2t)$라 두면 접선의 방정식은
$y = (-2t+2)(x-t) - t^2 + 2t$
$(-1, 0)$을 대입하면
$t^2 + 2t - 2 = 0$
$t = -1 + \sqrt{3}$
기울기는 $a = 4 - 2\sqrt{3}$

ⅱ) $y = x^2 - 2x$에 그은 접선
접점을 $(t, t^2 - 2t)$라 두면 접선의 방정식은
$y = (2t-2)(x-t) + t^2 - 2t$
$(-1, 0)$을 대입하면
$t^2 + 2t - 2 = 0$
$t = -1 - \sqrt{3}$
기울기는 $a = -4 - 2\sqrt{3}$

실수 a의 값에 따른 교점의 개수 $y = f(a)$의 그래프는
다음과 같다.

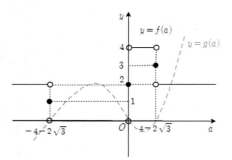

$y = f(a)$가 $a = -4 - 2\sqrt{3}$과 $a = 0$과 $a = 4 - 2\sqrt{3}$에서
불연속이므로 $f(a)g(a)$가 모든 실수에서 연속이 되려면
삼차함수 $y = g(a)$가 $a = -4 - 2\sqrt{3}$, $a = 0$, $a = 4 - 2\sqrt{3}$을
근으로 가지면 된다.

따라서 $g(a) = a(a + 4 + 2\sqrt{3})(a - 4 + 2\sqrt{3})$이다.

그러므로 $f(1) + g(3) = 2 + 15 + 36\sqrt{3} = 17 + 36\sqrt{3}$
$\therefore p + q = 17 + 36 = 53$

16) 11

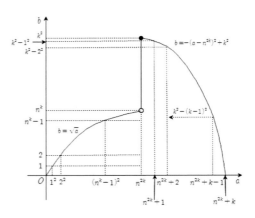

ⅰ) $a < n^{2k}$인 경우 (a, b) 순서쌍의 개수 구하기
$b = 1$과 $b = \sqrt{a}$의 교점의 a의 좌표는 1^2이므로
$(a, 1)$의 순서쌍의 개수는 $n^{2k} - 1^2$

$b = 2$과 $b = \sqrt{a}$의 교점의 a의 좌표는 2^2이므로
$(a, 2)$의 순서쌍의 개수는 $n^{2k} - 2^2$

같은 방법으로
$b = n^k - 1$과 $b = \sqrt{a}$의 교점의 a의 좌표는 $(n^k - 1)^2$
$(a, n^k - 1)$의 순서쌍의 개수는 $n^{2k} - (n^k - 1)^2$ 이다.

따라서 모든 순서쌍의 개수의 합은
$(n^{2k} - 1^2) + (n^{2k} - 2^2) + (n^{2k} - 3^2) + \cdots + (n^{2k} - (n^k - 1)^2)$
$= (n^k - 1) \times n^{2k} - \dfrac{(n^k - 1) \times n^k \times (2n^k - 1)}{6}$ ......(가)

ⅱ) $a \geq n^{2k}$인 경우 (a, b) 순서쌍 구하기
$a = n^{2k}$과 $b = -(a - n^{2k})^2 + k^2$의 교점의 b의 좌표는
k^2이므로 (n^{2k}, b)의 순서쌍의 개수는 k^2

$a = n^{2k} + 1$과 $b = -(a - n^{2k})^2 + k^2$의 교점의 b의 좌표는
$k^2 - 1^2$이므로 $(n^{2k} + 1, b)$의 순서쌍의 개수는 $k^2 - 1^2$

같은 방법으로
$a = n^{2k} + k - 1$과 $b = -(a - n^{2k})^2 + k^2$의 교점의 b의 좌표는
$k^2 - (k-1)^2, (n^{2k} + k - 1, b)$의 순서쌍의 개수는 $k^2 - (k-1)^2$

따라서 모든 순서쌍의 개수의 합은
$k^2 + (k^2 - 1^2) + (k^2 - 2^2) + \cdots + (k^2 - (k-1)^2)$
$= k^3 - \dfrac{(k-1) \times k \times (2k-1)}{6}$ ......(나)

n의 값에 관계없이 k의 값에만 영향을 받는다.

k의 값에 따른 순서쌍의 개수를 계산하면
$k = 1$일 때   1개
$k = 2$일 때   7개
$k = 3$일 때   22개
$k = 4$일 때   50개
$k = 5$일 때   95개

iii) $n=2$일 때의 순서쌍 (n, k) 구하기

$n=2$이므로 (가)식에 대입하면

$$(2^k-1) \times 4^k - \frac{(2^k-1) \times 2^k \times (2^{k+1}-1)}{6}$$

$k=1$일 때　　3개
$k=2$일 때　　34개
$k=3$일 때　　308개
$k=4$일 때　　2600개

(나)식에서 구한 것과 합하면
$k=3$일 때　$22+308=330$
$k=4$일 때　$50+2600=2650$

∴　$(2, 1), (2, 2), (2, 3)$　------　3개

iv) $n=3$일 때의 순서쌍 (n, k) 구하기

$n=3$이므로 (가)식에 대입하면

$$(3^k-1) \times 9^k - \frac{(3^k-1) \times 3^k \times (2 \times 3^k-1)}{6}$$

$k=1$일 때　　13개
$k=2$일 때　　444개
$k=3$일 때　　12753개

(나)식에서 구한 것과 합하면
$k=1$일 때　$1+13=14$
$k=2$일 때　$7+444=451$

∴　$(3, 1), (3, 2)$　------　2개

v) $n=4, 5, \cdots, 9$일 때의 순서쌍 (n, k) 구하기

$n=4$이므로 (가)식에 대입하면

$$(4^k-1) \times 16^k - \frac{(4^k-1) \times 4^k \times (2 \times 4^k-1)}{6}$$

$k=1$일 때　　34개
$k=2$일 때　　2600개

(나)식에서 구한 것과 합하면
$k=1$일 때　$1+34=35$
$k=2$일 때　$7+2600=2607$
∴　$(4, 1)$　------　1개

$n=5, 6, \cdots, 9$일 때도 동일하다.
∴　$(5, 1), (6, 1), \cdots, (9, 1)$　------　5개

vi) $n=10$이상일 때의 순서쌍 (n, k) 구하기

$n=10$이므로 (가)식에 대입하면

$$(10^k-1) \times 100^k - \frac{(10^k-1) \times 10^k \times (2 \times 10^k-1)}{6}$$

$k=1$일 때　　615개

(나)식에서 구한 것과 합하면
$k=1$일 때　$1+615=616$

그러므로 $n=10$이상일 때는 만족하는 순서쌍은 없다.

따라서 모든 순서쌍 (n, k)의 개수는 11개다.

[제7회 정답]

번호	1	2	3	4	5	6	7	8
정답	④	②	①	⑤	5	33	16	127

번호	9	10	11	12	13	14	15	16
정답	④	②	③	⑤	57	107	2	87

---

1) ④

$\sum_{k=1}^{n} a_{2k-1} = 3n^2 + n$ ······ (1)에서 n에 $n-1$을 대입하면

$\sum_{k=1}^{n-1} a_{2k-1} = 3(n-1)^2 + (n-1)$ $(n \geq 2)$ ······ (2)

(1)-(2)하면
$a_{2n-1} = 6n-2$ $(n \geq 2)$
(1)식에서 $a_1 = 4$
$\therefore a_{2n-1} = 6n-2$ $(n \geq 1)$

$2n-1 = k$ 라 두면 $n = \dfrac{k+1}{2}$ 이므로
$a_k = 3k+1$ $(k \geq 1)$
$\therefore a_8 = 25$

2) ②

$\begin{cases} x+y+z+3w=14 \cdots (1) \\ x+y+z+w=10 \cdots (2) \end{cases}$

(1)-(2)하면
$2w=4$ $\therefore w=2$

따라서 $x+y+z=8$
중복조합에 의해 $_3H_8 = {_{10}}C_8 = {_{10}}C_2 = 45$

3) ①

주기가 3인 함수 $y=f(x)$의 그래프는 아래와 같다.

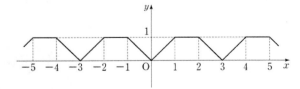

y축에 대해 대칭인 우함수이므로
$\int_{-a}^{a} f(x)\,dx = 2\int_{0}^{a} f(x)\,dx = 13$

따라서 $\int_{0}^{a} f(x)\,dx = \dfrac{13}{2}$

그래프에서 한 주기의 넓이가 2이므로
3주기에 1만큼 더해야 한다.
$\therefore a=10$

4) ⑤

조건을 모두 만족하는 그래프를 그려보면 다음 그림과 같다.

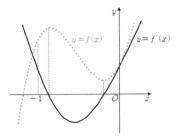

(가)에 의하여 $f(x) = x^3 + ax^2 + bx + c$ $(a, b, c$는 상수)라 하면
$f(0) = c$ 이므로 $f'(0) = c$ 이다
$f'(x) = 3x^2 + 2ax + b$ 이므로
$f'(0) = b = c$
$\therefore f(x) = x^3 + ax^2 + bx + b$

조건 (다)에서 $f(x) - f'(x) \geq 0$ $(x \geq -1)$ 이므로
$f(x) - f'(x) = x^3 + (a-3)x^2 + (b-2a)x \geq 0$ $(x \geq -1)$
$g(x) = f(x) - f'(x)$ 라 하면 조건(나)에 의하여
$g(0) = f(0) - f'(0) = 0$

따라서 $x \geq -1$ 에서 $g(x) \geq 0$ 이려면
함수 $y=g(x)$의 그래프가 다음 그림과 같아야 하므로
$g'(0) = 0$, $g(-1) \geq 0$

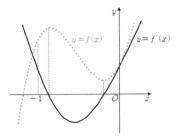

$g(x) = x^3 + (a-3)x^2 + (b-2a)x$ 에서
$g'(x) = 3x^2 + 2(a-3)x + b - 2a$ 이므로
$g'(0) = b - 2a = 0$ $\therefore b = 2a$ $\cdots$ (ㄱ)

또한, $g(-1) = -1 + (a-3) - (b-2a) = 3a - b - 4$
$= 3a - 2a - 4 = a - 4 \geq 0$
$\therefore a \geq 4$ $\cdots$ (ㄴ)

$f(x) = x^3 + ax^2 + bx + b$ 에서
$f(2) = 8 + 4a + 2b + b = 8 + 4a + 3b$
$= 8 + 4a + 3 \times 2a$
$= 8 + 10a \geq 8 + 10 \times 4 = 48$

그러므로 $f(2)$의 최솟값은 48이다

5) 5

확률의 합은 1이므로 확률밀도함수를 $f(x)$라 하면

$$\int_0^3 f(x)\,dx = 6k = 1 \quad \therefore \quad k = \frac{1}{6}$$

$$P(0 \le X \le 2) = \int_0^2 f(x)\,dx = 4k = \frac{2}{3}$$

그러므로 $p+q=5$

6) 33

i) $1 \le k \le 5$일 때

$$\lim_{n \to \infty}\left(\frac{6}{k}\right)^n = \infty \text{이므로} \ \frac{\infty}{\infty} \text{꼴의 극한값 계산에 의해}$$

$$a_k = \frac{6}{k}$$

ii) $k=6$일 때 $\quad a_6 = \frac{1}{2}$

iii) $k \ge 7$일 때 $\quad \lim_{n \to \infty}\left(\frac{6}{k}\right)^n = 0$이므로 $\quad a_k = 0$

따라서 $\displaystyle\sum_{k=1}^{10} k a_k = \sum_{k=1}^{5}\left(k \times \frac{6}{k}\right) + 6 \times a_6 + \sum_{k=7}^{10} k \times 0 = 30 + 3 = 33$

7) 16

$$g(x) = (x^3+2)f(x)$$
$$g(1) = 3f(1) = 24 \quad \therefore \quad f(1) = 8$$

$$g'(x) = 3x^2 f(x) + (x^3+2)f'(x)$$
$$g'(1) = 3f(1) + 3f'(1) = 0 \quad \therefore \quad f'(1) = -8$$

따라서 $f(1) - f'(1) = 16$

8) 127

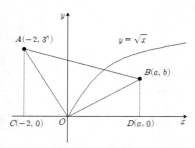

(삼각형 OAB의 넓이) = (사다리꼴 $ACDB$의 넓이)
  − (직각삼각형 ACO의 넓이) − (직각삼각형 BDO의 넓이)

$$\triangle OAB = \frac{1}{2}(3^n + b)(a+2) - \frac{1}{2} \times 2 \times 3^n - \frac{1}{2} \times a \times b$$

$$= \frac{1}{2} \times 3^n \times a + b$$

$$\therefore \ 3^n \times a + 2b \le 100$$

---

i) $n=1$일 때

$3a+2b \le 100$와 $a \ge b^2$을 동시에 만족하는 순서쌍은

$(32, 1), (32, 2)$ ---- 2

$(31, 1), (31, 2), (31, 3)$ ---- 3

$(30, 1), (30, 2), (30, 3), (30, 4), (30, 5)$
$(29, 1), (29, 2), (29, 3), (29, 4), (29, 5)$
...
$(25, 1), (25, 2), (25, 3), (25, 4), (25, 5)$ ---- $6 \times 5 = 30$

$(24, 1), (24, 2), (24, 3), (24, 4)$
$(23, 1), (23, 2), (23, 3), (23, 4)$
...
$(16, 1), (16, 2), (16, 3), (16, 4)$ ---- $9 \times 4 = 36$

$(15, 1), (15, 2), (15, 3)$
$(14, 1), (14, 2), (14, 3)$
...
$(9, 1), (9, 2), (9, 3)$ ---- $7 \times 3 = 21$

$(8, 1), (8, 2)$
$(7, 1), (7, 2)$
...
$(4, 1), (4, 2)$ ---- $5 \times 2 = 10$

$(3, 1)$
$(2, 1)$
$(1, 1)$ ---- $1 \times 3 = 3$

$\therefore \ f(1) = 2+3+30+36+21+10+3 = 105$

ii) $n=2$일 때

$9a+2b \le 100$와 $a \ge b^2$을 동시에 만족하는 순서쌍은

$(10, 1), (10, 2), (10, 3)$
$(9, 1), (9, 2), (9, 3)$ ---- $2 \times 3 = 6$

$(8, 1), (8, 2)$
$(7, 1), (7, 2)$
...
$(4, 1), (4, 2)$ ---- $5 \times 2 = 10$

$(3, 1)$
$(2, 1)$
$(1, 1)$ ---- $1 \times 3 = 3$

$\therefore \ f(2) = 6 + 10 + 3 = 19$

iii) $n=3$일 때

$27a+2b \le 100$와 $a \ge b^2$을 동시에 만족하는 순서쌍은

$(3, 1)$
$(2, 1)$
$(1, 1)$ ---- $1 \times 3 = 3$

$\therefore \ f(3) = 3$

그러므로 $f(1)+f(2)+f(3) = 105+19+3 = 127$

9) ④

$\sum_{k=1}^{n} a_{2k-1} = 3n^2 + n + 1$ ······ (1)에서 n에 $n-1$을 대입하면

$\sum_{k=1}^{n-1} a_{2k-1} = 3(n-1)^2 + (n-1) + 1 \; (n \geq 2)$ ······ (2)

(1)−(2)하면
$a_{2n-1} = 6n - 2 \; (n \geq 2)$
(1)식에서 $a_1 = 5$
$\therefore a_{2n-1} = 6n - 2 \; (n \geq 2)$

$2n-1 = k$ 라 두면 $n = \dfrac{k+1}{2}$ 이므로
$a_k = 3k + 1 \; (k \geq 2), \; a_1 = 5$
$\therefore \sum_{k=1}^{10} a_k = 5 + (7 + 10 + 13 + \cdots + 31)$
$= 5 + \dfrac{(7+31) \times 9}{2} = 176$

10) ②

$\begin{cases} x+y+z+3w = 14 \cdots (1) \\ x+y+z+w = n \quad \cdots (2) \end{cases}$
(1)−(2)는 $2w = 14 - n$

$n = 2$일 때, $w = 6$,
$\quad\quad x+y+z+6 = 2$를 만족시키는 순서쌍은 없다.
$n = 4$일 때, $w = 5$,
$\quad\quad x+y+z+5 = 4$를 만족시키는 순서쌍은 없다.
$n = 6$일 때, $w = 4$, $x+y+z = 2$이므로 $_3H_2 = {_4C_2} = 6$
$n = 8$일 때, $w = 3$, $x+y+z = 5$이므로 $_3H_5 = {_7C_2} = 21$
$n = 10$일 때, $w = 2$, $x+y+z = 8$이므로 $_3H_8 = {_{10}C_2} = 45$

$\therefore 6 + 21 + 45 = 72$

11) ③

조건을 모두 만족시키는 함수 $y = f(x)$의 그래프는
아래와 같다.

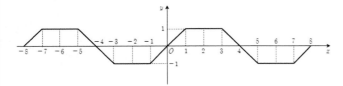

원점에 대해 대칭인 기함수이므로
$\int_{-a+1}^{a-1} f(x)\, dx = 0$

$\int_{-a+1}^{a+1} f(x)\, dx = \int_{-a+1}^{a-1} f(x)\, dx + \int_{a-1}^{a+1} f(x)\, dx = \int_{a-1}^{a+1} f(x)\, dx$

따라서 $\int_{a-1}^{a+1} f(x)\, dx = \dfrac{3}{2}$

그래프는 주기가 8인 주기함수이다.
한 주기내의 넓이가 $\dfrac{3}{2}$를 만족시키는
자연수 a는 $a = 1$과 $a = 3$이다.

따라서 20 이하의 자연수 중
조건을 만족시키는 자연수 a는
$a = 1, 3, 9, 11, 17, 19$

그러므로 a의 개수는 6개다.

12) ⑤

조건을 만족하는 그래프를 그려보면 다음과 같다.

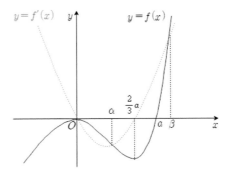

$f(x) = x^2(x-a)$ (a는 상수)라 할 수 있다.
$f'(x) = 2x(x-a) + x^2 = x(3x - 2a) = 0$
$\therefore x = 0 \; \text{or} \; \dfrac{2}{3}a$

$x = \dfrac{2}{3}a$에서 극소이므로 극솟값은
$f\left(\dfrac{2}{3}a\right) = \dfrac{4a^2}{9}\left(-\dfrac{1}{3}a\right) = -\dfrac{4}{27}a^3$
(다)조건에 의해
$-\dfrac{4}{27}a^3 \leq -4 \quad a^3 \geq 27 \quad \therefore a \geq 3$ ······ (1)

(라)조건에서
$f(x) - f'(x) = x\{x^2 - (a+3)x + 2a\} = 0$
모든 교점의 x좌표의 합은 $a+3$이고
$a+3 \leq 8 \quad \therefore a \leq 5$ ······ (2)
(1), (2)로부터 $3 \leq a \leq 5$

$f(6) = 36(6-a) \; (3 \leq a \leq 5)$에서
$36 \leq f(6) \leq 108$

$\therefore 36 + 108 = 144$

13) 57

$a = \frac{1}{2}k,\ b = -2k$

확률의 합은 1이므로

$\int_0^3 f(x)\,dx = k\left\{\int_0^2(\frac{1}{2}x^2+1)\,dx + \int_2^3(-2x+7)\,dx\right\} = \frac{16}{3}k = 1$

$\therefore\ k = \frac{3}{16}$

$P(1 \le X \le 3) = k\left\{\int_1^2(\frac{1}{2}x^2+1)\,dx + \int_2^3(-2x+7)\,dx\right\}$

$\qquad\qquad = \frac{25}{6}k = \frac{25}{32}$

그러므로 $p+q = 57$

14) 107

i) $1 \le k \le 5$일 때

$\lim\limits_{n \to \infty}\left(\frac{6}{k}\right)^n = \infty$이므로

$\frac{\infty}{\infty}$꼴의 극한값 계산에 의해 $a_k = \frac{6}{k}$

ii) $k = 6$일 때 $a_6 = \frac{3}{2}$

iii) $k \ge 7$일 때 $\lim\limits_{n \to \infty}\left(\frac{6}{k}\right)^n = 0$이므로 $a_k = 2$

그러므로

$\sum\limits_{k=1}^{10} ka_k = \sum\limits_{k=1}^{5}\left(k \times \frac{6}{k}\right) + 6 \times a_6 + \sum\limits_{k=7}^{10} k \times 2 = 30 + 9 + 68 = 107$

15) 2

$g(x) = (x^3+k)f(x)$

$g(1) = (1+k)f(1) = 24$ $\therefore\ f(1) = \frac{24}{1+k}$ $\cdots$ (1)

$g'(x) = 3x^2 f(x) + (x^3+k)f'(x)$

$g'(1) = 3f(1) + (1+k)f'(1) = 0$ $\cdots$ (2)

$f(1) - f'(1) = 16$에서 $f'(1) = f(1) - 16$을 (2)식에 대입하면

$(4+k)f(1) - 16(1+k) = 0$이다.

여기에 (1)식을 대입하면

$\frac{24(4+k)}{1+k} = 16(1+k)$

$2k^2 + k - 10 = 0$ $k = 2$ or $-\frac{5}{2}$

$\therefore\ k = 2$

16) 87

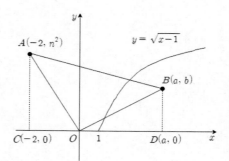

(삼각형 OAB의 넓이)=(사다리꼴 $ACDB$의 넓이)
  $-$(직각삼각형 ACO의 넓이)$-$(직각삼각형 BDO의 넓이)

$\triangle OAB = \frac{1}{2}(n^2+b)(a+2) - \frac{1}{2} \times 2 \times n^2 - \frac{1}{2} \times a \times b$

$\qquad\quad = \frac{1}{2} \times n^2 \times a + b$

$\therefore\ n^2 \times a + 2b \le 100$

i) $n = 2$일 때

$4a+2b \le 100$와 $a \ge b^2+1$을 동시에 만족하는 순서쌍은

$(24, 1),\ (24, 2)$ ---- 2

$(23, 1),\ (23, 2),\ (23, 3),\ (23, 4)$
$\cdots$
$(17, 1),\ (17, 2),\ (17, 3),\ (17, 4)$ ---- $7 \times 4 = 28$

$(16, 1),\ (16, 2),\ (16, 3)$
$(15, 1),\ (15, 2),\ (15, 3)$
$\cdots$
$(10, 1),\ (10, 2),\ (10, 3)$ ---- $7 \times 3 = 21$

$(9, 1),\ (9, 2)$
$(8, 1),\ (8, 2)$
$\cdots$
$(5, 1),\ (5, 2)$ ---- $5 \times 2 = 10$

$(4, 1)$
$(3, 1)$
$(2, 1)$ ---- $1 \times 3 = 3$

$\therefore\ f(2) = 2 + 28 + 21 + 10 + 3 = 64$

ii) $n = 3$일 때

$9a+2b \le 100$와 $a \ge b^2+1$을 동시에 만족하는 순서쌍은

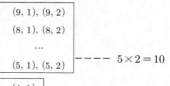

$(10, 1),\ (10, 2),\ (10, 3)$ ---- $1 \times 3 = 3$

(9, 1), (9, 2)

(8, 1), (8, 2)

...

(5, 1), (5, 2)　　---- $5 \times 2 = 10$

(4, 1)

(3, 1)

(2, 1)　---- $1 \times 3 = 3$

∴ $f(3) = 3 + 10 + 3 = 16$

iii) $n = 4$일 때

$16a + 2b \leq 100$와 $a \geq b^2 + 1$을 동시에 만족하는 순서쌍은

(6, 1), (6, 2)

(5, 1), (5, 2)　---- $2 \times 2 = 4$

(4, 1)

(3, 1)

(2, 1)　---- $1 \times 3 = 3$

∴ $f(4) = 4 + 3 = 7$

그러므로 $f(2) + f(3) + f(4) = 64 + 16 + 7 = 87$

[제8회 정답]

번호	1	2	3	4	5	6	7	8
정답	③	④	③	①	5	4	10	176

번호	9	10	11	12	13	14	15	16
정답	③	②	④	②	169	13	65	709

1) ③

ⅰ) 8이 2개인 경우 ‥‥‥ 1개
  $(8, 8, 1)$

ⅱ) 8이 1개인 경우 ‥‥‥ 5개
  $(8, \square, \square)$
  $1, 2, 4$ 중 중복을 허락하여 2개를 선택하는
  경우의 수($_3H_2$)에서 $(8, 4, 4)$를 제외하면 되므로
  $_3H_2 - 1 = {_4C_2} - 1 = 5$

ⅲ) 8이 0개인 경우 ‥‥‥ 10개
  $(\square, \square, \square)$
  $1, 2, 4$ 중 중복을 허락하여 3개를
  선택하는 경우의 수이므로
  $_3H_3 = {_5C_3} = 10$

∴ 16개

2) ④

ⅰ) S_1 구하기

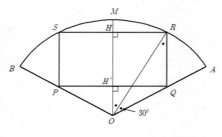

직각삼각형 ORH에서 $\overline{OR} = 1$, $\overline{RH} = \dfrac{1}{2}$ ∴ $\overline{SR} = 1$

직각삼각형 OQH'에서 $\overline{QH'} = \dfrac{1}{2}$, $\overline{OQ} = \dfrac{\sqrt{3}}{3}$

삼각형 OQR은 이등변삼각형이므로 $\overline{RQ} = \dfrac{\sqrt{3}}{3}$

따라서 직사각형 $PQRS$의 넓이는 $\dfrac{\sqrt{3}}{3}$

그러므로 $S_1 = \dfrac{\pi}{3} - \dfrac{\sqrt{3}}{3}$

ⅱ) 등비급수의 공비 구하기

R_2에서 새로 그려진 부채꼴의 반지름의 길이는

$$\sqrt{\left(\frac{1}{2}\right)^2 + \left(\frac{\sqrt{3}}{6}\right)^2} = \frac{\sqrt{3}}{3}$$

두 부채꼴의 닮음비는 $1 : \dfrac{\sqrt{3}}{3}$

넓이비는 $1 : \dfrac{1}{3}$

따라서 공비는 $\dfrac{1}{3}$

ⅲ) 급수의 합 구하기

$$\lim_{n\to\infty} S_n = \frac{\dfrac{\pi}{3} - \dfrac{\sqrt{3}}{3}}{1 - \dfrac{1}{3}} = \frac{\pi - \sqrt{3}}{2}$$

3) ③

모집단에서 택시 한 대의 주행거리를 확률변수 X라 하고
모표준편차를 σ라 하면 X는 $N(m, \sigma^2)$의 정규분포를 따른다.

표준화를 하면 $Z = \dfrac{X - m}{\sigma}$이므로

$$P(X \le m + c) = P\left(Z \le \frac{c}{\sigma}\right) \text{이다.}$$

한편 표본의 크기가 16인 표본평균 $\overline{X}$는
$N\left(m, \dfrac{\sigma^2}{16}\right)$의 정규분포를 따르고,
신뢰도 95%로 추정한 신뢰구간의 길이 l은
$l = 2 \times 1.96 \times \dfrac{\sigma}{\sqrt{n}} = 2 \times 1.96 \times \dfrac{\sigma}{4}$이다.

$2c = 2 \times 1.96 \times \dfrac{\sigma}{4}$ ∴ $c = 0.49\sigma$
따라서 $P(Z \le 0.49) = 0.6879$

4) ①

조건을 만족하는 일차함수나
이차함수는 존재하지 않는다.
또한 사차함수 이상도 조건을
만족시킬 수 없다.
따라서 $f(x)$는 삼차함수이고
$f(0) = -3$이므로
$f(x) = x^3 + ax^2 + bx - 3$라 하면
$f'(x) = 3x^2 + 2ax + b$ 이다.

$y = 6x - 6$은 $y = 2x^3 - 2$의
그래프 위의 점 $(1, 0)$에서의
접선의 방정식이므로 주어진 조건을 만족하려면
$f(x)$는 $f(1) = 0$이고 $f'(1) = 6$이어야 한다.

$f(1) = 1 + a + b - 3 = 0$ $\therefore$ $a + b = 2$

$f'(1) = 3 + 2a + b = 6$ $\therefore$ $2a + b = 3$

연립하면 $a = 1$, $b = 1$

그러므로 $f(3) = 27 + 9 + 3 - 3 = 36$

5) 5

곡선 $y = \dfrac{1}{3}x^3 + \dfrac{11}{3}$ 위의 점 P의 좌표를

$P\left(t, \dfrac{1}{3}t^3 + \dfrac{11}{3}\right)$이라 두면

직선 $y = x - 10$과의 거리가 최소인 점 P는

기울기가 1인 접선의 접점의 좌표이다.

곡선 $f(x) = \dfrac{1}{3}x^3 + \dfrac{11}{3}$ 의 도함수는 $f'(x) = x^2$ 이고

$x = t$에서의 접선의 기울기는 $f'(t) = t^2$ 이다.

접선의 기울기가 1 이므로

$t^2 = 1$, $\therefore$ $t = 1$ $(t > 0)$

그러므로 접점의 좌표는 $(1, 4)$ 이다.

$\therefore$ $a + b = 5$

6) 4

원의 중심이 $(3n, 4n)$이고 y축에 접하므로

반지름의 길이는 $3n$이다.

$(0, -1)$과 원의 중심 $(3n, 4n)$ 사이의 거리를 d라 하면

최댓값 $a_n = d + 3n$

최솟값 $b_n = d - 3n$

$d = \sqrt{9n^2 + (4n+1)^2} = \sqrt{25n^2 + 8n + 1}$ 이므로

$\displaystyle\lim_{n \to \infty} \dfrac{a_n}{b_n} = \lim_{n \to \infty} \dfrac{\sqrt{25n^2 + 8n + 1} + 3n}{\sqrt{25n^2 + 8n + 1} - 3n}$

분자와 분모를 n으로 나누면

$\displaystyle\lim_{n \to \infty} \dfrac{\sqrt{25 + \dfrac{8}{n} + \dfrac{1}{n^2}} + 3}{\sqrt{25 + \dfrac{8}{n} + \dfrac{1}{n^2}} - 3} = \dfrac{5+3}{5-3} = 4$

7) 10

$P(x \le X \le 3) = a(3-x)$ $(0 \le x \le 3)$에서

$x = 0$일 때 $P(0 \le X \le 3) = 3a = 1$ $\therefore$ $a = \dfrac{1}{3}$

$P(0 \le X < x) = 1 - P(x \le X \le 3) = 1 - \dfrac{1}{3}(3-x)$

$x = \dfrac{1}{3}$을 대입하면

$P\left(0 \le X < \dfrac{1}{3}\right) = 1 - \dfrac{1}{3}\left(3 - \dfrac{1}{3}\right) = \dfrac{1}{9}$

$\therefore$ $p + q = 10$

8) 176

(나)와 (다)조건을 만족시키려면 평행이동의 고려가 필요하다. 아래 그래프와 같이 x축 방향으로 $1, 2, -1, -2$만큼 평행이동을 하면 빗금 친 영역에 점 (a, b)가 있을 경우 조건을 모두 만족시킨다.

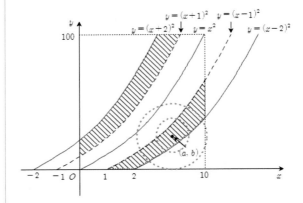

i) $(a-2)^2 \le b < (a-1)^2$인 경우

$a = 1$일 때, 만족하는 자연수 b는 없다.

$a = 2$일 때, $0 \le b < 1$이므로 만족하는 b는 없다.

$a = 3$일 때, $1 \le b < 4$이므로 $b = 1, 2, 3$

$a = 4$일 때, $4 \le b < 9$이므로 $b = 4, 5, 6, 7, 8$

$a = 5$일 때, $9 \le b < 16$이므로 $b = 8, 9, \cdots, 15$

$\vdots$

$a = 10$일 때, $8^2 \le b < 9^2$이므로 $b = 64, 65, \cdots, 80$

$\therefore$ $3 + 5 + 7 + \cdots + 17 = 80$개

ii) $(a+1)^2 < b \le (a+2)^2$인 경우

$a = 1$일 때, $2^2 < b \le 3^2$이므로 $b = 5, 6, 7, 8, 9$

$a = 2$일 때, $3^2 < b \le 4^2$이므로 $b = 10, 11, \cdots, 16$

$\vdots$

$a = 8$일 때, $9^2 < b \le 10^2$이므로 $b = 82, 83, \cdots, 100$

$\therefore$ $5 + 7 + 9 + \cdots + 19 = 96$개

그러므로 모든 순서쌍의 개수는 $80 + 96 = 176$개

9) ③

ⅰ) 8이 2개인 경우 …… 3가지
$(8, 8, 1), (8, 1, 8), (1, 8, 8)$

ⅱ) 8이 1개인 경우 …… 24가지
$(8, \square, \square)$
$1, 2, 4$ 중 중복을 허락하여 2개를 선택하는
순열의 수$(_3\Pi_2)$에서 $(8, 4, 4)$를 제외하고,
8의 순서를 고려하면 되므로
$(_3\Pi_2 - 1) \times 3 = (3^2 - 1) \times 3 = 24$

ⅲ) 8이 0개인 경우 …… 27가지
$(\square, \square, \square)$
$1, 2, 4$ 중 중복을 허락하여 3개를 선택하는
순열의 수이므로
$_3\Pi_3 = 3^3 = 27$

∴ 54가지

10) ②

ⅰ) S_1 구하기

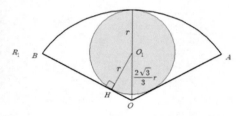

부채꼴에 내접하는 원 O_1의 반지름을 r이라 하면
직각삼각형 OHO_1에서 $\angle O_1OH = 60°$이므로 $\overline{O_1O} = \dfrac{2\sqrt{3}}{3}r$
따라서 $r + \dfrac{2\sqrt{3}}{3}r = 1$, ∴ $r = 2\sqrt{3} - 3$
그러므로 $S_1 = (2\sqrt{3} - 3)^2\pi = (21 - 12\sqrt{3})\pi$

ⅱ) 등비급수의 공비 구하기

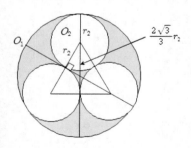

원 O_2의 반지름을 r_2라 하면
위 그림과 같이 $r_2 + \dfrac{2\sqrt{3}}{3}r_2 = r_1 = 2\sqrt{3} - 3$
그러므로 $r_2 = \dfrac{2\sqrt{3} - 3}{1 + \dfrac{2\sqrt{3}}{3}} = 21 - 12\sqrt{3}$

두 원 O_1과 O_2의 닮음비는 반지름 길이의 비와 같으므로
$r_1 : r_2 = (2\sqrt{3} - 3) : (21 - 12\sqrt{3}) = 1 : 2\sqrt{3} - 3$
넓이비는 $1 : 21 - 12\sqrt{3}$

원의 개수가 3배씩 늘어나고
색칠된 부분은 교대로 줄었다 늘었다를 반복하므로
등비급수의 공비는 $-3(21 - 12\sqrt{3})$

ⅲ) 급수의 합 구하기

$\displaystyle\lim_{n\to\infty} S_n = \dfrac{(21 - 12\sqrt{3})\pi}{1 + 3(21 - 12\sqrt{3})} = \dfrac{3(7 - 4\sqrt{3})}{4(16 - 9\sqrt{3})}\pi = \dfrac{12 - 3\sqrt{3}}{52}\pi$
그러므로 $a + b = 9$

11) ④

모집단에서 택시 한 대의 주행거리를 확률변수 X라 하고
모표준편차를 σ라 하면 X는 $N(m, \sigma^2)$의 정규분포를 따른다.

표본의 크기가 16인 표본평균 $\overline{X}$는
$N\left(m, \dfrac{\sigma^2}{16}\right)$의 정규분포를 따른다.
신뢰도 95%의 신뢰구간의 길이가 $2c$이므로
$2c = 2 \times 1.96 \times \dfrac{\sigma}{4}$ ∴ $c = 0.49\sigma$

표본의 크기가 9인 표본평균 $\overline{X}$는
$N\left(m, \dfrac{\sigma^2}{9}\right)$의 정규분포를 따른다.
표준화를 하면 $Z = \dfrac{3(X - m)}{\sigma}$이므로
$P(\overline{X} \geq m + c) = P\left(Z \geq \dfrac{3c}{\sigma}\right)$이다.

따라서 $P(Z \geq 1.47) = 0.0708 = \dfrac{708}{10^4}$
∴ $k = 708$

12) ②

조건을 만족하는 일차함수나
이차함수는 존재하지 않는다.
또한 사차함수 이상도 조건을
만족시킬 수 없다.

따라서 $f(x)$는 삼차함수이고
$f(0) = -3$이므로
$f(x) = x^3 + ax^2 + bx - 3$라 하면
$f'(x) = 3x^2 + 2ax + b$이다.

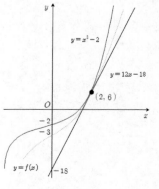

$y = 12x - 18$은 $y = x^3 - 2$의 그래프 위의 점 $(2, 6)$에서의
접선의 방정식이므로 주어진 조건을 만족하려면
$f(x)$는 $f(2) = 6$이고 $f'(2) = 12$이어야 한다.

$f(2) = 8 + 4a + 2b - 3 = 6$ ∴ $4a + 2b = 1$
$f'(2) = 12 + 4a + b = 12$ ∴ $4a + b = 0$

연립하면 $a = -\dfrac{1}{4}$, $b = 1$

그러므로 $f(2) = 8 - 1 + 2 - 3 = 6$

13) 169

곡선 $y = \dfrac{1}{3}x^3 + \dfrac{11}{3}$ 위의 점 P의 좌표를

$P\left(t, \dfrac{1}{3}t^3 + \dfrac{11}{3}\right)$이라 두자.

직선 $y = x - 10$과의 거리가 최소인 점 P는 기울기가 1인
접선의 접점의 좌표이다.

곡선 $f(x) = \dfrac{1}{3}x^3 + \dfrac{11}{3}$ 의 도함수는 $f'(x) = x^2$ 이고

$x = t$에서의 접선의 기울기는 $f'(t) = t^2$ 이다.
접선의 기울기가 1이므로
$t^2 = 1$, ∴ $t = 1\ (t > 0)$
접점의 좌표는 $(1, 4)$ 이다.

거리의 최솟값은 점 $(1, 4)$와 직선 $x - y - 10 = 0$ 사이의
거리이므로

$k = \dfrac{|1 - 4 - 10|}{\sqrt{2}} = \dfrac{13}{\sqrt{2}}$

∴ $2k^2 = 169$

14) 13

$\overline{AB} = \sqrt{9 + 16} = 5$로 정해져 있으므로
높이의 최대, 최소를 정하면 된다.

$\overline{AB}$의 기울기는 $-\dfrac{4}{3}$이므로

기울기가 $-\dfrac{4}{3}$인 원의 접선의 접점이
높이가 최대, 최소가 되는 P이다.

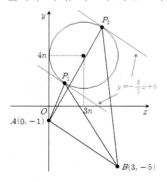

접선의 방정식을 $y = -\dfrac{4}{3}x + b$라 두면 중심의 좌표 $(3n, 4n)$과

$4x + 3y - 3b = 0$ 사이의 거리가 반지름 $3n$이 되어야 하므로

$\dfrac{|24n - 3b|}{5} = 3n$ ∴ $b = 3n$ or $13n$ 이다.

높이는 평행선 사이의 거리이므로

$(0, -1)$과 접선 $4x + 3y - 39n = 0$ 사이의 거리

$\dfrac{|-3 - 39n|}{5} = \dfrac{39n + 3}{5}$이고, 이것이 최대 높이이다.

$(0, -1)$과 접선 $4x + 3y - 9n = 0$ 사이의 거리는

$\dfrac{|-3 - 9n|}{5} = \dfrac{9n + 3}{5}$이고, 이것이 최소 높이이다.

따라서 삼각형 넓이의 최댓값 a_n과 최솟값 b_n은

$a_n = \dfrac{1}{2} \times 5 \times \dfrac{39n + 3}{5} = \dfrac{39n + 3}{2}$

$b_n = \dfrac{1}{2} \times 5 \times \dfrac{9n + 3}{5} = \dfrac{9n + 3}{2}$ 이다.

∴ $3 \times \lim\limits_{n \to \infty} \dfrac{a_n}{b_n} = 3 \times \lim\limits_{n \to \infty} \dfrac{39n + 3}{9n + 3} = 3 \times \dfrac{39}{9} = 13$

15) 65

$P(x \le X \le 2) = a(2 - x)\ (0 \le x \le 2)$에서
$x = 0$일 때 $P(0 \le X \le 2) = 2a$

$P(2 \le X \le y) = b(y - 2)\ (2 \le y \le 4)$에서
$y = 4$일 때 $P(2 \le X \le 4) = 2b$

확률의 합은 1 이므로 $2a + 2b = 1$

a, b가 양수이므로 산술기하평균에 의해

$1 \ge 2\sqrt{4ab}$ ∴ $ab \le \dfrac{1}{16}$

ab의 최댓값은 $\dfrac{1}{16}$이고 그때의 $a = \dfrac{1}{4}$, $b = \dfrac{1}{4}$이다.

$P(0 \le X \le ab)$의 값이 최대가 되려면
ab가 최대가 되어야 하므로

$P\left(0 \le X \le \dfrac{1}{16}\right) = 1 - P\left(\dfrac{1}{16} \le X \le 2\right) - P(2 \le X \le 4)$

$= 1 - a\left(2 - \dfrac{1}{16}\right) - 2b = 1 - \dfrac{1}{4}\left(2 - \dfrac{1}{16}\right) - 2 \times \dfrac{1}{4} = \dfrac{1}{64}$

∴ $p + q = 65$

16) 709

(나)와 (다)조건을 만족시키려면 평행이동의 고려가 필요하다. 아래 그래프와 같이 x축 방향으로 $2, 4, -2, -4$만큼 평행이동을 하면 빗금 친 영역에 점 (a, b)가 있을 경우 조건을 모두 만족시킨다.

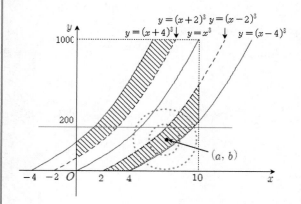

i) $(a-4)^3 \le b < (a-2)^3$인 경우

   $a = 1, 2, 3$일 때, 만족하는 자연수 b는 없다.
   $a = 4$일 때, $0 \le b < 2^3$이므로 $b = 1, 2, \cdots, 7$
   $a = 5$일 때, $1^3 \le b < 3^3$이므로 $b = 1, 2, \cdots, 26$
   $a = 6$일 때, $2^3 \le b < 4^3$이므로 $b = 8, 9, \cdots, 63$
   $a = 7$일 때, $3^3 \le b < 5^3$이므로 $b = 27, 28, \cdots, 124$
   $a = 8$일 때, $4^3 \le b < 6^3$이므로 $b = 64, 65, \cdots, 200$
   $a = 9$일 때, $5^3 \le b < 7^3$이므로 $b = 125, 126, \cdots, 200$
   $a = 10$일 때, 만족하는 200이하의 자연수 b는 없다.

   $\therefore 7 + 26 + 56 + 98 + 137 + 76 = 400$개

ii) $(a+2)^3 < b \le (a+4)^3$인 경우

   $a = 1$일 때, $3^3 < b \le 5^3$이므로 $b = 28, 29, \cdots, 125$
   $a = 2$일 때, $4^3 < b \le 6^3$이므로 $b = 65, 66, \cdots, 200$
   $a = 3$일 때, $5^3 < b \le 7^3$이므로 $b = 126, 127, \cdots, 200$
   $a \ge 4$일 때, 만족하는 200이하의 자연수 b는 없다.

   $\therefore 98 + 136 + 75 = 309$개

그러므로 모든 순서쌍의 개수는 $400 + 309 = 709$개

[제9회 정답]

번호	1	2	3	4	5	6	7	8
정답	④	①	③	⑤	34	8	10	51

번호	9	10	11	12	13	14	15	16
정답	④	③	①	⑤	38	9	22	82

---

1) ④

$2a_{n+1} = 3a_n - \dfrac{6(n+1)-4}{(n+1)!}$ 에서

$2a_{n+1} - \dfrac{4}{(n+1)!} = 3a_n - 3 \times \dfrac{2}{n!}$

$\therefore$ (가) $= f(n) = \dfrac{2}{n!}$

$b_1 = 1$, 공비가 $\dfrac{3}{2}$ 인 등비수열이므로

$b_n = \left(\dfrac{3}{2}\right)^{n-1}$

$\therefore$ (나) $= g(n) = \left(\dfrac{3}{2}\right)^{n-1}$

그러므로 $f(3) \times g(3) = \dfrac{1}{3} \times \dfrac{9}{4} = \dfrac{3}{4}$

2) ①

ⅰ) S_1 구하기

반지름이 1인 사분원이므로 $S_1 = \dfrac{\pi}{4}$

ⅱ) 등비급수의 공비 구하기

대각선 $A_2 C_2$는 반지름 2에서 반지름 1을 빼면 되므로
$\overline{A_2 C_2} = 1$
직사각형은 가로와 세로의 길이의 비가 $2 : 1$이므로
$\overline{A_2 D_2} = 2k$, $\overline{D_2 C_2} = k$라 두면 직각삼각형 $A_2 C_2 D_2$에서

$(2k)^2 + k^2 = 1$ $\therefore$ $k^2 = \dfrac{1}{5}$

직사각형 $A_1 B_1 C_1 D_1$과 직사각형 $A_2 B_2 C_2 D_2$는
닮은 도형이다.

닮음비는 $1 : k$이고 넓이비는 $1 : k^2 = 1 : \dfrac{1}{5}$이다.

따라서 등비급수의 공비는 $\dfrac{1}{5}$이다.

ⅲ) 등비급수의 합 구하기

$\lim\limits_{n \to \infty} S_n = \dfrac{\dfrac{\pi}{4}}{1 - \dfrac{1}{5}} = \dfrac{5}{16}\pi$

3) ③

$f(x) = \dfrac{-bx + 2}{x - \dfrac{1}{b}}$ 이므로

점근선의 방정식은 $x = \dfrac{1}{b}$, $y = -b$이고 x절편은 $\dfrac{2}{b}$이다.

$g(x) = \dfrac{ax - 2}{x - \dfrac{1}{a}}$ 이므로

점근선의 방정식은 $x = \dfrac{1}{a}$, $y = a$이고 x절편은 $\dfrac{2}{a}$이다.

$f(x)$의 x절편 $\dfrac{2}{b}$가 $g(x)$의 점근선 $x = \dfrac{1}{a}$ 위에 있어야 하므로

$\dfrac{2}{b} = \dfrac{1}{a}$ $\therefore$ $b = 2a$

한편, 조건에서 $0 < a < 1 < b$이므로
$b = 2a$를 대입하여 정리하면
$\dfrac{1}{2} < a < 1$이다.

4) ⑤

조건 (나)에서

$\lim\limits_{x \to 1} \dfrac{f(x)}{g(x)} = 0$ ··· (1)

$\lim\limits_{x \to 2} \dfrac{f(x)}{g(x)} = 0$ ··· (2)

$\lim\limits_{x \to 3} \dfrac{f(x)}{g(x)} = 2$ ··· (3)

$\lim\limits_{x \to 4} \dfrac{f(x)}{g(x)} = 6$ ··· (4)

(1)식에서 $g(1) = 0$이므로
극한값이 존재하고 (분모)→0이므로 (분자)→0이어야 한다.
즉, $\lim\limits_{x \to 1} f(x) = f(1) = 0$
또한, 극한값이 0이므로
$f(x)$는 $(x-1)^2$을 인수로 가져야 한다.

(2)식에서 극한값이 0이 되려면 분모와 관계없이
분자는 0이어야 한다.
즉, $\lim\limits_{x \to 2} f(x) = f(2) = 0$

따라서 $f(x) = (x-1)^2 (x-2)$로 완전히 결정된다.

한편 $g(x)$는 (가)조건에 의해
$g(x) = (x-1)(x-\alpha)(x-\beta)$라 둘 수 있다.

(3)식에서 $\lim\limits_{x \to 3} \dfrac{(x-1)^2(x-2)}{(x-1)(x-\alpha)(x-\beta)} = \dfrac{2}{(3-\alpha)(3-\beta)} = 2$

(4)식에서 $\lim\limits_{x \to 4} \dfrac{(x-1)^2(x-2)}{(x-1)(x-\alpha)(x-\beta)} = \dfrac{6}{(4-\alpha)(4-\beta)} = 6$

위 두 식을 정리하면
$9 - 3(\alpha + \beta) + \alpha\beta = 1 \cdots (5)$
$16 - 4(\alpha + \beta) + \alpha\beta = 1 \cdots (6)$

두 식을 연립하면 $\alpha + \beta = 7$, $\alpha\beta = 13$
$g(5) = 4(5 - \alpha)(5 - \beta) = 4\{25 - 5(\alpha + \beta) + \alpha\beta\} = 12$

5) 34

$\sum_{k=1}^{n}(a_{k+1} - a_k) = 2n + 1 \quad \cdots\cdots (1)$
n에 $n-1$을 대입하면
$\sum_{k=1}^{n-1}(a_{k+1} - a_k) = 2(n-1) + 1 \quad \cdots\cdots (2)$

(1)식에서 (2)식을 빼면
$a_{n+1} - a_n = 2 \ (n \geq 2)$
$n = 2, 3, 4, \cdots, n-1$을 차례로 대입한 식들을 모두 더하면

$a_3 - a_2 = 2$
$a_4 - a_3 = 2$
$\vdots$
$a_n - a_{n-1} = 2$

$a_n = a_2 + 2(n-2) \ (n \geq 2)$

(1)식에 $n = 1$을 대입하면
$a_2 - a_1 = 3 \ \therefore a_2 = 18$

따라서 $a_1 = 15$, $a_n = 18 + 2(n-2) = 2n + 14 \ (n \geq 2)$
즉, 제2항부터 등차수열을 이루는 수열이다.
그러므로 $a_{10} = 2 \times 10 + 14 = 34$

6) 8

규칙성을 조사하면
$(x_1, y_1) = (1, 1)$
$(x_2, y_2) = (1, 4)$
$(x_3, y_3) = (4, 4)$
$(x_4, y_4) = (4, 1)$
$(x_5, y_5) = (1, 1)$
$\vdots$
4개씩 반복하는 규칙이다.

$2015 = 4 \times 503 + 3$으로 나머지가 3인 그룹이다
따라서 $(x_{2015}, y_{2015}) = (4, 4)$
그러므로 $x_{2015} + y_{2015} = 8$

7) 10

$\lim_{x \to \infty} \dfrac{f(x) - x^3}{x^2} = -11$ 에서
$f(x) = x^3 - 11x^2 + ax + b$ 라 둘 수 있다.

$\lim_{x \to 1} \dfrac{f(x)}{x - 1} = -9$ 에서
$f(1) = 0$ 이고 $f'(1) = -9$ 이므로

$f(1) = 1 - 11 + a + b = 0 \ \therefore b = 10 - a$

$f'(x) = 3x^2 - 22x + a$
$f'(1) = 3 - 22 + a = -9 \ \therefore a = 10, \ b = 0$
따라서 $f(x) = x^3 - 11x^2 + 10x$

$\lim_{x \to \infty} xf\left(\dfrac{1}{x}\right)$ 에서 $t = \dfrac{1}{x}$ 로 치환하면
$\lim_{t \to 0} \dfrac{f(t)}{t} = \lim_{t \to 0} \dfrac{t^3 - 11t^2 + 10t}{t} = 10$

8) 51

$f(x) = \dfrac{\sqrt{x+4}}{2}$ 의 그래프는 다음과 같다.

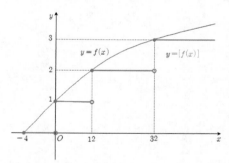

$1 \leq a \leq b \leq 20$이므로
$[f(a)] = 1$ or 2, $\quad [f(b)] = 1$ or 2 이다.

i) $[f(a)] = 1$, $[f(b)] = 1$인 경우
$\quad a = 1, 2, \cdots, 11$이고 $\ b = 1, 2, \cdots, 11$
$\quad g(a) = f(a) - 1$, $g(b) = f(b) - 1$이므로
$\quad f(b) - f(a) \leq g(a) - g(b)$에서
$\quad f(b) \leq f(a)$이고 $a \leq b \leq 20$이므로
$\quad a = b$인 경우만 만족한다.
$\quad (1, 1), (2, 2), \cdots, (11, 11) \ \rightarrow \ 11$개

ii) $[f(a)] = 2$, $[f(b)] = 2$인 경우
$\quad a = 12, 13, \cdots, 20$이고 $\ b = 12, 13, \cdots, 20$
$\quad g(a) = f(a) - 2$, $g(b) = f(b) - 2$이므로
$\quad f(b) - f(a) \leq g(a) - g(b)$에서
$\quad f(b) \leq f(a)$이고 $a \leq b \leq 20$이므로
$\quad a = b$인 경우만 만족한다.
$\quad (12, 12), (13, 13), \cdots, (20, 20) \ \rightarrow \ 9$개

iii) $[f(a)]=1$, $[f(b)]=2$인 경우

$a=1, 2, \cdots, 11$이고 $b=12, 13, \cdots, 20$

$g(a)=f(a)-1$, $g(b)=f(b)-2$이므로

$f(b)-f(a) \le g(a)-g(b)$에서

$2f(b) \le 2f(a)+1$

$\sqrt{b+4} \le \sqrt{a+4}+1$

양변을 제곱하여 정리하면

$b \le a+1+\sqrt{4(a+4)}$

(a, b) 순서쌍을 조사하면

$a=1, 2, 3, 4$일 때, 만족하는 b는 없다.

$a=5$일 때 $b \le 6+\sqrt{36}=12$이므로 $b=12$

$a=6$일 때 $b \le 7+\sqrt{40}=13.xxx$이므로 $b=12, 13$

$a=7$일 때 $b \le 8+\sqrt{44}=14.xxx$이므로 $b=12, 13, 14$

$a=8$일 때 $b \le 9+\sqrt{48}=15.xxx$이므로 $b=12, 13, 14, 15$

$a=9$일 때 $b \le 10+\sqrt{52}=17.xxx$이므로 $b=12, 13, \cdots, 17$

$a=10$일 때 $b \le 11+\sqrt{56}=18.xxx$이므로 $b=12, 13, \cdots, 18$

$a=11$일 때 $b \le 12+\sqrt{60}=19.xxx$이므로 $b=12, 13, \cdots, 19$

$\therefore 1+2+3+4+6+7+8=31$

따라서 모든 순서쌍의 개수는 $11+9+31=51$

9) ④

$2a_{n+1}=3a_n-\dfrac{6(n+1)-4}{(n+1)!}$ 에서

$2a_{n+1}-\dfrac{4}{(n+1)!}=3a_n-3 \times \dfrac{2}{n!}$

$\therefore$ (가) $=\dfrac{2}{n!}$

$b_1=1$, 공비가 $\dfrac{3}{2}$인 등비수열이므로

$b_n=\left(\dfrac{3}{2}\right)^{n-1}$

$\therefore$ (나) $=\left(\dfrac{3}{2}\right)^{n-1}$

그러므로 $a_n=\dfrac{2}{n!}+\left(\dfrac{3}{2}\right)^{n-1}$

$\therefore a_3=\dfrac{1}{3}+\dfrac{9}{4}=\dfrac{4}{12}+\dfrac{27}{12}=\dfrac{31}{12}$

10) ③

i) S_1 구하기

반지름이 1인 사분원이므로 $S_1=\dfrac{\pi}{4}$

ii) 등비급수의 공비 구하기

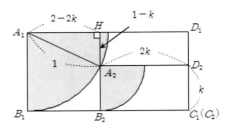

직사각형은 가로와 세로의 길이의 비가 $2:1$이므로

$\overline{A_2 D_2}=2k$, $\overline{D_2 C_2}=k$라 두면 직각삼각형 $A_1 A_2 H$에서

$(2-2k)^2+(1-k)^2=1$

$(1-k)^2=\dfrac{1}{5}$ $\therefore k=1-\dfrac{\sqrt{5}}{5}$ $(\because k<1)$

직사각형 $A_1 B_1 C_1 D_1$과 직사각형 $A_2 B_2 C_2 D_2$는 닮은 도형이므로

닮음비는 $1:k$이고 넓이비는 $1:k^2=1:\dfrac{6-2\sqrt{5}}{5}$이다.

따라서 등비급수의 공비는 $\dfrac{6-2\sqrt{5}}{5}$이다.

iii) 등비급수의 합 구하기

$$\lim_{n \to \infty} S_n = \dfrac{\dfrac{\pi}{4}}{1-\dfrac{6-2\sqrt{5}}{5}}=\dfrac{5+10\sqrt{5}}{76}\pi$$

$\therefore a+b=15$

11) ①

$f(x)=\dfrac{-b^2 x+2a}{bx-1}$는 점근선의 방정식은 $x=\dfrac{1}{b}$, $y=-b$이고

x절편은 $\dfrac{2a}{b^2}$이다.

$g(x)=\dfrac{a^2 x-2b}{ax-1}$는 점근선의 방정식은 $x=\dfrac{1}{a}$, $y=a$이고

x절편은 $\dfrac{2b}{a^2}$이다.

$f(x)$의 x절편 $\dfrac{2a}{b^2}$가 $g(x)$의 점근선 $x=\dfrac{1}{a}$

위에 있어야 하므로

$\dfrac{2a}{b^2}=\dfrac{1}{a}$ $\therefore b^2=2a^2$

a, b 모두 양수이므로 $b=\sqrt{2}a$

한편, 조건에서 $0<a<1<b$이므로

$b=\sqrt{2}a$를 대입하여 정리하면

$\dfrac{1}{\sqrt{2}}<a<1$이다.

$\therefore b=\sqrt{2}a$ $\left(\dfrac{\sqrt{2}}{2}<a<1\right)$

그러므로 $11k\alpha\beta=11 \times \sqrt{2} \times \dfrac{\sqrt{2}}{2} \times 1=11$

12) ⑤

조건 (나)에서

$$\lim_{x \to 1} \frac{f(x)}{g(x)} = 0 \quad \cdots (1)$$

$$\lim_{x \to 2} \frac{f(x)}{g(x)} = 0 \quad \cdots (2)$$

$$\lim_{x \to 3} \frac{f(x)}{g(x)} = 2 \quad \cdots (3)$$

$$\lim_{x \to 4} \frac{f(x)}{g(x)} = 6 \quad \cdots (4)$$

(1)식에서 $g(1) = 0$이므로

극한값이 존재하고 (분모)→0이므로 (분자)→0이어야 한다.

즉, $\lim_{x \to 1} f(x) = f(1) = 0$

또한 극한값이 0이므로 $f(x)$는 $(x-1)^2$을 인수로 가져야 한다.

(2)식에서 $g(2) = 0$이므로

극한값이 존재하고 (분모)→0이므로 (분자)→0이어야 한다.

즉, $\lim_{x \to 2} f(x) = f(2) = 0$

또한 극한값이 0이므로 $f(x)$는 $(x-2)^2$을 인수로 가져야 한다.

따라서 $f(x) = (x-1)^2(x-2)^2$로 완전히 결정된다.

한편 $g(x)$는 (가)조건에 의해

$g(x) = (x-1)(x-2)(x-\alpha)(x-\beta)$라 둘 수 있다.

(3)식에서 $\displaystyle\lim_{x \to 3} \frac{(x-1)^2(x-2)^2}{(x-1)(x-2)(x-\alpha)(x-\beta)} = \frac{2}{(3-\alpha)(3-\beta)} = 2$

(4)식에서 $\displaystyle\lim_{x \to 4} \frac{(x-1)^2(x-2)^2}{(x-1)(x-2)(x-\alpha)(x-\beta)} = \frac{6}{(4-\alpha)(4-\beta)} = 6$

위 두 식을 정리하면

$9 - 3(\alpha+\beta) + \alpha\beta = 1 \quad \cdots (5)$

$16 - 4(\alpha+\beta) + \alpha\beta = 1 \quad \cdots (6)$

두 식을 연립하면 $\alpha+\beta = 7$, $\alpha\beta = 13$

$g(5) = 4 \times 3 \times (5-\alpha) \times (5-\beta) = 12\{25 - 5(\alpha+\beta) + \alpha\beta\} = 36$

13) 38

$$\sum_{k=1}^{n} \frac{a_{k+1}}{a_k} = 2^n + 1 \quad (n \geq 1) \quad \cdots\cdots (1)$$

n에 $n-1$을 대입하면

$$\sum_{k=1}^{n-1} \frac{a_{k+1}}{a_k} = 2^{n-1} + 1 \quad \cdots\cdots (2)$$

(1)식에서 (2)식을 빼면

$$\frac{a_{n+1}}{a_n} = 2^{n-1} \quad (n \geq 2)$$

$n = 2, 3, 4, \cdots, n-1$을 차례로 대입한 식들을 모두 곱하면

$$\frac{a_3}{a_2} = 2$$

$$\frac{a_4}{a_3} = 2^2$$

$$\vdots$$

$$\frac{a_n}{a_{n-1}} = 2^{n-2}$$

$$a_n = a_2 \times 2 \times 2^2 \times 2^3 \times \cdots \times 2^{n-2} \quad (n \geq 2)$$

한편, (1)식에 $n = 1$을 대입하면

$$\frac{a_2}{a_1} = 3 \quad \therefore a_2 = 9$$

따라서 $a_1 = 3$, $a_n = 9 \times 2^{\frac{(n-1)(n-2)}{2}} \quad (n \geq 2)$

그러므로 $a_{10} = 9 \times 2^{36} = 2^{36} \times 3^2$

$\therefore a + b = 38$

14) 9

규칙성을 조사하면

$(x_1, y_1) = (1, 1)$

$(x_2, y_2) = (1, 4)$

$(x_3, y_3) = (4, 4) \quad (x_6, y_6) = (4, 4)$

$(x_4, y_4) = (5, 5) \quad (x_7, y_7) = (5, 5) \quad \cdots$

$(x_5, y_5) = (5, 4) \quad (x_8, y_8) = (5, 4)$

(x_3, y_3)부터 3개씩 반복하는 규칙이다.

$2015 = 3 \times 671 + 2$으로 나머지가 2인 그룹이다

따라서 $(x_{2015}, y_{2015}) = (5, 4)$

그러므로 $x_{2015} + y_{2015} = 9$

15) 22

$\displaystyle\lim_{x \to \infty} \frac{f(x) - x^3}{x^2} = -11$ 에서

$f(x) = x^3 - 11x^2 + ax + b$ 라 둘 수 있다.

$\displaystyle\lim_{x \to 1} \frac{f(x)}{x - 1} = -9$ 에서

$f(1) = 0$ 이고 $f'(1) = -9$ 이므로

$f(1) = 1 - 11 + a + b = 0 \quad \therefore b = 10 - a$

$f'(x) = 3x^2 - 22x + a$

$f'(1) = 3 - 22 + a = -9 \quad \therefore a = 10, b = 0$

따라서 $f(x) = x^3 - 11x^2 + 10x$, $f'(x) = 3x^2 - 22x + 10$

$\displaystyle\lim_{x \to \infty} x\left\{10 - f'\left(\frac{1}{x}\right)\right\}$ 에서 $t = \frac{1}{x}$로 치환하면

$\displaystyle\lim_{t \to 0} \frac{10 - f'(t)}{t} = \lim_{t \to 0} \frac{-3t^2 + 22t}{t} = 22$

16) 82

$f(x) = \dfrac{\sqrt{x+1}}{3}$ 의 그래프는 다음과 같다.

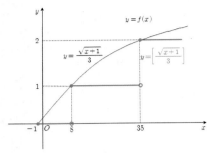

$1 \le a \le b \le 20$이므로
$[f(a)] = 0$ or 1, $[f(b)] = 0$ or 1 이다.

ⅰ) $[f(a)] = 0$, $[f(b)] = 0$인 경우
    $a = 1, 2, \cdots, 7$이고 $b = 1, 2, \cdots, 7$
    $g(a) = f(a)$, $g(b) = f(b)$이므로
    $f(b) - f(a) \le 2g(a) - 2g(b)$에서
    $f(b) \le f(a)$이고 $a \le b \le 20$이므로
    $a = b$인 경우만 만족한다.
    $(1, 1), (2, 2), \cdots, (7, 7)$ → 7개

ⅱ) $[f(a)] = 1$, $[f(b)] = 1$인 경우
    $a = 8, 9, \cdots, 20$이고 $b = 8, 9, \cdots, 20$
    $g(a) = f(a) - 1$, $g(b) = f(b) - 1$이므로
    $f(b) - f(a) \le 2g(a) - 2g(b)$에서
    $f(b) \le f(a)$이고 $a \le b \le 20$이므로
    $a = b$인 경우만 만족한다.
    $(8, 8), (9, 9), \cdots, (20, 20)$ → 13개

ⅲ) $[f(a)] = 0$, $[f(b)] = 1$인 경우
    $a = 1, 2, \cdots, 7$이고 $b = 8, 9, \cdots, 20$
    $g(a) = f(a)$, $g(b) = f(b) - 1$이므로
    $f(b) - f(a) \le 2g(a) - 2g(b)$에서
    $3f(b) \le 3f(a) + 2$
    $\sqrt{b+1} \le \sqrt{a+1} + 2$
    양변을 제곱하여 정리하면
    $b \le a + 4 + \sqrt{16(a+1)}$

    (a, b) 순서쌍을 조사하면
    $a = 1$일 때 $b \le 5 + \sqrt{32} = 10.\text{xxx}$이므로 $b = 8, 9, 10$
    $a = 2$일 때 $b \le 6 + \sqrt{48} = 12.\text{xxx}$이므로 $b = 8, 9, \cdots, 12$
    $a = 3$일 때 $b \le 7 + \sqrt{64} = 15$이므로 $b = 8, 9, \cdots, 15$
    $a = 4$일 때 $b \le 8 + \sqrt{80} = 16.\text{xxx}$이므로 $b = 8, 9, \cdots, 16$
    $a = 5$일 때 $b \le 9 + \sqrt{96} = 18.\text{xxx}$이므로 $b = 8, 9, \cdots, 18$
    $a = 6$일 때 $b \le 10 + \sqrt{112} = 20.\text{xxx}$이므로 $b = 8, 9, \cdots, 20$
    $a = 7$일 때 $b \le 11 + \sqrt{128} = 22.\text{xxx}$이므로 $b = 8, 9, \cdots, 20$
    $\therefore 3 + 5 + 8 + 9 + 11 + 13 + 13 = 62$

따라서 모든 순서쌍의 개수는 $7 + 13 + 62 = 82$

[제10회 정답]

번호	1	2	3	4	5	6	7	8
정답	①	③	②	④	20	13	12	22

번호	9	10	11	12	13	14	15	16
정답	①	④	①	③	105	8	12	25

1) ①

$f(mn) = f(m) + f(n)$

i) m이 짝수, n이 짝수일 때

$\log_2 mn = \log_2 m + \log_2 n$

따라서, m과 n이 모두 짝수일 때는 항상 성립한다.

순서쌍 (m, n)의 개수는 $10 \times 10 = 100$(개)

ii) m이 짝수, n이 홀수일 때

$\log_2 mn = \log_2 m + \log_3 n$

$\log_2 n = \log_3 n$

$\therefore n = 1$

순서쌍 (m, n)의 개수는 $10 \times 1 = 10$(개)

iii) m이 홀수, n이 짝수

$\log_2 mn = \log_3 m + \log_2 n$

$\log_2 m = \log_3 m$

$\therefore m = 1$

순서쌍 (m, n)의 개수는 $1 \times 10 = 10$(개)

iv) m이 홀수, n이 홀수

$\log_3 mn = \log_3 m + \log_3 n$

따라서, m과 n이 모두 홀수일 때는 항상 성립한다.

순서쌍 (m, n)의 개수는 $10 \times 10 = 100$(개)

i), ii), iii), iv)에서 순서쌍 (m, n)의 개수는

$100 + 10 + 10 + 100 = 220$(개)

2) ③

i) S_1 구하기

$$S_1 = \left(\frac{\pi}{4} - \frac{1}{2} \right) \times 2 = \frac{\pi}{2} - 1$$

ii) 등비급수의 공비 구하기

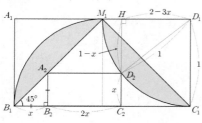

$\overline{C_2D_2} = x$라 두고

D_2에서 $\overline{A_1D_1}$에서 내린 수선의 발을 H라 하자.

$\overline{B_1M_1}$과 $\overline{B_1C_1}$이 이루는 각이 $45°$이므로

$\overline{B_1B_2} = \overline{A_2B_2} = x$, $\overline{B_2C_2} = 2x$,

$\overline{HD_1} = 2 - 3x$, $\overline{HD_2} = 1 - x$가 되고

$\overline{HD_1}^2 + \overline{HD_2}^2 = \overline{D_1D_2}^2 = 1$에서

$(2 - 3x)^2 + (1 - x)^2 = 1$

$5x^2 - 7x + 2 = 0$

$(5x - 2)(x - 1) = 0$ $\quad \therefore x = \frac{2}{5}, 1$

$x \neq 1$이므로 $x = \frac{2}{5}$

따라서, 넓이의 비는 $\frac{4}{25}$이고, 이것이 공비가 된다.

iii) 급수의 합 구하기

$$\therefore \lim_{n \to \infty} S_n = \frac{\frac{\pi}{2} - 1}{1 - \frac{4}{25}} = \frac{25}{21} \left(\frac{\pi}{2} - 1 \right)$$

3) ②

$g(x) = f(x) - [f(x)]$이므로

$f(x) = [f(x)] + g(x)$ ($[f(x)]$는 정수, $0 \leq g(x) < 1$)

$[f(x)] - (n+1)g(x) = n$

$[f(x)] - n = (n+1) \cdot g(x)$ ...... ㉠

$0 \leq g(x) < 1$이므로

$0 \leq [f(x)] - n < n + 1$

$n \leq [f(x)] < 2n + 1$

$[f(x)]$는 정수이므로, $[f(x)] = n, n+1, \cdots, 2n$이고,

식 ㉠에 대입하면

$[f(x)] = n$일 때 $g(x) = 0$ $\quad \therefore f(x) = n$

$[f(x)] = n + 1$일 때 $g(x) = \frac{1}{n+1}$ $\quad \therefore f(x) = n + 1 + \frac{1}{n+1}$

$\vdots$

$[f(x)] = n + k$일 때 $g(x) = \frac{k}{n+1}$ $\quad \therefore f(x) = n + k + \frac{k}{n+1}$

$\vdots$

$$\therefore a_n = \sum_{k=0}^{n} \left(n + k + \frac{k}{n+1} \right)$$

$$= n(n+1) + \frac{n(n+1)}{2} + \frac{n(n+1)}{2(n+1)}$$

$$= \frac{3n^2 + 3n}{2} + \frac{n}{2}$$

$$= \frac{3n^2 + 4n}{2}$$

$$\therefore \lim_{n \to \infty} \frac{a_n}{n^2} = \lim_{n \to \infty} \frac{3n^2 + 4n}{2n^2} = \frac{3}{2}$$

4) ④

접점 $(t,\ t^3+at^2+bt)$에서의 접선의 방정식은

$y=(3t^2+2at+b)(x-t)+t^3+at^2+bt$

$y=(3t^2+2at+b)x-2t^3-at^2$

따라서 접선이 y축과 만나는 점 P는

$\mathrm{P}(0,\ -2t^3-at^2)$

원점에서 점 P까지의 거리 $g(t)$는

$g(t)=|-2t^3-at^2|=t^2\cdot|2t+a|$

ⅰ) $a>0$일 때　　　　　　ⅱ) $a=0$일 때

ⅲ) $a<0$일 때

따라서 함수 $g(t)$가 실수 전체의 집합에서 미분가능이려면

$a=0$

조건 ㈎에서 $f(1)=1+a+b=2,\ b=1$

$\therefore\ f(x)=x^3+x$

$\therefore\ f(3)=3^3+3=30$

5) 20

모든 경우의 수는 5개 중 2개를 선택하는 방법의 수이므로

$_5C_2=10$

확률변수 X가 취할 수 있는 값은 $1,2,3,4$이다.

$X=1$일 확률은 1과 $2,3,4,5$ 중 1개를 선택하는 확률이므로

$P(X=1)=\dfrac{4}{10}$

같은 방법으로

$P(X=2)=\dfrac{3}{10},\ P(X=3)=\dfrac{2}{10},\ P(X=4)=\dfrac{1}{10}$

확률분포표로 나타내면

X	1	2	3	4	계
$P(X=x)$	$\dfrac{4}{10}$	$\dfrac{3}{10}$	$\dfrac{2}{10}$	$\dfrac{1}{10}$	1

따라서 $E(X)=\dfrac{1}{10}(4+6+6+4)=2$

$\therefore\ E(10X)=10\times E(X)=20$

6) 13

$y=f(x)$의 그래프를 그리면 다음과 같다.

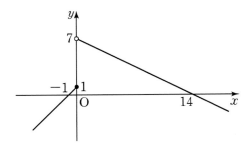

함수 $f(x)$는 $x=0$에서 불연속이고
함수 $f(x-a)$는 $x=a$에서 불연속이다.

ⅰ) $a=0$일 때

$\displaystyle\lim_{x\to a+}f(x)f(x-a)=\lim_{x\to 0+}(f(x))^2=49$

$\displaystyle\lim_{x\to a-}f(x)f(x-a)=\lim_{x\to 0-}(f(x))^2=1$

$\displaystyle\lim_{x\to a+}f(x)f(x-a)\neq\lim_{x\to 0-}f(x)f(x-a)$이므로

$a=0$일 때 함수 $f(x)f(x-a)$는 $x=a$에서 불연속이다.

ⅱ) $a\neq 0$일 때

$\displaystyle\lim_{x\to a+}f(x)f(x-a)=7f(a)$

$\displaystyle\lim_{x\to a-}f(x)f(x-a)=f(a)$

$f(a)f(0)=f(a)$

따라서 함수 $f(x)f(x-a)$가

$x=a$에서 연속이 되기 위해서는

$7f(a)=f(a),\ f(a)=0$　　　$\therefore\ a=-1$ 또는 14

따라서 모든 실수 a의 값의 합은 13이다.

7) 12

$\displaystyle\lim_{n\to\infty}\frac{1}{n}\sum_{k=1}^{n}f\left(\frac{3k}{n}\right)=f(1)$에서

$\displaystyle\lim_{n\to\infty}\sum_{k=1}^{n}f\left(\frac{3k}{n}\right)\cdot\frac{1}{n}=\frac{1}{3}\lim_{n\to\infty}\sum_{k=1}^{n}f\left(\frac{3k}{n}\right)\cdot\frac{3}{n}$

$\displaystyle\qquad=\frac{1}{3}\int_0^3 f(x)\,dx=\frac{1}{3}\int_0^3(3x^2-ax)\,dx$

$\displaystyle\qquad=\frac{1}{3}\left[x^3-\frac{a}{2}x^2\right]_0^3=9-\frac{3}{2}a$ 이고

$f(1)=3-a$ 이므로

$9-\dfrac{3}{2}a=3-a$

$\therefore\ a=12$

8) 22

$f(x)=\sqrt{10x}+1$, $g(x)=\sqrt{-a(x-4)}+1$라 하면
$y=f(x)$와 $y=g(x)$의 그래프는 다음과 같다.

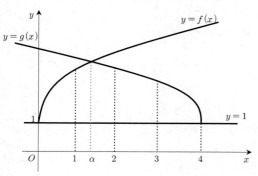

두 무리함수 $f(x)=\sqrt{10x}+1$, $g(x)=\sqrt{-a(x-4)}+1$의
교점을 $P(\alpha, \sqrt{10\alpha}+1)$이라 하면

$\sqrt{10\alpha}=\sqrt{-a(\alpha-4)}$ ∴ $\alpha=\dfrac{4a}{a+10}$

교점의 위치에 따라 다음과 같은 경우로 나누어 생각하자.

ⅰ) $0\le\alpha<1$일 때

$0\le\dfrac{4a}{a+10}<1$를 풀면 $0\le a<\dfrac{10}{3}$, $a=1,2,3$

x좌표가 0, 1, 2, 3, 4인 점에서 정수인 점의 개수의 합은
$[f(0)]+[g(1)]+[g(2)]+[g(3)]+[g(4)]$
　　　　　　　(단, $[x]$는 x보다 같거나 작은 최대정수)
$=1+[\sqrt{3a}+1]+[\sqrt{2a}+1]+[\sqrt{a}+1]+1$

$a=1$일 때 $1+2+2+2+1=8$
$a=2$일 때 $1+3+3+2+1=10$
$a=3$일 때 $1+4+3+2+1=11$

ⅱ) $1\le\alpha<2$일 때

$1\le\dfrac{4a}{a+10}<2$를 풀면 $\dfrac{10}{3}\le a<10$, $a=4,5,\cdots,9$

x좌표가 0, 1, 2, 3, 4인 점에서 정수인 점의 개수의 합은
$[f(0)]+[f(1)]+[g(2)]+[g(3)]+[g(4)]$
$=1+[\sqrt{10}+1]+[\sqrt{2a}+1]+[\sqrt{a}+1]+1$

$a=4$일 때 $1+4+3+3+1=12$
$a=5$일 때 $1+4+4+3+1=13$
　　　　　$\vdots$
$a=9$일 때 $1+4+5+4+1=15$

ⅲ) $2\le\alpha<3$일 때

$2\le\dfrac{4a}{a+10}<3$를 풀면 $10\le a<30$, $a=10,11,\cdots,29$

x좌표가 0, 1, 2, 3, 4인 점에서 정수인 점의 개수의 합은
$[f(0)]+[f(1)]+[f(2)]+[g(3)]+[g(4)]$
$=1+[\sqrt{10}+1]+[\sqrt{20}+1]+[\sqrt{a}+1]+1$

$a=10$일 때 $1+4+5+4+1=15$
$a=11$일 때 $1+4+5+4+1=15$
　　　　　$\vdots$
$a=16$일 때 $1+4+5+5+1=16$
$a=17$일 때 $1+4+5+5+1=16$
　　　　　$\vdots$
$a=24$일 때 $1+4+5+5+1=16$
$a=25$일 때 $1+4+5+6+1=17$
　　　　　$\vdots$
$a=29$일 때 $1+4+5+6+1=17$

ⅳ) $3\le\alpha<4$일 때

$3\le\dfrac{4a}{a+10}<4$를 풀면 $a\ge30$, $a=30,31,\cdots$

x좌표가 0, 1, 2, 3, 4인 점에서 정수인 점의 개수의 합은
$[f(0)]+[f(1)]+[f(2)]+[f(3)]+[g(4)]$
$=1+[\sqrt{10}+1]+[\sqrt{20}+1]+[\sqrt{30}+1]+1$

$a=30$일 때 $1+4+5+6+1=17$
$a=31$일 때 $1+4+5+6+1=17$
　　　　　$\vdots$

ⅰ), ⅱ), ⅲ), ⅳ)로부터 정수인 순서쌍의 개수가 11이상 16
이하인 a의 개수는 3부터 24까지 모두 22개다.

9) ①

$f\left(\dfrac{m}{n}\right)=f(m)-f(n)$

ⅰ) m이 짝수, n이 짝수, $\dfrac{m}{n}$이 짝수일 때

$\log_2 m-\log_2 n=\log_2 m-\log_2 n$
따라서, 이 경우는 항상 성립한다.
　　$(4,2),(8,2),\cdots,(20,2)$ ---- 5개
　　$(8,4),(16,4)$　　　　　　 ---- 2개
　　$(12,6),(16,8),(20,10)$ ---- 3개
순서쌍 (m,n)의 개수는 10개

ⅱ) m이 짝수, n이 짝수, $\dfrac{m}{n}$이 홀수일 때

$\log_3 m-\log_3 n=\log_2 m-\log_2 n$
따라서, $m=n$일 때만 성립한다.
　$(2,2),(4,4),\cdots,(20,20)$ ---- 10개
순서쌍 (m,n)의 개수는 10개

ⅲ) m이 짝수, n이 홀수, $\dfrac{m}{n}$이 짝수일 때

$\log_2 m-\log_2 n=\log_2 m-\log_3 n$
따라서, $n=1$일 때만 성립한다.
　$(2,1),(4,1),\cdots,(20,1)$ ---- 10개
순서쌍 (m,n)의 개수는 10개

iv) m이 짝수, n이 홀수, $\dfrac{m}{n}$이 홀수일 때

$\log_3 m - \log_3 n = \log_2 m - \log_3 n$

따라서, $m=1$일 때만 성립하는데 m은 짝수여야 하므로 만족하는 순서쌍 (m, n)은 없다.

v) m이 홀수, n이 짝수, $\dfrac{m}{n}$이 짝수일 때

$\log_2 m - \log_2 n = \log_3 m - \log_2 n$

따라서, $m=1$일 때만 성립하는데 $\dfrac{m}{n}$이 짝수가 되는 순서쌍 (m, n)은 없다.

vi) m이 홀수, n이 짝수, $\dfrac{m}{n}$이 홀수일 때

$\log_3 m - \log_3 n = \log_3 m - \log_2 n$

따라서, $n=1$일 때만 성립하는데 n은 짝수여야 하므로 만족하는 순서쌍 (m, n)은 없다.

vii) m이 홀수, n이 홀수, $\dfrac{m}{n}$이 짝수일 때

$\log_2 m - \log_2 n = \log_3 m - \log_3 n$

따라서, $m=n$일 때만 성립하는데 $\dfrac{m}{n}$이 짝수가 되는 순서쌍 (m, n)은 없다.

viii) m이 홀수, n이 홀수, $\dfrac{m}{n}$이 홀수일 때

$\log_3 m - \log_3 n = \log_3 m - \log_3 n$

따라서, 이 경우는 항상 성립한다.

$(1, 1), (3, 1), \cdots, (19, 1)$ ---- 10개
$(3, 3), (9, 3), (15, 3)$ ----- 3개
$(5, 5), (15, 5)$ ----- 2개
$(7, 7), (9, 9), \cdots, (19, 19)$ ---- 7개

만족하는 순서쌍 (m, n)의 개수는 22개

따라서 모든 순서쌍 (m, n)의 개수는
$10+10+10+22=52(개)$

10) ④

i) S_1 구하기

$S_1 = 1 \times 1 = 1$

ii) 등비급수의 공비 구하기

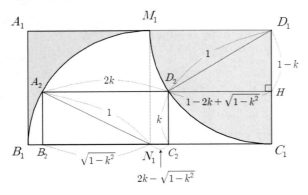

$\overline{C_2 D_2} = k$라 두면 $\overline{A_2 D_2} = 2k$

D_2에서 $\overline{C_1 D_1}$에서 내린 수선의 발을 H라 하자.

직각삼각형 $A_2 B_2 N_1$에서

$\overline{A_2 B_2} = k$, $\overline{A_2 N_1} = 1$이므로 $\overline{B_2 N_1} = \sqrt{1-k^2}$

따라서 $\overline{N_1 C_2} = 2k - \sqrt{1-k^2}$이고

$\overline{D_2 H} = 1 - 2k + \sqrt{1-k^2}$이다.

직각삼각형 $D_1 D_2 H$에서

$\overline{D_1 D_2} = 1$, $\overline{D_1 H} = 1-k$이므로

$(1 - 2k + \sqrt{1-k^2})^2 + (1-k)^2 = 1$

$2(1-2k)(1-k+\sqrt{1-k^2}) = 0$

$\therefore k = 0, \dfrac{1}{2}, 1$

$0 < k < 1$이므로 $k = \dfrac{1}{2}$

따라서 닮음비는 $1 : \dfrac{1}{2}$이고

따라서, 넓이의 비는 $\dfrac{1}{4}$이고, 이것이 공비가 된다.

iii) 급수의 합 구하기

$\therefore \lim_{n \to \infty} S_n = \dfrac{1}{1 - \dfrac{1}{4}} = \dfrac{4}{3}$

$\therefore p + q = 7$

11) ①

$g(x) = f(x) - [f(x)]$이므로

$f(x) = [f(x)] + g(x)$ ($[f(x)]$는 정수, $0 \le g(x) < 1$)

$[f(x)] - (n+1)g(x) = 2n$

$[f(x)] - 2n = (n+1) \cdot g(x)$ ...... ㉠

$0 \le g(x) < 1$이므로

$0 \le [f(x)] - 2n < n+1$

$2n \le [f(x)] < 3n+1$

$[f(x)]$는 정수이므로, $[f(x)] = 2n, 2n+1, \cdots, 3n$이고,

식 ㉠에 대입하면

$[f(x)] = 2n$일 때 $g(x) = 0$ $\therefore f(x) = 2n$

$[f(x)] = 2n+1$일 때 $g(x) = \dfrac{1}{n+1}$ $\therefore f(x) = 2n+1+\dfrac{1}{n+1}$

$\vdots$

$[f(x)] = 2n+k$일 때 $g(x) = \dfrac{k}{n+1}$ $\therefore f(x) = 2n+k+\dfrac{k}{n+1}$

$\vdots$

$\therefore a_n = \sum_{k=0}^{n}\left(2n+k+\dfrac{k}{n+1}\right)$

$= 2n(n+1) + \dfrac{n(n+1)}{2} + \dfrac{n(n+1)}{2(n+1)}$

$= \dfrac{5n^2 + 6n}{2}$

$\therefore \lim_{n \to \infty} \dfrac{2a_n}{n^2} = \lim_{n \to \infty} \dfrac{5n^2 + 6n}{n^2} = 5$

12) ③

접점 (t, t^3+at^2+bt)에서의 접선의 방정식은
$$y=(3t^2+2at+b)(x-t)+t^3+at^2+bt$$
$$y=(3t^2+2at+b)x-2t^3-at^2$$

따라서 접선이 y축과 만나는 점 P는
$$P(0, -2t^3-at^2)$$

원점에서 점 P까지의 거리 $g(t)$는
$$g(t)=|-2t^3-at^2|=t^2 \cdot |2t+a|$$

i) $a>0$일 때   ii) $a=0$일 때

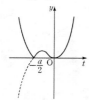 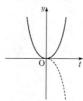

iii) $a<0$일 때

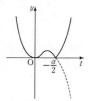

따라서 함수 $g(t)$가 $x=p$ $(p \geq 2)$에서만
미분가능 하지 않으려면
$$-\frac{a}{2} \geq 2 \quad \therefore a \leq -4$$

조건 ㈎에서 $f(1)=1+a+b=2$, $b=1-a$
$\therefore f(x)=x^3+ax^2+(1-a)x$ $(a \leq -4)$
$\therefore f(3)=30+6a \leq 6$

그러므로 $f(3)$의 최댓값은 6이다.

13) 105

모든 경우의 수는 6개 중 3개를 선택하는 방법의 수이므로
$_6C_3=20$ 이다.
확률변수 X가 취할 수 있는 값은 $2, 3, 4, 5$이다.

$X=2$일 확률은 2와 1과 3, 4, 5, 6 중
1개를 선택하는 확률이므로
$$P(X=2)=\frac{_1C_1 \times _4C_1}{20}=\frac{4}{20}=\frac{2}{10}$$

$X=3$일 확률은 3과 1, 2 중 1개와
4, 5, 6 중 1개를 선택하는 확률이므로
$$P(X=3)=\frac{_2C_1 \times _3C_1}{20}=\frac{6}{20}=\frac{3}{10}$$

같은 방법으로

$$P(X=4)=\frac{_3C_1 \times _2C_1}{20}=\frac{3}{10}, \quad P(X=5)=\frac{_4C_1 \times _1C_1}{20}=\frac{2}{10}$$

확률분포표로 나타내면

X	2	3	4	5	계
$P(X=x)$	$\frac{2}{10}$	$\frac{3}{10}$	$\frac{3}{10}$	$\frac{2}{10}$	1

$$E(X)=\frac{1}{10}(4+9+12+10)=\frac{35}{10}=\frac{7}{2}$$
$$E(X^2)=\frac{1}{10}(8+27+48+50)=\frac{133}{10}$$
$$V(X)=E(X^2)-\{E(X)\}^2=\frac{133}{10}-\frac{49}{4}=\frac{21}{20}$$

$$\therefore V(10X+3)=10^2 \times V(X)=100 \times \frac{21}{20}=105$$

14) 8

$$f(x)=\begin{cases} -x-2 & (x \leq 0) \\ \frac{1}{4}x^2-\frac{3}{2}x+2 & (x>0) \end{cases}$$ 의 그래프를 그리면
다음과 같다.

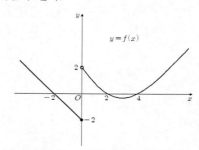

함수 $f(x)$는 $x=0$에서 불연속이고
함수 $f(x-a)$는 $x=a$에서 불연속이다.

i) $a=0$일 때
$$\lim_{x \to a+} f(x)f(x-a)=\lim_{x \to 0+}(f(x))^2=4$$
$$\lim_{x \to a-} f(x)f(x-a)=\lim_{x \to 0-}(f(x))^2=4$$
$\{f(0)\}^2=4$이므로
$a=0$일 때 함수 $f(x)f(x-a)$는 $x=a$에서 연속이다.

ii) $a \neq 0$일 때
$$\lim_{x \to a+} f(x)f(x-a)=2f(a)$$
$$\lim_{x \to a-} f(x)f(x-a)=-2f(a)$$
$$f(a)f(0)=-2f(a)$$
따라서, 함수 $f(x)f(x-a)$가 $x=a$에서
연속이 되기 위해서는
$$2f(a)=-2f(a), f(a)=0 \quad \therefore a=-2, 2, 4$$

따라서 모든 실수 a의 개수 $p=4$
모든 실수 a값의 합 $q=4$ $\quad \therefore p+q=8$

15) 12

$$\lim_{n \to \infty} \sum_{k=1}^{n} \frac{n-2k}{n^2} f\left(\frac{2k}{n}\right) = \frac{2}{3} f(1) \text{에서}$$

$$\lim_{n \to \infty} \sum_{k=1}^{n} \left(1 - \frac{2k}{n}\right) f\left(\frac{2k}{n}\right) \cdot \frac{1}{n} = \frac{1}{2} \lim_{n \to \infty} \sum_{k=1}^{n} \left(1 - \frac{2k}{n}\right) f\left(\frac{2k}{n}\right) \cdot \frac{2}{n}$$

$$= \frac{1}{2} \int_0^2 (1-x) f(x)\, dx = \frac{1}{2} \int_0^2 (1-x)(3x^2 - ax)\, dx$$

$$= \frac{1}{2} \int_0^2 \{-3x^3 + (a+3)x^2 - ax\}\, dx$$

$$= \frac{1}{2} \left[-\frac{3}{4} x^4 + \frac{a+3}{3} x^3 - \frac{a}{2} x^2 \right]_0^2 = -2 + \frac{1}{3} a \text{ 이고}$$

$$\frac{2}{3} f(1) = \frac{2}{3} (3-a) = 2 - \frac{2}{3} a \text{ 이므로}$$

$$-2 + \frac{1}{3} a = 2 - \frac{2}{3} a$$

$$\therefore 3a = 12$$

16) 25

두 곡선을 y축 방향으로 2만큼 평행이동하고 $y=1$로 둘러싸인 영역에서 정수인 순서쌍의 개수는 구하고자 하는 순서쌍의 개수와 같으므로 그래프는 다음과 같다.

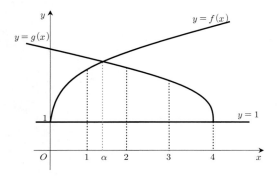

두 무리함수 $f(x) = \sqrt{10x} + 1$, $g(x) = \sqrt{-a(x-4)} + 1$의 교점을 $P(\alpha, \sqrt{10\alpha} + 1)$이라 하면

$$\sqrt{10\alpha} = \sqrt{-a(\alpha - 4)} \quad \therefore \alpha = \frac{4a}{a+10}$$

교점의 위치에 따라 다음과 같은 경우로 나누어 생각하자.

i) $0 \le \alpha < 1$일 때

$0 \le \dfrac{4a}{a+10} < 1$를 풀면 $0 \le a < \dfrac{10}{3}$, $a = 1, 2, 3$

x좌표가 0, 1, 2, 3, 4인 점에서 정수인 점의 개수의 합은
$[f(0)] + [g(1)] + [g(2)] + [g(3)] + [g(4)]$

(단, $[x]$는 x보다 같거나 작은 최대정수)

$= 1 + [\sqrt{3a} + 1] + [\sqrt{2a} + 1] + [\sqrt{a} + 1] + 1$

$a=1$일 때 $1+2+2+2+1 = 8$
$a=2$일 때 $1+3+3+2+1 = 10$
$a=3$일 때 $1+4+3+2+1 = 11$

ii) $1 \le \alpha < 2$일 때

$1 \le \dfrac{4a}{a+10} < 2$를 풀면 $\dfrac{10}{3} \le a < 10$, $a = 4, 5, \cdots, 9$

x좌표가 0, 1, 2, 3, 4인 점에서 정수인 점의 개수의 합은
$[f(0)] + [f(1)] + [g(2)] + [g(3)] + [g(4)]$
$= 1 + [\sqrt{10} + 1] + [\sqrt{2a} + 1] + [\sqrt{a} + 1] + 1$

$a=4$일 때 $1+4+3+3+1 = 12$
$a=5$일 때 $1+4+4+3+1 = 13$
$\vdots$
$a=9$일 때 $1+4+5+4+1 = 15$

iii) $2 \le \alpha < 3$일 때

$2 \le \dfrac{4a}{a+10} < 3$를 풀면 $10 \le a < 30$, $a = 10, 11, \cdots, 29$

x좌표가 0, 1, 2, 3, 4인 점에서 정수인 점의 개수의 합은
$[f(0)] + [f(1)] + [f(2)] + [g(3)] + [g(4)]$
$= 1 + [\sqrt{10} + 1] + [\sqrt{20} + 1] + [\sqrt{a} + 1] + 1$

$a=10$일 때 $1+4+5+4+1 = 15$
$a=11$일 때 $1+4+5+4+1 = 15$
$\vdots$
$a=16$일 때 $1+4+5+5+1 = 16$
$a=17$일 때 $1+4+5+5+1 = 16$
$\vdots$
$a=24$일 때 $1+4+5+5+1 = 16$
$a=25$일 때 $1+4+5+6+1 = 17$
$\vdots$
$a=29$일 때 $1+4+5+6+1 = 17$

iv) $3 \le \alpha < 4$일 때

$3 \le \dfrac{4a}{a+10} < 4$를 풀면 $a \ge 30$, $a = 30, 31, \cdots$

x좌표가 0, 1, 2, 3, 4인 점에서 정수인 점의 개수의 합은
$[f(0)] + [f(1)] + [f(2)] + [f(3)] + [g(4)]$
$= 1 + [\sqrt{10} + 1] + [\sqrt{20} + 1] + [\sqrt{30} + 1] + 1$

$a=30$일 때 $1+4+5+6+1 = 17$
$a=31$일 때 $1+4+5+6+1 = 17$
$\vdots$

i), ii), iii), iv)로부터 정수인 순서쌍의 개수가 17이상이 되는 a의 최솟값은 25이다.

[제11회 정답]

번호	1	2	3	4	5	6	7	8
정답	③	①	④	③	6	40	256	103

번호	9	10	11	12	13	14	15	16
정답	①	④	③	③	14	20	729	21

1) ③

x좌표와 y좌표가 모두 정수인 점을 (a, b)라 하면
$a = 0$일 때, b의 개수는 $n^2 - 0^2 + 1$
$a = 1$일 때, b의 개수는 $n^2 - 1^2 + 1$
$a = 2$일 때, b의 개수는 $n^2 - 2^2 + 1$
$\vdots$
$a = n$일 때, b의 개수는 $n^2 - n^2 + 1$

그러므로 모든 순서쌍의 개수 a_n는

$$a_n = \sum_{k=0}^{n}(n^2 - k^2 + 1) = (n^2 + 1)(n+1) - \frac{n(n+1)(2n+1)}{6}$$

$$\therefore \lim_{n \to \infty} \frac{a_n}{n^3} = \frac{2}{3}$$

2) ①

확률변수 X는 $X : N\left(\dfrac{3}{2}, 2^2\right)$인 정규분포를 따른다.

표준화하면 $Z = \dfrac{X - \dfrac{3}{2}}{2}$이다.

$H(t) = P(t \le X \le t+1)$에서
$$\begin{aligned}
H(0) + H(2) &= P(0 \le X \le 1) + P(2 \le X \le 3) \\
&= P(-0.75 \le Z \le -0.25) + P(0.25 \le Z \le 0.75) \\
&= 2 \times P(0.25 \le Z \le 0.75) \\
&= 2 \times \{P(0 \le Z \le 0.75) - P(0 \le Z \le 0.25)\} \\
&= 2 \times (0.2734 - 0.0987) = 0.3494
\end{aligned}$$

3) ④

$10^n < a < 10^{n+1}$이므로 $\log a = n + \alpha \ (0 < \alpha < 1)$
$\log a$의 소수부분과 $\log \sqrt[n]{a}$의 소수부분의 합이 정수이므로
$\log a + \log \sqrt[n]{a} = k \ (k$는 정수$)$

$\dfrac{n+1}{n} \log a = k \qquad \therefore \log a = \dfrac{kn}{n+1}$

$(n+1)\log a = n^2 + 8$ 이므로
$n^2 - kn = -8 \qquad \therefore n(k-n) = 8$ 이다.
n는 자연수, k는 정수이므로 만족하는 순서쌍 (n, k)는
$(1, 9), (2, 6), (4, 6), (8, 9)$ 이다.

각각에 대해 $\log a = \dfrac{kn}{n+1}$의 값을 구하면

$(1, 9)$인 경우 $\log a = \dfrac{9}{2} = 4 + \dfrac{1}{2}$, $n = 1$인데
정수부분이 4이므로 만족하지 못함

$(2, 6)$인 경우 $\log a = 4$, $n = 2$인데
정수부분이 4이므로 만족하지 못함

$(4, 6)$인 경우 $\log a = \dfrac{24}{5} = 4 + \dfrac{4}{5}$, 조건을 만족함

$(8, 9)$인 경우 $\log a = 8$, $\alpha = 0$이므로 조건을 만족하지 못함

따라서 $\dfrac{\log a}{n} = \dfrac{\dfrac{24}{5}}{4} = \dfrac{6}{5}$

4) ③

$f'(x) = (x+1)(x^2 + ax + b)$이 $(-\infty, 0)$에서 감소하고
$(2, \infty)$에서 증가하려면 그래프 개형은 다음과 같아야 한다.

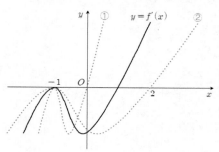

$x = -1$에서 중근을 가져야 하고 그래프 ①과 그래프 ②
및 그 사이에 $y = f'(x)$가 존재해야 한다.

$x^2 + ax + b = 0$이 $x = -1$을 근으로 가져야 하므로
$1 - a + b = 0 \qquad \therefore b = a - 1$

또한 $f'(0) \le 0$과 $f'(2) \ge 0$을 동시에 만족해야 하므로
$f'(0) = b = a - 1 \le 0 \qquad \therefore a \le 1$
$f'(2) = 3(4 + 2a + b) \ge 0 \qquad \therefore a \ge -1$
$\therefore -1 \le a \le 1$

$a^2 + b^2 = a^2 + (a-1)^2 = 2a^2 - 2a + 1 = 2\left(a - \dfrac{1}{2}\right)^2 + \dfrac{1}{2}$
$(-1 \le a \le 1)$

$a = \dfrac{1}{2}$일 때, 최솟값 $m = \dfrac{1}{2}$

$a = -1$일 때, 최댓값 $M = 5$

그러므로 $M + m = \dfrac{11}{2}$

5) 6

$\left(1 + \dfrac{x}{n}\right)^n$의 전개식의 일반항은

${}_nC_r\left(\dfrac{x}{n}\right)^r = {}_nC_r\left(\dfrac{1}{n}\right)^r x^r$ 이다.

x^3의 계수는 $r = 3$일 때이므로

$a_n = {}_nC_3\left(\dfrac{1}{n}\right)^3$ 이다.

${}_nC_3 = \dfrac{n!}{(n-3)!3!} = \dfrac{n(n-1)(n-2)}{6}$ 이므로

$\displaystyle\lim_{n\to\infty}\dfrac{1}{a_n} = \lim_{n\to\infty}\dfrac{n^3}{{}_nC_3} = \lim_{n\to\infty}\dfrac{6n^3}{n(n-1)(n-2)} = 6$

6) 40

$\displaystyle\int_0^x f(t)\,dt = x^3 - 2x^2 - 2x\int_0^1 f(t)\,dt$ 에서

양변을 x에 대해 미분하면

$f(x) = 3x^2 - 4x - 2\displaystyle\int_0^1 f(t)\,dt$

$\displaystyle\int_0^1 f(t)\,dt = k$라 두면

$k = \displaystyle\int_0^1 (3t^2 - 4t - 2k)\,dt = \left[t^3 - 2t^2 - 2kt\right]_0^1 = 1 - 2 - 2k$

$3k = -1$ $\therefore k = -\dfrac{1}{3}$

따라서 $f(x) = 3x^2 - 4x + \dfrac{2}{3}$ 이다.

$f(0) = \dfrac{2}{3}$ 이므로 $60a = 40$

7) 256

A_1에서 B_1까지의 최단경로의 수 $a_1 = 3$

A_2에서 B_2까지의 최단경로의 수 $a_2 = 2a_1 + 1 = 7$

A_3에서 B_3까지의 최단경로의 수 $a_3 = 2a_2 + 1 = 15$

$\vdots$

A_{n+1}에서 B_{n+1}까지의 최단경로의 수 $a_{n+1} = 2a_n + 1$

$b_{n+1} = a_{n+1} + 1 = (2a_n + 1) + 1 = 2a_n + 2 = 2(a_n + 1) = 2b_n$이고

$b_1 = a_1 + 1 = 4$이므로

$b_n = 4 \times 2^{n-1} = 2^{n+1}$ $(n \geq 1)$

그러므로 $b_7 = 2^8 = 256$

[참조]

a_3를 구하는 방법을 모형도로 나타내면 다음과 같다.

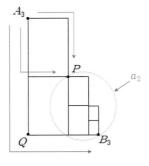

A_3에서 B_3로 가는 최단경로의 수는 다음 두 가지 경우이다.

$A_3 \to P \to B_3$는 $A_3 \to P$는 2가지, $P \to B_3$는 a_2이므로 $2a_2$

$A_3 \to Q \to B_3$는 1가지

그러므로 $a_3 = 2a_2 + 1$

8) 103

$x^2 - (2^n + 4^n)x + 8^n \leq 2$에서 좌변을 인수분해하면

$(x - 2^n)(x - 4^n) \leq 2$이다.

$f(x) = (x - 2^n)(x - 4^n)$이라 두면

$y = f(x)$의 그래프는 다음과 같다.

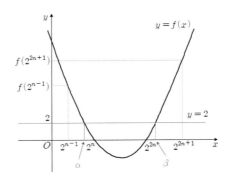

$y = f(x)$와 $y = 2$의 교점의 x좌표를 α, β라 하자.

$f(x) \leq 2$의 해는 $\alpha \leq x \leq \beta$이다.

그런데 $x = 2^k$ 형태의 해를 가지므로

$x = 2^{n-1}$에서의 함숫값을 조사해보면

$f(2^{n-1}) = (2^{n-1} - 2^n)(2^{n-1} - 2^n)$는

모든 자연수 n에 대해 3이상이다.

따라서 $2^{n-1} < \alpha < 2^n$이다.

같은 방법으로 $x = 2^{2n+1}$에서의 함숫값을 조사해보면

$f(2^{2n+1}) = (2^{2n+1} - 2^n)(2^{2n+1} - 2^{2n})$는

모든 자연수 n에 대해 24이상이다.

따라서 $2^{2n} < \beta < 2^{2n+1}$이다.

그러므로 $2^n \leq 2^k \leq 2^{2n}$이고

$n \leq k \leq 2n$이므로

모든 자연수 k값의 합 a_n은

$a_n = \dfrac{3n(n+1)}{2}$이다.

$\displaystyle\sum_{n=1}^{20}\dfrac{1}{a_n} = \dfrac{2}{3}\sum_{n=1}^{20}\dfrac{1}{n(n+1)} = \dfrac{2}{3}\sum_{n=1}^{20}\left(\dfrac{1}{n} - \dfrac{1}{n+1}\right)$

$\qquad\qquad = \dfrac{2}{3}\left(1 - \dfrac{1}{21}\right) = \dfrac{40}{63}$

$\therefore p + q = 103$

9) ①

x좌표와 y좌표가 모두 정수인 점을 (a, b)라 하면

$a=0$일 때, b의 개수는 n^3-0^3+1

$a=1$일 때, b의 개수는 n^3-1^3+1

$a=2$일 때, b의 개수는 n^3-2^3+1

$\vdots$

$a=n$일 때, b의 개수는 n^3-n^3+1

그러므로 모든 순서쌍의 개수 a_n는

$$a_n = \sum_{k=0}^{n}(n^3-k^3+1) = (n^3+1)(n+1) - \frac{n^2(n+1)^2}{4}$$

$$\therefore \lim_{n\to\infty}\frac{16a_n}{n^4} = 16 \times \frac{3}{4} = 12$$

10) ④

확률변수 X는 $X : N\left(\frac{3}{2}, \sigma^2\right)$인 정규분포를 따른다.

표준화하면 $Z = \dfrac{X-\frac{3}{2}}{\sigma}$이다.

$H(t) = P(t \le X \le t+1)$에서

$H(0)+H(2) = P(0 \le X \le 1) + P(2 \le X \le 3)$

$\qquad = P\left(-\frac{3}{2\sigma} \le Z \le -\frac{1}{2\sigma}\right) + P\left(\frac{1}{2\sigma} \le Z \le \frac{3}{2\sigma}\right)$

$\qquad = 2 \times P\left(\frac{1}{2\sigma} \le Z \le \frac{3}{2\sigma}\right)$

$\qquad = 2 \times \left\{ P\left(0 \le Z \le \frac{3}{2\sigma}\right) - P\left(0 \le Z \le \frac{1}{2\sigma}\right) \right\}$

$\qquad = 0.3494 = 2 \times 0.1747 = 2 \times (0.2734 - 0.0987)$

$\qquad = 2 \times \{ P(0 \le Z \le 0.75) - P(0 \le Z \le 0.25) \}$

따라서 $\dfrac{3}{2\sigma} = \dfrac{3}{4}$ $\quad \therefore \sigma = 2$

11) ③

$2^n \le a < 2^{n+1}$이므로 $\log_2 a = n + \alpha \ (0 \le \alpha < 1)$

$\log_2 a$의 소수부분과 $\log_2 \sqrt[n]{a}$의 소수부분의 합이 정수이므로

$\log_2 a + \log_2 \sqrt[n]{a} = k$ (k는 정수)

$\dfrac{n+1}{n} \log_2 a = k$ $\quad \therefore \log_2 a = \dfrac{kn}{n+1}$

$(n+1)\log_2 a = n^2 + 8$ 에서

$n^2 - kn = -8$

$n(k-n) = 8$ 이다. n는 자연수, k는 정수이므로

만족하는 순서쌍 (n, k)는

$(1, 9), (2, 6), (4, 6), (8, 9)$ 이다.

각각에 대해 $\log_2 a = \dfrac{kn}{n+1}$의 값을 구하면

$(1, 9)$인 경우 $\log_2 a = \dfrac{9}{2} = 4 + \dfrac{1}{2}$, $n = 1$인데

$\qquad\qquad$ 정수부분이 4이므로 만족하지 못함

$(2, 6)$인 경우 $\log_2 a = 4$, $n = 2$인데

$\qquad\qquad$ 정수부분이 4이므로 만족하지 못함

$(4, 6)$인 경우 $\log_2 a = \dfrac{24}{5} = 4 + \dfrac{4}{5}$, 조건을 만족함

$(8, 9)$인 경우 $\log_2 a = 8$, 조건을 만족함

그러므로 $a = 2^{\frac{24}{5}}$와 $a = 2^8$이다.

따라서 $b = 2^{\frac{64}{5}}$, $5\log_2 b = 64$

12) ③

$f(x) = \dfrac{1}{4}x^4 + \dfrac{a+1}{3}x^3 + \dfrac{a+b}{2}x^2 + bx + 3$의 도함수 $f'(x)$는

$f'(x) = x^3 + (a+1)x^2 + (a+b)x + b$

$f'(-1) = 0$이므로 조립제법으로 인수분해하면

$f'(x) = (x+1)(x^2+ax+b)$이다.

$(-\infty, 0)$에서 감소하고 $(2, \infty)$에서 증가하려면
그래프 개형은 다음과 같아야 한다.

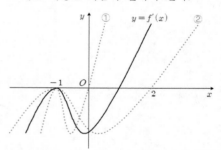

$x = -1$에서 중근을 가져야 하고 그래프 ①과 그래프 ②
및 그 사이에 $y = f'(x)$가 존재해야 한다.

$x^2 + ax + b = 0$이 $x = -1$을 근으로 가져야 하므로

$1 - a + b = 0$ $\quad \therefore b = a - 1$

또한 $f'(0) \le 0$과 $f'(2) \ge 0$을 동시에 만족해야 하므로

$f'(0) = b = a - 1 \le 0$ $\quad \therefore a \le 1$

$f'(2) = 3(4 + 2a + b) \ge 0$ $\quad \therefore a \ge -1$

$\therefore -1 \le a \le 1$

$a^2 + b^2 = a^2 + (a-1)^2 = 2a^2 - 2a + 1 = 2\left(a - \dfrac{1}{2}\right)^2 + \dfrac{1}{2}$

$a = \dfrac{1}{2}$일 때, 최솟값 $m = \dfrac{1}{2}$

$a = -1$일 때, 최댓값 $M = 5$

그러므로 $M + 2m = 6$

13) 14

$\left(1+\dfrac{x}{n}\right)^n$ 의 전개식의 일반항은

$_nC_r\left(\dfrac{x}{n}\right)^r = {_nC_r}\left(\dfrac{1}{n}\right)^r x^r$ 이다.

$(1+2x)\left(1+\dfrac{x}{n}\right)^n$ 의 전개식에서 x^3의 계수는

$r=3$일 때 $1\times {_nC_3}\left(\dfrac{1}{n}\right)^3$ 과

$r=2$일 때 $2\times {_nC_2}\left(\dfrac{1}{n}\right)^2$의 합이다.

즉, $a_n = {_nC_3}\left(\dfrac{1}{n}\right)^3 + 2\times {_nC_2}\left(\dfrac{1}{n}\right)^2$ 이다.

$_nC_3 = \dfrac{n!}{(n-3)!3!} = \dfrac{n(n-1)(n-2)}{6}$ 이고

$_nC_2 = \dfrac{n!}{(n-2)!2!} = \dfrac{n(n-1)}{2}$ 이므로

$a_n = \dfrac{n(n-1)(n-2)}{6n^3} + \dfrac{n(n-1)}{n^2}$ 이다.

$\therefore 12\times \lim_{n\to\infty} a_n = 12\times \lim_{n\to\infty}\left\{\dfrac{n(n-1)(n-2)}{6n^3} + \dfrac{n(n-1)}{n^2}\right\}$

$\qquad = 12\times \left(\dfrac{1}{6}+1\right) = 14$

14) 20

$\displaystyle\int_0^x (t-x)f(t)\,dt = \int_0^x tf(t)\,dt - x\int_0^x f(t)\,dt$ 이므로

$\displaystyle\int_0^x tf(t)\,dt - x\int_0^x f(t)\,dt = x^4 - 2x^3 - 2x^2\int_0^1 f(t)\,dt$

양변을 x에 대해 미분하면

$xf(x) - \displaystyle\int_0^x f(t)\,dt - xf(x) = 4x^3 - 6x^2 - 4x\int_0^1 f(t)\,dt$

$\displaystyle\int_0^x f(t)\,dt = -4x^3 + 6x^2 + 4x\int_0^1 f(t)\,dt$

다시 양변을 x에 대해 미분하면

$f(x) = -12x^2 + 12x + 4\displaystyle\int_0^1 f(t)\,dt$

$\displaystyle\int_0^1 f(t)\,dt = k$라 두면

$k = \displaystyle\int_0^1 (-12t^2 + 12t + 4k)\,dt = \left[-4t^3 + 6t^2 + 4kt\right]_0^1 = 2 + 4k$

$3k = -2 \quad \therefore k = -\dfrac{2}{3}$

따라서 $f(x) = -12x^2 + 12x - \dfrac{8}{3}$ 이다.

$f\left(\dfrac{1}{2}\right) = \dfrac{1}{3}$ 이므로 $60a = 20$

15) 729

A_1에서 B_1까지의 최단경로의 수 $a_1 = 4$

A_2에서 B_2까지의 최단경로의 수 $a_2 = 3a_1 + 1 = 13$

A_3에서 B_3까지의 최단경로의 수 $a_3 = 3a_2 + 1 = 40$

$\vdots$

A_{n+1}에서 B_{n+1}까지의 최단경로의 수 $a_{n+1} = 3a_n + 1$

$b_{n+1} = 2a_{n+1} + 1 = 2(3a_n + 1) + 1 = 6a_n + 3 = 3(2a_n + 1) = 3b_n$ 이고

$b_1 = 2a_1 + 1 = 9$ 이므로

$b_n = 9\times 3^{n-1} = 3^{n+1} \ (n\geq 1)$

그러므로 $b_5 = 3^6 = 729$

[참조]

a_3를 구하는 방법을 모형도로 나타내면 다음과 같다.

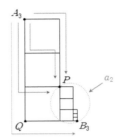

A_3에서 B_3로 가는 최단경로의 수는 다음 두 가지 경우이다.

$A_3 \to P \to B_3$는 $A_3 \to P$는 3가지, $P \to B_3$는 a_2이므로 $3a_2$

$A_3 \to Q \to B_3$는 1가지

그러므로 $a_3 = 3a_2 + 1$

16) 21

$x^2 - (2^{n-2} + 3^{n-2})x + 6^{n-2} \leq 2^{k-2}$ 에서

이차 방정식 $x^2 - (2^{n-2} + 3^{n-2})x + 6^{n-2} - 2^{k-2} = 0$의

해를 α, β라 하면

근과 계수와의 관계에 의해

$\alpha + \beta = 2^{n-2} + 3^{n-2}, \quad \alpha\beta = 6^{n-2} - 2^{k-2}$ 이고

$(\alpha - \beta)^2 = (\alpha + \beta)^2 - 4\alpha\beta$

$\qquad = (2^{n-2} + 3^{n-2})^2 - 4(6^{n-2} - 2^{k-2})$

$\qquad = (3^{n-2} - 2^{n-2})^2 + 2^k$

$100 \leq (3^{n-2} - 2^{n-2})^2 - 2^k \leq 1000$ 이므로

$n=1$일 때 $100 \leq \dfrac{1}{36} + 2^k \leq 1000 \quad \therefore k = 7, 8, 9$

$n=2$일 때 $100 \leq 2^k \leq 1000 \quad \therefore k = 7, 8, 9$

$n=3$일 때 $100 \leq 1 + 2^k \leq 1000 \quad \therefore k = 7, 8, 9$

$n=4$일 때 $100 \leq 25 + 2^k \leq 1000 \quad \therefore k = 7, 8, 9$

$n=5$일 때 $100 \leq 361 + 2^k \leq 1000 \quad \therefore k = 1, 2, \cdots, 9$

$n \geq 6$에서는 조건을 만족시키는 k는 없다.

그러므로 모든 순서쌍 (n, k)의 개수는 21개 이다.

[제12회 정답]

번호	1	2	3	4	5	6	7	8
정답	④	③	④	⑤	③	⑤	11	30

번호	9	10	11	12	13	14	15	16
정답	④	③	②	⑤	④	①	18	42

---

1) ④

ⅰ) a_n의 점화식 구하기

$$f(x)=\begin{cases} x+2 & (x<0) \\ -\dfrac{1}{2}x & (x\geq 0)\end{cases}$$에 대하여

$a_1=1$, $a_{n+1}=f(f(a_n))$ $(n\geq 1)$의 점화식을 구해보면

$n=1$일 때, $a_2=f(f(a_1))=f(f(1))=f(-\dfrac{1}{2})=\dfrac{3}{2}$

$n=2$일 때, $a_3=f(f(a_2))=f(f(\dfrac{3}{2}))=f(-\dfrac{3}{4})=\dfrac{5}{4}$

$\vdots$

$n=k$일 때, $a_{k+1}=f(f(a_k))=f(-\dfrac{1}{2}a_k)=-\dfrac{1}{2}a_k+2$

$\therefore a_{n+1}=-\dfrac{1}{2}a_n+2$ $(n\geq 1)$, $a_1=1$

ⅱ) b_n 구하기

$$b_{n+1}=a_{n+1}-\dfrac{4}{3}=\left(-\dfrac{1}{2}a_n+2\right)-\dfrac{4}{3}=-\dfrac{1}{2}a_n+\dfrac{2}{3}$$

$$=-\dfrac{1}{2}\left(a_n-\dfrac{4}{3}\right)=-\dfrac{1}{2}b_n \quad \left(b_1=a_1-\dfrac{4}{3}=-\dfrac{1}{3}\right)$$

$$\therefore b_n=-\dfrac{1}{3}\left(-\dfrac{1}{2}\right)^{n-1} \quad (n\geq 1)$$

ⅲ) $\displaystyle\sum_{n=1}^{5}b_n$ 구하기

$$\sum_{n=1}^{5}\left(-\dfrac{1}{3}\right)\left(-\dfrac{1}{2}\right)^{n-1}=\left(-\dfrac{1}{3}\right)\times\dfrac{1-\left(-\dfrac{1}{2}\right)^5}{1+\dfrac{1}{2}}=-\dfrac{11}{48}$$

$$\therefore p+q=59$$

2) ③

$V_2=V_1\times\left(\dfrac{H_2}{H_1}\right)^{\frac{2}{2-k}}$ 에서

ⅰ) A지역의 경우

$H_1=12$, $H_2=36$, $V_1=2$, $V_2=8$ 이므로

$$8=2\times\left(\dfrac{36}{12}\right)^{\frac{2}{2-k}}=2\times 3^{\frac{2}{2-k}}$$

$$\dfrac{2}{2-k}=\log_3 4$$

ⅱ) B지역의 경우

$H_1=10$, $H_2=90$, $V_1=a$, $V_2=b$ 이므로

$$b=a\times\left(\dfrac{90}{10}\right)^{\frac{2}{2-k}}=a\times 9^{\frac{2}{2-k}}$$

$$\dfrac{2}{2-k}=\log_9\dfrac{b}{a}$$

k의 값이 서로 같으므로

$\log_9\dfrac{b}{a}=\log_3 4$ 에서 $\log_9\dfrac{b}{a}=\log_9 16$

$$\therefore \dfrac{b}{a}=16$$

3) ④

ⅰ) 그림 R_1에서 색칠된 직사각형의 넓이(S_1)를 구해보자.
다음 그림과 같이 색칠된 직사각형의 세로의 길이를 a,
가로의 길이는 $2a$라 하고,
점 A에서 선분 BD에 그은 수선의 발을 H,
선분 AH와 선분 EF의 교점을 H_1이라 하면

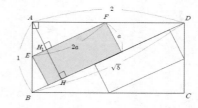

$\overline{BD}=\sqrt{5}$ 이고 직각삼각형 ABD에서
$\overline{BD}\times\overline{AH}=\overline{AB}\times\overline{AD}$이므로(직각삼각형의 닮음)

$$\overline{AH}=\dfrac{2}{\sqrt{5}}=\dfrac{2\sqrt{5}}{5}, \quad \overline{AH_1}=\overline{AH}-a=\dfrac{2\sqrt{5}}{5}-a$$

$\triangle ABD$와 $\triangle AEF$는 닮음이므로
$$\overline{BD}:\overline{EF}=\overline{AH}:\overline{AH_1}$$

$$\sqrt{5}:2a=\dfrac{2\sqrt{5}}{5}:\dfrac{2\sqrt{5}}{5}-a \quad \therefore a=\dfrac{2\sqrt{5}}{9}$$

그러므로 $S_1=a\times 2a=2a^2=\dfrac{40}{81}$

ⅱ) 그림 R_2에서 색칠된 두 직각삼각형은 닮음이고
닮음비는 $\overline{AB}:a=1:\dfrac{2\sqrt{5}}{9}=9:2\sqrt{5}$ 이고
넓이의 비는 $81:20$이다.

그러므로 그림 R_2에서 색칠된 두 직각삼각형의
넓이의 합은

$S_2 = S_1 + \dfrac{20}{81} S_1$ 이다.

같은 방법으로

$$S_n = S_1 + \dfrac{20}{81} S_1 + \left(\dfrac{20}{81}\right)^2 S_1 + \cdots + \left(\dfrac{20}{81}\right)^{n-1} S_1$$

$$= \sum_{k=1}^{n} S_1 \cdot \left(\dfrac{20}{81}\right)^{k-1}$$

$$\therefore \lim_{n \to \infty} S_n = \sum_{n=1}^{\infty} S_1 \cdot \left(\dfrac{20}{81}\right)^{n-1} = \dfrac{S_1}{1 - \dfrac{20}{81}} = \dfrac{\dfrac{40}{81}}{1 - \dfrac{20}{81}} = \dfrac{40}{61}$$

4) ⑤

$n^2 a_{n+1} = (n^2 - 1)a_n + n(n+1)2^n \ (n \geq 1)$ 에서

양변을 $n(n+1)$로 나누면

$\dfrac{n}{n+1} a_{n+1} = \dfrac{n-1}{n} a_n + 2^n$ 이다.

$b_n = \dfrac{n-1}{n} a_n$ 에서 $b_{n+1} = \dfrac{n}{n+1} a_{n+1}$ 이므로

$b_{n+1} = b_n + 2^n$ 이다.

$\therefore f(n) = 2^n$

$b_{n+1} = b_n + 2^n$에서 $b_{n+1} - b_n = 2^n$이고

n에 1부터 $n-1$까지 차례로 대입한 식을 모두 더하면

$b_2 - b_1 = 2^1$

$b_3 - b_2 = 2^2$

$\vdots$

$b_n - b_{n-1} = 2^{n-1}$

$b_n = b_1 + \displaystyle\sum_{k=1}^{n-1} 2^k = \dfrac{2(2^{n-1} - 1)}{2 - 1} = 2^n - 2$

$\therefore g(n) = 2^n - 2$

그러므로 $f(5) + g(10) = 32 + 1022 = 1054$

5) ③

점 A의 x좌표를 구하면

$a = 2\sqrt{x} + 1, \quad \therefore x = \left(\dfrac{a-1}{2}\right)^2$

점 B의 y좌표를 구하면

$y = -4\sqrt{\left(\dfrac{a-1}{2}\right)^2} + 4 = -2a + 6$

$\therefore \overline{AB} = 3a - 6$

점 C의 x좌표는 $x = \dfrac{1}{4}$ 이므로

삼각형 ABC의 넓이는

$S(a) = \dfrac{1}{2}(3a - 6)\left\{\left(\dfrac{a-1}{2}\right)^2 - \dfrac{1}{4}\right\} = \dfrac{3}{8}(a-2)(a^2 - 2a)$

$$= \dfrac{3}{8}a(a-2)^2 \quad (a \geq 1)$$

$S(a)$를 a에 대해 미분하면

$S'(a) = \dfrac{3}{8}(a-2)(3a-2)$

$a = 2$에서 극솟값 0

$a = \dfrac{2}{3}$에서 극댓값 $\dfrac{4}{9}$를 갖는다.

$y = S(a)$의 그래프는 다음과 같다.

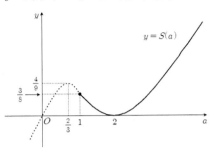

$\dfrac{1}{4} \leq S \leq 6$을 만족하는 자연수 a의 값을 구하면

그래프에서 $S(1) = \dfrac{3}{8} > \dfrac{1}{4}$, $S(2) = 0 < \dfrac{1}{4}$, $S(3) = \dfrac{9}{8} > \dfrac{1}{4}$ 이다.

$S \leq 6$을 만족하는 a를 구하자.

$\dfrac{3}{8}a(a-2)^2 \leq 6, \quad a^3 - 4a^2 + 4a - 16 \leq 0$

$(a-4)(a^2 + 4) \leq 0 \quad \therefore a \leq 4$

그러므로 만족하는 자연수 a는 $1, 3, 4$이다.

따라서 모든 a의 합은 8이다.

6) ⑤

함수 $f(x)$의 도함수를 구하면

$$f'(x) = \begin{cases} a(3 - 3x^2) & (x < 0) \\ 3x^2 - a & (x > 0) \end{cases}$$

a의 값의 범위에 따라 극댓값 조건을 살펴보면

ⅰ) $a = 0$일 때는 함수 $f(x)$는 극댓값을 갖지 않는다.

ⅱ) $a > 0$일 때

$a(3 - 3x^2) = 0, \quad x = -1$일 때 극솟값

$3x^2 - a = 0, \quad x = \dfrac{\sqrt{a}}{\sqrt{3}}$ 일 때, 극솟값

$x = 0$일 때 극댓값 0이 존재하나

조건을 만족하지는 않는다.

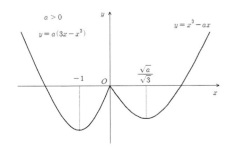

iii) $a < 0$일 때

$a(3 - 3x^2) = 0$, $x = -1$일 때 극댓값

$3x^2 - a = 0$, 극댓값, 극솟값 모두 갖지 않는다.

그러므로 극댓값이 5인 조건을 적용하면

$f(-1) = a(-3 + 1) = 5$

$-2a = 5$ $\therefore a = -\dfrac{5}{2}$

그러므로 $f(2) = \left[x^3 + \dfrac{5}{2}x \right]_{x=2} = 13$

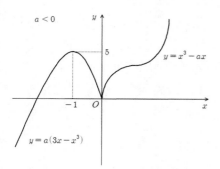

7) 11

i) a_1에서 a_6까지의 합을 a_2를 사용하여 나타내기

$a_1 = 7$ a_2

$a_3 = a_1 - 4 = 3$ $a_4 = a_2 - 4$

$a_5 = a_3 - 4 = -1$ $a_6 = a_4 - 4 = a_2 - 8$

그러므로 $\displaystyle\sum_{k=1}^{6} a_k = 3a_2 - 3$

ii) $a_{n+6} = a_n$이므로 6개씩 반복됨

$50 = 6 \times 8 + 2$이므로

$\displaystyle\sum_{k=1}^{50} a_k = \left(\sum_{k=1}^{6} a_k \right) \times 8 + (a_1 + a_2)$

$= (3a_2 - 3) \times 8 + (7 + a_2)$

$= 25a_2 - 17 = 258$

그러므로 $a_2 = 11$

8) 30

i) m과 n의 범위 결정

$f(k) = \dfrac{\sqrt{k}}{2}$와 $g(k) = [f(k)]$의 그래프는 다음과 같다.

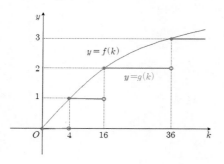

m, n은 $1 \le m < n < 16$인 자연수이므로

$f(m) = g(m) + h(m)$ $(g(m) = 0 \text{ or } 1, \ 0 \le h(m) < 1)$

$f(n) = g(n) + h(n)$ $(g(n) = 0 \text{ or } 1, \ 0 \le h(n) < 1)$라 하면

$P_m(g(m), h(m))$, $P_n(g(n), h(n))$이고

$(\overline{P_m P_n})^2 = \{g(n) - g(m)\}^2 + \{h(n) - h(m)\}^2$이다.

$\{g(n) - g(m)\}^2$은 정수이고, $0 \le \{h(n) - h(m)\}^2 < 1$이다.

$1 \le \overline{P_m P_n} \le \dfrac{\sqrt{5}}{2}$에서 $1 \le (\overline{P_m P_n})^2 \le \dfrac{5}{4}$이므로

$\{g(n) - g(m)\}^2 = 1$, $0 \le \{h(n) - h(m)\}^2 \le \dfrac{1}{4}$이다.

$g(m) = 0$, $g(n) = 1$

$m = 1, 2, 3$

$n = 4, 5, 6, \cdots, 15$

ii) m, n 관계식 구하기

$0 \le \{h(n) - h(m)\}^2 \le \dfrac{1}{4}$에서

$-\dfrac{1}{2} \le h(n) - h(m) \le \dfrac{1}{2}$이고

$h(n) - h(m) = f(n) - 1 - f(m) = \dfrac{\sqrt{n}}{2} - \dfrac{\sqrt{m}}{2} - 1$ 이므로

$\sqrt{m} + 1 \le \sqrt{n} \le \sqrt{m} + 3$

각 변을 제곱하여 정리하면

$m + 1 + \sqrt{4m} \le n \le m + 9 + \sqrt{36m}$

iii) 순서쌍 (m, n) 구하기

$m = 1$일 때, $4 \le n \le 16$

$\qquad\qquad \therefore n = 4, 5, 6, \cdots, 15$ ······ 12개

$m = 2$일 때, $3 + \sqrt{8} \le n \le 11 + \sqrt{72}$

$\qquad\qquad 5.\text{xxx} \le n \le 19.\text{xxx}$

$\qquad\qquad \therefore n = 6, 7, 8, \cdots, 15$ ······ 10개

$m = 3$일 때, $4 + \sqrt{12} \le n \le 12 + \sqrt{108}$

$\qquad\qquad 7.\text{xxx} \le n \le 22.\text{xxx}$

$\qquad\qquad \therefore n = 8, 9, 10, \cdots, 15$ ······ 8개

그러므로 순서쌍 (m, n)의 개수는 $12 + 10 + 8 = 30$개

9) ④

i) a_n의 점화식 구하기

$f(x) = \begin{cases} x + 3 & (x < 0) \\ -\dfrac{1}{3}x & (x \ge 0) \end{cases}$에 대하여

$a_1 = 1$, $a_{n+1} = f(f(a_n))$ $(n \ge 1)$의 점화식을 구해보면

$n = 1$일 때, $a_2 = f(f(a_1)) = f(f(1)) = f(-\dfrac{1}{3}) = \dfrac{8}{3}$

$n = 2$일 때, $a_3 = f(f(a_2)) = f(f(\dfrac{8}{3})) = f(-\dfrac{8}{9}) = \dfrac{19}{9}$

$\qquad\qquad\qquad\qquad \vdots$

$n = k$일 때, $a_{k+1} = f(f(a_k)) = f(-\dfrac{1}{3}a_k) = -\dfrac{1}{3}a_k + 3$

$\therefore a_{n+1} = -\dfrac{1}{3}a_n + 3$ $(n \ge 1)$, $a_1 = 1$

ii) b_n 구하기

$$b_{n+1} = a_{n+1} - \frac{9}{4} = \left(-\frac{1}{3}a_n + 3\right) - \frac{9}{4} = -\frac{1}{3}a_n + \frac{3}{4}$$

$$= -\frac{1}{3}\left(a_n - \frac{9}{4}\right) = -\frac{1}{3}b_n \quad \left(b_1 = a_1 - \frac{9}{4} = -\frac{5}{4}\right)$$

$$\therefore b_n = -\frac{5}{4}\left(-\frac{1}{3}\right)^{n-1} \quad (n \geq 1)$$

iii) $\displaystyle\sum_{n=1}^{5} b_n$ 구하기

$$\sum_{n=1}^{5}\left(-\frac{5}{4}\right)\left(-\frac{1}{3}\right)^{n-1} = \left(-\frac{5}{4}\right) \times \frac{1-\left(-\frac{1}{3}\right)^5}{1+\frac{1}{3}} = -\frac{305}{324}$$

$$\therefore p+q = 629$$

10) ③

$V_2 = V_1 \times \left(\dfrac{H_2}{H_1}\right)^{\frac{2}{2-k}}$ 에서

i) A지역의 경우

$H_1 = 12,\ H_2 = 36,\ V_1 = 2,\ V_2 = 8$ 이므로

$$8 = 2 \times \left(\frac{36}{12}\right)^{\frac{2}{2-k}} = 2 \times 3^{\frac{2}{2-k}}$$

$$\frac{2}{2-k} = \log_3 4$$

ii) B지역의 경우

$H_1 = 10,\ H_2 = 270,\ V_1 = a,\ V_2 = b$ 이므로

$$b = a \times \left(\frac{270}{10}\right)^{\frac{2}{2-k}} = a \times 27^{\frac{2}{2-k}}$$

$$\frac{2}{2-k} = \log_{27} \frac{b}{a}$$

k의 값이 서로 같으므로

$\log_{27} \dfrac{b}{a} = \log_3 4$ 에서 $\log_{27} \dfrac{b}{a} = \log_{27} 4^3$

$$\therefore \frac{b}{a} = 64$$

11) ②

i) 그림 R_1에서 색칠된 직사각형의 넓이(S_1)를 구해보자.
다음 그림과 같이 색칠된 직사각형의 세로의 길이를 a,
가로의 길이는 $2a$라 하고,
점 A에서 선분 BD에 그은 수선의 발을 H,
선분 AH와 선분 EF의 교점을 H_1이라 하면

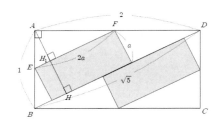

$\overline{BD} = \sqrt{5}$ 이고 직각삼각형 ABD에서
$\overline{BD} \times \overline{AH} = \overline{AB} \times \overline{AD}$ 이므로 (직각삼각형의 닮음)

$$\overline{AH} = \frac{2}{\sqrt{5}} = \frac{2\sqrt{5}}{5}, \quad \overline{AH_1} = \overline{AH} - a = \frac{2\sqrt{5}}{5} - a$$

$\triangle ABD$와 $\triangle AEF$는 닮음이므로
$$\overline{BD} : \overline{EF} = \overline{AH} : \overline{AH_1}$$

$$\sqrt{5} : 2a = \frac{2\sqrt{5}}{5} : \frac{2\sqrt{5}}{5} - a \qquad \therefore a = \frac{2\sqrt{5}}{9}$$

그러므로 $S_1 = 2 \times a \times 2a = 4a^2 = \dfrac{80}{81}$

ii) 그림 R_2에서 색칠된 두 직각삼각형은 닮음이고
닮음비는 $\overline{AB} : a = 1 : \dfrac{2\sqrt{5}}{9} = 9 : 2\sqrt{5}$ 이고
넓이의 비는 $81 : 20$이고,
직사각형의 개수는 2배씩 늘어나므로
그림 R_2에서 색칠된 영역의 넓이는

$$S_2 = S_1 - \frac{20}{81}S_1 \times 2 \text{이다.}$$

같은 방법으로

$$S_n = S_1 - \frac{40}{81}S_1 + \left(\frac{40}{81}\right)^2 S_1 - \cdots + (-1)^{n-1}\left(\frac{40}{81}\right)^{n-1}S_1$$

$$= \sum_{k=1}^{n} S_1 \cdot \left(-\frac{40}{81}\right)^{k-1}$$

$$\lim_{n \to \infty} S_n = \sum_{n=1}^{\infty} S_1 \cdot \left(-\frac{40}{81}\right)^{n-1} = \frac{S_1}{1+\frac{40}{81}} = \frac{\frac{80}{81}}{1+\frac{40}{81}} = \frac{80}{121}$$

$$\therefore p+q = 201$$

12) ⑤

$n^2 a_{n+1} = (n^2 - 1)a_n + n(n+1)3^n \ (n \geq 1)$ 에서
양변을 $n(n+1)$로 나누면

$$\frac{n}{n+1}a_{n+1} = \frac{n-1}{n}a_n + 3^n \text{ 이다.}$$

$b_n = \dfrac{n-1}{n}a_n$ 에서 $b_{n+1} = \dfrac{n}{n+1}a_{n+1}$ 이므로

$$b_{n+1} = b_n + 3^n \text{ 이다.}$$

$$\therefore f(n) = 3^n$$

$b_{n+1} = b_n + 3^n$에서 $b_{n+1} - b_n = 3^n$이고

n에 1부터 $n-1$까지 차례로 대입한 식을 모두 더하면
$$b_2 - b_1 = 3^1$$
$$b_3 - b_2 = 3^2$$
$$\vdots$$
$$b_n - b_{n-1} = 3^{n-1}$$
$$b_n = b_1 + \sum_{k=1}^{n-1} 3^k = \frac{3(3^{n-1}-1)}{3-1} = \frac{3^n - 3}{2}$$
$$\therefore g(n) = \frac{3^n - 3}{2}$$

그러므로 $f(5) + g(5) = 243 + 120 = 363$

13) ④

점 A의 x좌표를 구하면
$$a = 2\sqrt{x} + 1, \quad x = \left(\frac{a-1}{2}\right)^2$$

점 B의 y좌표를 구하면
$$y = -4\sqrt{\left(\frac{a-1}{2}\right)^2} + 4 = -2a + 6$$
$$\therefore \overline{AB} = 3a - 6$$

점 C의 x좌표는 $\frac{1}{4}$이므로
삼각형 ABC의 넓이는
$$S(a) = \frac{1}{2}(3a-6)\left\{\left(\frac{a-1}{2}\right)^2 - \frac{1}{4}\right\} = \frac{3}{8}(a-2)(a^2-2a)$$
$$= \frac{3}{8}a(a-2)^2 \quad (a \geq 1)$$

$S(a)$를 a에 대해 미분하면
$$S'(a) = \frac{3}{8}(a-2)(3a-2)$$
$a=2$에서 극솟값 0
$a = \frac{2}{3}$에서 극댓값 $\frac{4}{9}$를 갖는다.
$y = S(a)$의 그래프는 다음과 같다.

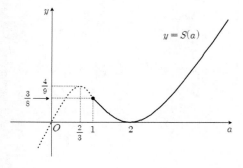

$\frac{3}{8} \leq S \leq 36$을 만족하는 자연수 a의 값을 구하면

그래프에서 $S(1) = \frac{3}{8}$, $S(2) = 0 < \frac{3}{8}$, $S(3) = \frac{9}{8} > \frac{3}{8}$

$S \leq 36$을 만족하는 a를 구하자.
$$\frac{3}{8}a(a-2)^2 \leq 36, \quad a^3 - 4a^2 + 4a - 96 \leq 0$$
$$(a-6)(a^2+2a+16) \leq 0 \quad \therefore a \leq 6$$

그러므로 만족하는 자연수 a는 $1, 3, 4, 5, 6$이다.
따라서 모든 a값의 합은 19이다.

14) ①

함수 $f(x)$와 도함수 $f'(x)$는 다음과 같다.
$$f(x) = \begin{cases} a(3x - x^3) & (x < 0) \\ x^3 - ax & (x \geq 0) \end{cases}$$
$$f'(x) = \begin{cases} a(3 - 3x^2) & (x < 0) \\ 3x^2 - a & (x > 0) \end{cases}$$

a의 값의 범위에 따라 극값을 3개를 가질 경우를 살펴보면

i) $a = 0$일 때는 함수 $f(x)$는 극값을 갖지 않는다.

ii) $a < 0$일 때
    $a(3 - 3x^2) = 0$, $x = -1$일 때 극댓값
    $x = 0$에서 극솟값 0을 가지므로 2개의 극값을 가진다.

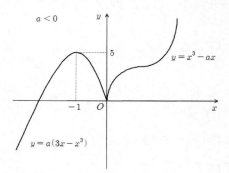

iii) $a > 0$일 때
    $a(3 - 3x^2) = 0$, $x = -1$일 때 극솟값
    $3x^2 - a = 0$, $x = \frac{\sqrt{a}}{\sqrt{3}} = \frac{\sqrt{3a}}{3}$일 때, 극솟값
    $x = 0$일 때 극댓값 0을 가지므로 3개의 극값을 가진다.

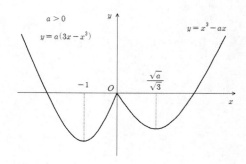

그러므로 $a > 0$이고
모든 극값의 합이 -8인 조건을 적용하면

$f(-1) = a(-3+1) = -2a$ (극솟값)

$f\left(\dfrac{\sqrt{3a}}{3}\right) = \dfrac{\sqrt{3a}}{3}\left(\dfrac{a}{3} - a\right) = -\dfrac{2\sqrt{3}}{9}a\sqrt{a}$ (극솟값)

$f(0) = 0$ (극댓값)

$-2a - \dfrac{2\sqrt{3}}{9}a\sqrt{a} = -8$

$x = \sqrt{a}$ 라 두고 식을 정리하면

$x^3 + 3\sqrt{3}x^2 - 12\sqrt{3} = 0$

$(x - \sqrt{3})(x + 2\sqrt{3})^2 = 0$

$a > 0$이므로 $x = \sqrt{3}$ $\therefore a = 3$이다.

그러므로 $f(x) = \begin{cases} 3(3x - x^3) & (x < 0) \\ x^3 - 3x & (x \geq 0) \end{cases}$ 이고

$f(5) = 5^3 - 15 = 110$

15) 18

ⅰ) a_1에서 a_6까지의 합을 a_1, a_2를 사용하여 나타내기

a_1 $\qquad\qquad$ a_2

$a_3 = a_1 - 4$ $\qquad\quad$ $a_4 = a_2 - 4$

$a_5 = a_3 - 4 = a_1 - 8$ $\quad$ $a_6 = a_4 - 4 = a_2 - 8$

그러므로 $\displaystyle\sum_{k=1}^{6} a_k = 3(a_1 + a_2) - 24$

ⅱ) $a_{n+6} = a_n$이므로 6개씩 반복됨

$50 = 6 \times 8 + 2$이므로

$\displaystyle\sum_{k=1}^{50} a_k = \left(\sum_{k=1}^{6} a_k\right) \times 8 + (a_1 + a_2)$

$\qquad\quad = \{3(a_1 + a_2) - 24\} \times 8 + (a_1 + a_2)$

$\qquad\quad = 25(a_1 + a_2) - 192 = 258$

그러므로 $a_1 + a_2 = 18$

16) 42

ⅰ) m과 n의 범위 결정

$f(k) = \dfrac{\sqrt{k}}{3}$ 와 $g(k) = [f(k)]$의 그래프는 다음과 같다.

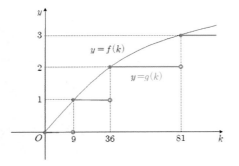

m, n은 $6 \leq m < n < 36$인 자연수이므로

$f(m) = g(m) + h(m)$ $(g(m) = 0 \text{ or } 1,\ 0 \leq h(m) < 1)$

$f(n) = g(n) + h(n)$ $(g(n) = 0 \text{ or } 1,\ 0 \leq h(n) < 1)$라 하면

$P_m(g(m), h(m))$, $P_n(g(n), h(n))$이고

$\overline{P_m P_n}$의 기울기 $a_{mn} = \dfrac{h(n) - h(m)}{g(n) - g(m)}$이다.

$|a_{mn}| \leq \dfrac{1}{3}$에서 $-\dfrac{1}{3} \leq \dfrac{h(n) - h(m)}{g(n) - g(m)} \leq \dfrac{1}{3}$이므로

$g(n) - g(m) = 1$, $-\dfrac{1}{3} \leq h(n) - h(m) \leq \dfrac{1}{3}$이다.

$g(m) = 0,\ g(n) = 1$

$m = 6, 7, 8$

$n = 9, 10, 11, \cdots, 35$

ⅱ) m, n 관계식 구하기

$-\dfrac{1}{3} \leq h(n) - h(m) \leq \dfrac{1}{3}$에서

$h(n) - h(m) = f(n) - 1 - f(m) = \dfrac{\sqrt{n}}{3} - \dfrac{\sqrt{m}}{3} - 1$ 이므로

$\sqrt{m} + 2 \leq \sqrt{n} \leq \sqrt{m} + 4$

각 변을 제곱하여 정리하면

$m + 4 + \sqrt{16m} \leq n \leq m + 16 + \sqrt{64m}$

ⅲ) 순서쌍 (m, n) 구하기

$m = 6$일 때, $10 + \sqrt{96} \leq n \leq 22 + \sqrt{384}$

$\qquad\qquad 19.\text{xxx} \leq n \leq 41.\text{xxx}$

$\qquad\qquad \therefore n = 20, 21, 22, \cdots, 35$ $\quad$ ····· 16개

$m = 7$일 때, $11 + \sqrt{112} \leq n \leq 23 + \sqrt{448}$

$\qquad\qquad 21.\text{xxx} \leq n \leq 44.\text{xxx}$

$\qquad\qquad \therefore n = 22, 23, 24, \cdots, 35$ $\quad$ ····· 14개

$m = 8$일 때, $12 + \sqrt{128} \leq n \leq 24 + \sqrt{512}$

$\qquad\qquad 23.\text{xxx} \leq n \leq 46.\text{xxx}$

$\qquad\qquad \therefore n = 24, 25, 26, \cdots, 35$ $\quad$ ····· 12개

그러므로 순서쌍 (m, n)의 개수는 $16 + 14 + 12 = 42$개

[제13회 정답]

번호	1	2	3	4	5	6	7	8
정답	③	④	②	98	16	40	68	484

번호	9	10	11	12	13	14	15	16
정답	③	④	⑤	196	176	40	32	735

1) ③

ⅰ) S_1 구하기

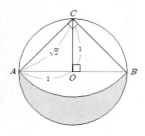

색칠된 부분의 넓이는 원 O의 반원에서 부채꼴 CAB를 뺀 후 직각삼각형 ABC를 더하면 된다.

$$\therefore S_1 = \left(\pi \times \frac{1}{2}\right) - \left(2\pi \times \frac{1}{4}\right) + \left(\frac{1}{2} \times 2 \times 1\right) = 1$$

ⅱ) 급수의 공비 구하기

그림 R_2에서 새로 그려진 원의 반지름의 길이를 a라 하면 다음 그림과 같다.

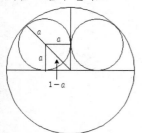

직각이등변삼각형에서 $1 - a = \sqrt{2}\,a$ 이므로

$$a = \frac{1}{\sqrt{2}+1} = \sqrt{2}-1$$

두 원의 닮음비는 $1 : \sqrt{2}-1$
넓이비는 $1 : (\sqrt{2}-1)^2 = 1 : 3-2\sqrt{2}$

원의 개수가 2배씩 증가하므로
급수의 공비 r은
$$r = 2(3-2\sqrt{2}) = 6-4\sqrt{2}$$

ⅲ) 급수의 합 구하기

$$\lim_{n\to\infty} S_n = \frac{S_1}{1-r} = \frac{1}{1-(6-4\sqrt{2})} = \frac{1}{4\sqrt{2}-5} = \frac{5+4\sqrt{2}}{7}$$

2) ④

함수 $y = f(x)$와 $y = g(x)$의 그래프는 다음과 같다.

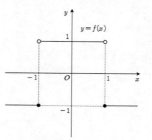 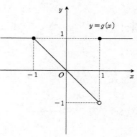

ㄱ. 우극한은 $\lim_{x\to 1+} f(x)g(x) = (-1)(1) = -1$

좌극한은 $\lim_{x\to 1-} f(x)g(x) = (1)(-1) = -1$

$\lim_{x\to 1} f(x)g(x) = -1$ (참)

ㄴ. 함숫값은 $g(1) = 1$

우극한은 $\lim_{x\to 0+} g(x+1) = \lim_{x\to 1+} g(x) = 1$

좌극한은 $\lim_{x\to 0-} g(x+1) = \lim_{x\to 1-} g(x) = -1$

$y = g(x+1)$은 $x = 0$에서 불연속이다. (거짓)

ㄷ. 함숫값은 $f(-1)g(0) = (-1)(0) = 0$

우극한은 $\lim_{x\to 1+} f(x)g(x+1) = (1)(0) = 0$

좌극한은 $\lim_{x\to -1-} f(x)g(x+1) = (-1)(0) = 0$

$y = f(x)g(x+1)$은 $x = -1$에서 연속이다. (참)

따라서 옳은 것은 ㄱ, ㄷ 이다.

3) ②

$F(x) = \int_0^x f(t)dt$에서 등식의 양변을 x에 대하여 미분하면

$F'(x) = f(x) = x^3 - 3x + a$ 이므로
$F(x)$가 극값을 오직 하나만 가지려면
$F'(x) = f(x)$의 그래프는 다음과 같아야 한다.

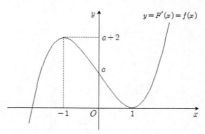

$f'(x) = 3(x+1)(x-1)$
$x = -1$에서 극댓값 $f(-1) = a+2$를 가지고
$x = 1$에서 극솟값 $f(1) = a-2$를 가지므로
$f(1) = a-2 \geq 0$을 만족해야 한다.

따라서 $a \geq 2$이므로 최솟값은 2이다.

4) 98

모니터의 수명을 확률변수 X라 하면
X의 확률분포는 정규분포 $N(m, \sigma^2)$을 따른다.
여기서 m은 모평균, σ는 모표준편차이다.

표본의 크기가 100인 표본집단의 표본평균 $\overline{X}$의 확률분포는

정규분포 $N\left(m, \dfrac{\sigma^2}{100}\right)$을 따르고

표준정규분포의 확률변수 Z는 $Z = \dfrac{\overline{X}-m}{\dfrac{\sigma}{10}}$이다.

표본집단 중 하나의 표본평균이 $\overline{x}$이고,
표본표준편차 s가 500이므로

Z는 근사적으로 $Z = \dfrac{\overline{x}-m}{\dfrac{s}{10}}$으로 둘 수 있다.

95% 신뢰도로 모평균을 추정하면
$|Z| \leq 1.96$

$\left| \dfrac{\overline{x}-m}{\dfrac{s}{10}} \right| \leq 1.96$이고 m에 대해 정리하면

$\overline{x} - 1.96 \times \dfrac{s}{10} \leq m \leq \overline{x} + 1.96 \times \dfrac{s}{10}$이다.

그러므로 $c = 1.96 \times \dfrac{s}{10} = 1.96 \times 50 = 98$이다.

5) 16

$\left(\sqrt[3]{3^5}\right)^{\frac{1}{2}} = 3^{\frac{5}{6}} = \sqrt[n]{k} = k^{\frac{1}{n}}$ (k는 자연수)

그러므로 $k = 3^{\frac{5n}{6}}$

조건을 만족하는 n은 6의 배수이어야 한다.
$\therefore n = 6, 12, 18, \cdots, 96$
따라서 모든 n의 개수는 16개이다.

6) 40

$f(x) = x^2 + ax + b$라 두면 $f(3) = 0$이므로
$f(3) = 9 + 3a + b = 0$ $\therefore 3a + b = -9$ …… (1)

$\displaystyle\int_0^{2013} f(x)dx = \int_3^{2013} f(x)dx$에서 $\displaystyle\int_0^3 f(x)dx = 0$이므로

$\displaystyle\int_0^3 (x^2 + ax + b)dx = \left[\dfrac{1}{3}x^3 + \dfrac{a}{2}x^2 + bx\right]_0^3 = 9 + \dfrac{9a}{2} + 3b = 0$

$\therefore 3a + 2b = -6$ …… (2)

(1)과 (2)를 연립하면 $a = -4$, $b = 3$
그러므로 $f(x) = x^2 - 4x + 3 = (x-1)(x-3)$

$f(x)$와 x축으로 둘러싸인 도형의 넓이는
$S = \displaystyle\int_1^3 (-x^2 + 4x - 3)dx$

$= \left[-\dfrac{1}{3}x^3 + 2x^2 - 3x\right]_1^3 = -\dfrac{26}{3} + 16 - 6 = \dfrac{4}{3}$

그러므로 $30S = 40$

7) 68

여사건은 남자 4명이 모두 이웃하지 않는 사건임으로
남자 4명이 모두 떨어져 앉는 경우는 2가지 경우가 있다.

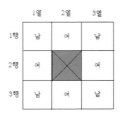
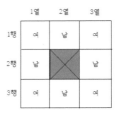

그러므로 여사건의 경우의 수는 $4! \times 4! \times 2$이다.
따라서 구하고자 하는 확률은

$1 - \dfrac{4! \times 4! \times 2}{8!} = \dfrac{34}{35}$

$\therefore 70p = 70 \times \dfrac{34}{35} = 68$

8) 484

$y = \dfrac{-n(x-1)}{x-n}$과 $y = \dfrac{n(x+1)}{x+n}$은 서로 역함수의 관계에 있고
조건을 만족시키는 그래프는 다음과 같다.

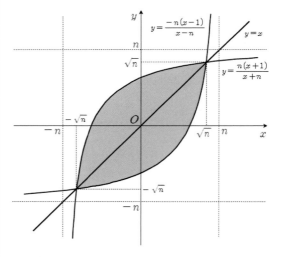

두 곡선의 교점의 좌표를 구하면
$\dfrac{-n(x-1)}{x-n} = \dfrac{n(x+1)}{x+n}$, $x = \pm\sqrt{n}$

만족하는 순서쌍은 원점에 대해 대칭이므로
$n = 1, 2, 3$일 때,
    $(0, 0)$, $(\pm 1, \pm 1)$ $\rightarrow 1 + 2 \times 1$

$n = 4, 5, \cdots, 8$일 때,
    $(0, 0)$, $(\pm 1, \pm 1)$, $(\pm 2, \pm 2)$ $\rightarrow 1 + 2 \times 2$

$n = 9, 10, \cdots, 15$일 때,

$(0, 0), (\pm 1, \pm 1), (\pm 2, \pm 2), (\pm 3, \pm 3) \rightarrow 1 + 2 \times 3$

$\vdots$

$n = 36, 82, \cdots, 48$일 때,

$(0, 0), (\pm 1, \pm 1), \cdots, (\pm 6, \pm 6) \rightarrow 1 + 2 \times 6$

$n = 49, 50$일 때,

$(0, 0), (\pm 1, \pm 1), \cdots, (\pm 7, \pm 7) \rightarrow 1 + 2 \times 7$

그러므로 모든 순서쌍의 개수는

$$\sum_{n=1}^{50} a_n = 1 \times 50 + 2 \times (1 \times 3 + 2 \times 5 + 3 \times 7 + \cdots + 6 \times 13 + 7 \times 2)$$

$$= 50 + 2 \times \sum_{k=1}^{6} k(2k+1) + 28$$

$$= 78 + 2 \times \left(2 \times \frac{6 \times 7 \times 13}{6} + \frac{6 \times 7}{2} \right)$$

$$= 484$$

9) ③

i) S_1 구하기

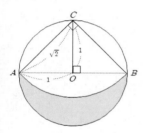

색칠된 부분의 넓이는 원 O의 반원에서 부채꼴 CAB를 뺀 후 직각삼각형 ABC를 더하면 된다.

$$\therefore S_1 = \left(\pi \times \frac{1}{2} \right) - \left(2\pi \times \frac{1}{4} \right) + \left(\frac{1}{2} \times 2 \times 1 \right) = 1$$

ii) 급수의 공비 구하기

그림 R_2에서 새로 그려진 원의 반지름의 길이를 a라 하면 다음 그림과 같다.

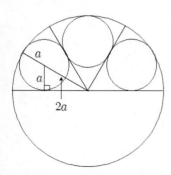

한 예각의 크기가 $30°$인 직각삼각형에서

$a + 2a = 1$ 이므로 $a = \dfrac{1}{3}$

두 원의 닮음비는 $1 : \dfrac{1}{3}$이고 넓이비는 $1 : \dfrac{1}{9}$이다.

원의 개수가 3 배씩 증가하므로 급수의 공비 r은

$$r = 3 \times \frac{1}{9} = \frac{3}{9} = \frac{1}{3}$$

iii) 급수의 합 구하기

$$\lim_{n \to \infty} S_n = \frac{S_1}{1 - r} = \frac{1}{1 - \dfrac{1}{3}} = \frac{3}{2}$$

$$\therefore a + b = 5$$

10) ④

함수 $y = f(x)$와 $y = g(x)$의 그래프는 다음과 같다.

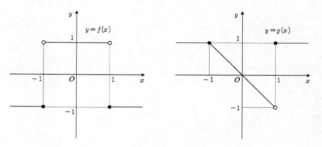

ㄱ. 우극한은 $\lim\limits_{x \to 1+} f(x)g(x) = (-1)(1) = -1$

좌극한은 $\lim\limits_{x \to 1-} f(x)g(x) = (1)(-1) = -1$

$\lim\limits_{x \to 1} f(x)g(x) = -1$ (참)

ㄴ. 함숫값은 $f(g(-1)) = f(1) = -1$

우극한은

$\lim\limits_{x \to -1+} f(g(x)) = \lim\limits_{x \to 1-} f(x) = 1$ $\left(\because \lim\limits_{x \to -1+} g(x) = 1- \right)$

좌극한은

$\lim\limits_{x \to -1-} f(g(x)) = f(1) = -1$ $\left(\because \lim\limits_{x \to -1-} g(x) = 1 \right)$

$y = f(g(x))$은 $x = -1$에서 불연속이다. (거짓)

ㄷ. 함숫값은 $f(1)g(0) = (-1)(0) = 0$

우극한은

$\lim\limits_{x \to -1+} f(-x)g(-x-1)$

$= \left\{ \lim\limits_{x \to 1-} f(x) \right\} \times \left\{ \lim\limits_{x \to 0-} g(x) \right\} = (1)(0) = 0$

좌극한은

$\lim\limits_{x \to -1-} f(-x)g(-x-1)$

$= \left\{ \lim\limits_{x \to 1+} f(x) \right\} \times \left\{ \lim\limits_{x \to 0+} g(x) \right\} = (-1)(0) = 0$

$y = f(-x)g(-x-1)$은 $x = -1$에서 연속이다. (참)

따라서 옳은 것은 ㄱ, ㄷ 이다.

11) ⑤

$F(x) = \int_0^x f(t)dt$에서 등식의 양변을 x에 대하여 미분하면

$F'(x) = f(x) = 3x^4 - 20x^3 + 36x^2 - a$이므로

$f'(x) = 12x^3 - 60x^2 + 72x = 12x(x^2 - 5x + 6) = 12x(x-2)(x-3)$

$x = 0$에서 극솟값 $f(0) = -a$를 가지고
$x = 2$에서 극댓값 $f(2) = 48 - 160 + 144 - a = 32 - a$를 가지고
$x = 3$에서 극솟값 $f(3) = 243 - 540 + 324 - a = 27 - a$를 가진다.

$F'(x) = f(x)$의 그래프는 다음과 같아야 한다.

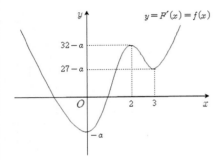

$F(x)$가 극값을 오직 두 개만 가지려면
$f(0) < 0$이고 $f(3) \geq 0$ 또는 $f(2) \leq 0$
즉, $-a < 0$이고 $27 - a \geq 0$ 또는 $32 - a \leq 0$
따라서 $0 < a \leq 27$ 또는 $a \geq 32$이어야 한다.

그러므로 조건을 만족시키는 50이하의
자연수의 개수는 46개이다.

12) 196

모니터의 수명을 확률변수 X라 하면
X의 확률분포는 정규분포 $N(m, \sigma^2)$을 따른다.
여기서 m은 모평균, σ는 모표준편차이다.

표본의 크기가 n인 표본집단의
표본평균 $\overline{X}$의 확률분포는

정규분포 $N(m, \dfrac{\sigma^2}{n})$을 따르고

표준정규분포의 확률변수 Z는 $Z = \dfrac{\overline{X} - m}{\dfrac{\sigma}{\sqrt{n}}}$이다.

표본집단 중 하나의 표본평균이 $\overline{x}$이고,
표본표준편차 s가 50이므로

Z는 근사적으로 $Z = \dfrac{\overline{x} - m}{\dfrac{s}{\sqrt{n}}}$으로 둘 수 있다.

95% 신뢰도로 모평균을 추정하면
$|Z| \leq 1.96$

$\left| \dfrac{\overline{x} - m}{\dfrac{s}{10}} \right| \leq 1.96$이고 $|\overline{x} - m|$에 대해 정리하면

$|\overline{x} - m| \leq 1.96 \times \dfrac{50}{\sqrt{n}}$이다.

그러므로 $1.96 \times \dfrac{50}{\sqrt{n}} \leq 7$이므로 $n \geq 196$이다.

13) 176

$\left(\sqrt[3]{3^5} \right)^{\frac{1}{2}} = 3^{\frac{5}{6}} = \sqrt[n]{k} = k^{\frac{1}{n}}$ (k는 자연수)

그러므로 $k = 3^{\frac{5n}{6}}$

조건을 만족하는 n은 6의 배수이어야 한다.
$\therefore n = 6, 12, 18, \cdots, 96$

$n = 96$일 때, $k = 3^{80}$이고 $\log_3 k = 80$이므로
$n + \log_3 k$의 최댓값은 $96 + 80 = 176$이다.

14) 40

$\int_{4-a}^2 f(x)dx = \int_2^a f(x)dx$에서 $a = t + 2$를 대입하면

$\int_{2-t}^2 f(x)dx = \int_2^{2+t} f(x)dx$이므로

$f(x)$는 $x = 2$에 대해 대칭이다.

즉, 이차함수 $f(x)$의 축의 방정식이 $x = 2$이고
$f(x) = x^2 - 4x + b$라 둘 수 있다.

$\int_0^{2013} f(x)dx = \int_3^{2013} f(x)dx$에서 $\int_0^3 f(x)dx = 0$이므로

$\int_0^3 (x^2 - 4x + b)dx = \left[\dfrac{1}{3}x^3 - 2x^2 + bx \right]_0^3 = 9 - 18 + 3b = 0$

$\therefore b = 3$

따라서 $f(x) = x^2 - 4x + 3 = (x-1)(x-3)$

$f(x)$와 x축으로 둘러싸인 도형의 넓이는

$S = \int_1^3 (-x^2 + 4x - 3)dx$

$= \left[-\dfrac{1}{3}x^3 + 2x^2 - 3x \right]_1^3 = -\dfrac{26}{3} + 16 - 6 = \dfrac{4}{3}$

그러므로 $30S = 40$

15) 32

적어도 3명의 남학생이 이웃하는 경우는
다음의 두 가지 경우가 있다.

ⅰ) 남학생 3명만 이웃하는 경우
우선 남학생 3명을 이웃하게 앉히는 경우는 8가지이고
각 경우 마다 남학생 1명을 앉히는 방법은 3가지씩이므로
남학생 3명만 이웃하는 경우의 수는 $8 \times 3 \times 4! \times 4!$이다.

ⅱ) 남학생 4명 모두 이웃하는 경우
남학생 4명을 이웃하게 앉히는 경우는 8가지이므로
4명이 이웃하는 경우의 수는 $8 \times 4! \times 4!$이다.

따라서 구하고자 하는 확률은
$$\frac{4! \times 4! \times 32}{8!} = \frac{16}{35}$$

$$\therefore \ 70p = 70 \times \frac{16}{35} = 32$$

16) 735

$y = \frac{(x+n)^2}{4n} - 4n \ (x \geq -n)$과 $y = 2\sqrt{n(x+4n)} - n \ (y \geq -n)$
은 서로 역함수의 관계에 있고 조건을 만족시키는
그래프는 다음과 같다.

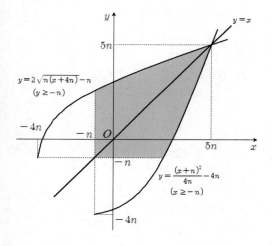

두 곡선의 교점의 좌표는 $y = x$와의 교점과 같으므로
$$\frac{(x+n)^2}{4n} - 4n = x$$
$$(x+n)^2 - 16n^2 = 4nx$$
$$(x-n)^2 = 16n^2$$
$$x = n \pm 4n \quad \therefore \ x = 5n \ \text{or} \ -3n$$
$x \geq -n$이므로 $x = 5n$

$n = k$일 때, 만족하는 순서쌍의 개수는
$$a_k = k + 1 + 5k = 6k + 1$$

$$\sum_{n=1}^{15} a_n = \sum_{n=1}^{15} (6n+1)$$
$$= 6 \times \frac{15 \times 16}{2} + 15$$
$$= 735$$

[제14회 정답]

번호	1	2	3	4	5	6	7	8
정답	③	②	⑤	④	96	12	13	58

번호	9	10	11	12	13	14	15	16
정답	②	③	①	⑤	92	5	33	71

1) ③

점 A_n에서 x축에 내린 수선의 발을 P, 점 B_n에서 x축에 내린 수선의 발을 Q라 하면 삼각형 A_nC_nP와 삼각형 B_nC_nQ는 닮음이므로

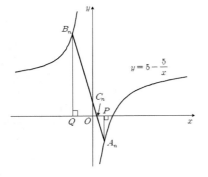

$A_nC_n : C_nB_n = PC_n : C_nQ = PA_n : B_nQ = 2:5$이다.

$A_n\left(\dfrac{1}{n},\ 5-5n\right)$, $C_n(x_n, 0)$, $B_n\left(\alpha,\ \dfrac{5\alpha-5}{\alpha}\right)$라 하면

$PC_n : C_nQ = \dfrac{1}{n} - x_n : x_n - \alpha = 2:5$

$\alpha = \dfrac{7}{2}x_n - \dfrac{5}{2n}$ ...... (1)

$PA_n : B_nQ = 5n-5 : \dfrac{5\alpha-5}{\alpha} = 2:5$

$\alpha = \dfrac{2}{7-5n}$ ...... (2)

(1)과 (2)에서

$x_n = \dfrac{21n-35}{7n(5n-7)}$

$\therefore \lim_{n\to\infty} nx_n = \dfrac{21}{35} = \dfrac{3}{5}$

2) ②

아래 그림과 같이 삼각형 OAP의 넓이가 최대가 되려면 밑면 OA는 고정되어 있으므로 높이가 최대가 되어야 한다. 높이가 최대가 되는 점 P는 $y=x$와 평행한 접선의 접점이다.

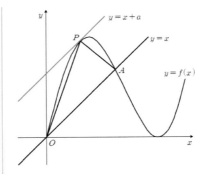

$f(x) = ax(x-2)^2$

$f'(x) = a(x-2)^2 + 2ax(x-2)$

접선의 기울기는 1이고, 접점의 x좌표는 $\dfrac{1}{2}$이므로

$f'\left(\dfrac{1}{2}\right) = \dfrac{3}{4}a = 1$ $\therefore a = \dfrac{4}{3}$

3) ⑤

모표준편차가 σ, 표본의 크기가 n,

$P(|Z| \leq c) = 0.95$ 일 때

신뢰도 95%로 추정한 모평균 m에 대한 신뢰구간의 길이 l은

$l = 2 \times c \times \dfrac{\sigma}{\sqrt{n}}$이다.

$l = b-a$이고, $\sigma = \dfrac{1}{2}$, $n = 25$ 이므로

$b - a = 2 \times c \times \dfrac{1}{10}$

$\therefore c = 5(b-a)$

4) ④

$y = f(x)$와 $y = g(x)$의 교점이 2개인 경우는 $f(x)$와 $g(x)$가 접하는 경우로 다음 그림과 같이 2가지 경우가 있다.

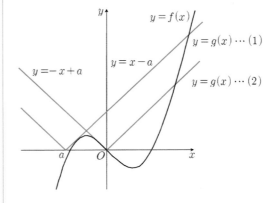

i) $f(x) = 6x^3 - x$와 $y = x-a$가 접할 때
접점의 좌표를 $(t, 6t^3 - t)$라 두면
접선의 기울기는 1이므로

$f'(t) = 18t^2 - 1 = 1$ $\therefore t = -\dfrac{1}{3}$ $(t < 0)$

접점의 좌표는 $\left(-\dfrac{1}{3}, \dfrac{1}{9}\right)$이고 기울기는 1이므로

접선의 방정식은 $y = x + \dfrac{4}{9}$

그러므로 $a = -\dfrac{4}{9}$

ⅱ) $f(x) = 6x^3 - x$와 $y = -x + a$가 접할 때
접점의 좌표를 $(t, 6t^3 - t)$라 두면
접선의 기울기는 -1이므로
$f'(t) = 18t^2 - 1 = -1$ $\therefore t = 0$ (중근)
접점의 좌표는 $(0, 0)$이고 기울기는 -1이므로
접선의 방정식은 $y = -x$
그러므로 $a = 0$

따라서 모든 a값의 합은 $-\dfrac{4}{9}$

5) 96

A 과수원에서 생산하는 귤의 무게를 확률변수 X라 하면
$X : N(86, 15^2)$인 정규분포를 따른다.
표준화하면 $Z = \dfrac{X - 86}{15}$이므로
$P(X \le 98) = P\left(Z \le \dfrac{98 - 86}{15}\right) = P\left(Z \le \dfrac{4}{5}\right)$ 이다.

B 과수원에서 생산하는 귤의 무게를 확률변수 Y라 하면
$Y : N(88, 10^2)$인 정규분포를 따른다.
표준화하면 $Z = \dfrac{Y - 88}{10}$이므로
$P(Y \le a) = P\left(Z \le \dfrac{a - 88}{10}\right)$ 이다.

확률이 같으므로
$\dfrac{a - 88}{10} = \dfrac{4}{5}$ $\therefore a = 96$

6) 12

$\displaystyle\sum_{k=1}^{n} (a_{k+1} - a_k)^2 = 2\left(1 - \dfrac{1}{9^n}\right)$ ······ (1)

(1)식의 n에 $n-1$을 대입하면

$\displaystyle\sum_{k=1}^{n-1} (a_{k+1} - a_k)^2 = 2\left(1 - \dfrac{1}{9^{n-1}}\right)$ ······ (2)

(1)식에서 (2)식을 빼면

$(a_{n+1} - a_n)^2 = \dfrac{2}{9^{n-1}}\left(1 - \dfrac{1}{9}\right) = \dfrac{16}{9^n} = \left(\dfrac{4}{3^n}\right)^2$

$a_{n+1} > a_n$이므로 $a_{n+1} - a_n = \dfrac{4}{3^n}$ $(n \ge 2)$ ······ (3)

(3)식의 n에 $2, 3, \cdots, k-1$을 차례로 대입한 식들을
모두 더하면

$a_k = a_2 + 4\left(\dfrac{1}{3^2} + \dfrac{1}{3^3} + \cdots + \dfrac{1}{3^{k-1}}\right)$

$= a_2 + 4 \times \dfrac{\dfrac{1}{9}\left\{1 - \left(\dfrac{1}{3}\right)^{k-2}\right\}}{1 - \dfrac{1}{3}} = a_2 + \dfrac{2}{3}\left\{1 - \left(\dfrac{1}{3}\right)^{k-2}\right\}$

(1)식의 n에 1을 대입하면

$(a_2 - a_1)^2 = 2\left(1 - \dfrac{1}{9}\right) = \dfrac{16}{9}$

$a_2 - a_1 = \dfrac{4}{3}$ $\therefore a_2 = a_1 + \dfrac{4}{3} = 10 + \dfrac{4}{3}$

그러므로 $a_n = 10 + \dfrac{4}{3} + \dfrac{2}{3}\left\{1 - \left(\dfrac{1}{3}\right)^{n-2}\right\}$

따라서 $\displaystyle\lim_{n \to \infty} a_n = 12$

7) 13

그림과 같이 삼각형 OAB는 직각삼각형이므로
선분 OB는 원의 지름이다.

$S(t)$는 반원의 넓이에서 직선 OB와 곡선 $y = x^2$로
둘러싸인 부분의 넓이를 빼면 된다.

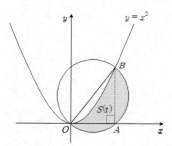

지름의 길이는 $\sqrt{t^4 + t^2}$ 이므로
반원의 넓이는 $\dfrac{1}{2}\left(\dfrac{1}{2}\sqrt{t^4 + t^2}\right)^2 \pi = \dfrac{\pi}{8}(t^4 + t^2)$

직선 OB의 방정식은 $y = tx$이므로
$y = tx$와 $y = x^2$으로 둘러싸인 부분의 넓이는

$\displaystyle\int_0^t (tx - x^2)\,dx = \left[\dfrac{t}{2}x^2 - \dfrac{1}{3}x^3\right]_0^t = \dfrac{1}{2}t^3 - \dfrac{1}{3}t^3 = \dfrac{1}{6}t^3$

따라서 $S(t) = \dfrac{\pi}{8}(t^4 + t^2) - \dfrac{1}{6}t^3$

$S'(t) = \dfrac{\pi}{8}(4t^3 + 2t) - \dfrac{1}{2}t^2$

$S'(1) = \dfrac{3\pi}{4} - \dfrac{1}{2} = \dfrac{3\pi - 2}{4}$

그러므로 $p = 3$, $q = -2$, $p^2 + q^2 = 13$

8) 58

$f(x) = \sqrt{\dfrac{x}{5}} + 1$, $g(x) = \sqrt{\dfrac{x}{7}} + 1$이라 하면

한 변의 길이가 1인 정사각형과 모두 만나려면
아래 그래프와 같이 다음 조건을 동시에 만족해야 한다.

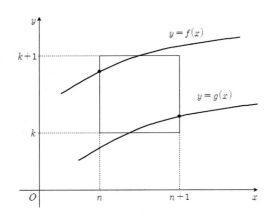

$f(n) \le k+1$ 이고 $g(n+1) \ge k$

$\sqrt{\dfrac{n}{5}} + 1 \le k+1$ 이고 $\sqrt{\dfrac{n+1}{7}} + 1 \ge k$

n에 대하여 정리하면
$7(k-1)^2 - 1 \le n \le 5k^2$

i) $k = 1$일 때
　　$-1 \le n \le 5$, n은 자연수이므로 $1 \le n \le 5$ --- 5개

ii) $k = 2$일 때
　　$6 \le n \le 20$ ----- 15개

iii) $k = 3$일 때
　　$27 \le n \le 45$ ----- 19개

iv) $k = 4$일 때
　　$62 \le n \le 80$ ----- 19개

v) $k = 5$일 때
　　$111 \le n \le 125$ 이므로
　　$k \ge 5$일 때는 조건을 만족시키지 못한다.

따라서 모든 정사각형의 개수는 58개

9) ②

점 A_n에서 x축에 내린 수선의 발을 P,
점 B_n에서 x축에 내린 수선의 발을 Q라 하면

삼각형 $A_n C_n P$와 삼각형 $B_n C_n Q$는 닮음이므로
$A_n C_n : C_n B_n = PC_n : C_n Q = PA_n : B_n Q = 1 : 3$이다.

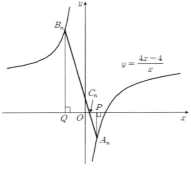

$A_n\left(\dfrac{1}{n}, 4-4n\right)$, $C_n(x_n, 0)$, $B_n\left(\alpha, \dfrac{4\alpha-4}{\alpha}\right)$라 하면

$PC_n : C_n Q = \dfrac{1}{n} - x_n : x_n - \alpha = 1 : 3$

$x_n = \dfrac{1}{4} \times \left(\dfrac{3}{n} + \alpha\right)$ ……(1)

$PA_n : B_n Q = 4n-4 : \dfrac{4\alpha-4}{\alpha} = 1 : 3$

$\alpha = \dfrac{1}{4-3n}$ ……(2)

(1)과 (2)에서

$x_n = \dfrac{2n-3}{3n^2-4n}$　　$\therefore \lim\limits_{n\to\infty} 27nx_n = 18$

10) ③

아래 그림과 같이 삼각형 OAP의 넓이가 최대가 되려면
밑면 OA는 고정되어 있으므로 높이가 최대가 되어야 한다.
높이가 최대가 되는 점 P는 $y=x$와 평행한 접선의 접점이다.

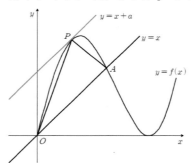

$f(x) = ax(x-2)^2$
$f'(x) = a(x-2)^2 + 2ax(x-2)$

접선의 기울기는 1이고, 접점의 x좌표는 $\dfrac{1}{2}$이므로

$f'\left(\dfrac{1}{2}\right) = \dfrac{3}{4}a = 1$ $\therefore a = \dfrac{4}{3}$

접점의 y좌표는 $f\left(\dfrac{1}{2}\right) = \dfrac{4}{3}\left(\dfrac{1}{8} - 1 + 2\right) = \dfrac{4}{3} \times \dfrac{9}{8} = \dfrac{3}{2}$이다.

$P\left(\dfrac{1}{2}, \dfrac{3}{2}\right)$에서 직선 $y=x$ 사이의 거리 d는

$d = \dfrac{1}{\sqrt{2}}$　　$\therefore 12d^2 = 6$

11) ①

모표준편차가 σ, 표본의 크기가 n,
$P(|Z| \le k) = 0.95$ 일 때
신뢰도 95%로 추정한 모평균 m에 대한
신뢰구간의 길이 l은
$l = 2 \times k \times \dfrac{\sigma}{\sqrt{n}}$ 이다.

표본평균 $\overline{X}$는 $N\left(m, \dfrac{\sigma^2}{n}\right)$인 정규분포를 따르고

표준화하면 $Z = \dfrac{\overline{X} - m}{\dfrac{\sigma}{\sqrt{n}}}$ 이므로

$P(|Z| \le k) = 0.95$ 에서

$P\left(|\overline{x} - m| \le k \times \dfrac{\sigma}{\sqrt{n}}\right) = 0.95$ 이다.

$\therefore c = k \times \dfrac{\sigma}{\sqrt{n}}$

$l = 2 \times k \times \dfrac{\sigma}{\sqrt{n}}$ 에서

$l = b - a$ 이고, $c = k \times \dfrac{\sigma}{\sqrt{n}}$ 이므로

$b - a = 2 \times c$

$\therefore c = \dfrac{1}{2}(b - a)$

12) ⑤

$y = f(x)$와 $y = g(x)$의 교점이 2개인 경우는 $f(x)$와 $g(x)$가 접하는 경우로 다음 그림과 같이 2가지 경우가 있다.

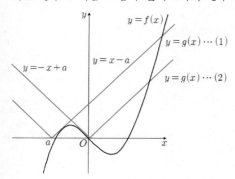

ⅰ) $f(x) = 3x^3 - 2x$와 $y = x - a$가 접할 때
접점의 좌표를 $(t, 3t^3 - 2t)$라 두면
접선의 기울기는 1이므로

$f'(t) = 9t^2 - 2 = 1 \quad \therefore t = -\dfrac{\sqrt{3}}{3} \ (t < 0)$

접점의 좌표는 $\left(-\dfrac{\sqrt{3}}{3}, \dfrac{\sqrt{3}}{3}\right)$이고 기울기는 1이므로

접선의 방정식은 $y = x + \dfrac{2\sqrt{3}}{3}$

그러므로 $a = -\dfrac{2\sqrt{3}}{3}$

ⅱ) $f(x) = 3x^3 - 2x$와 $y = -x + a$가 접할 때
접점의 좌표를 $(t, 3t^3 - 2t)$라 두면
접선의 기울기는 -1이므로

$f'(t) = 9t^2 - 2 = -1 \quad \therefore t = -\dfrac{1}{3} \ (t < 0)$

접점의 좌표는 $\left(-\dfrac{1}{3}, \dfrac{5}{9}\right)$이고 기울기는 -1이므로

접선의 방정식은 $y = -x + \dfrac{2}{9}$

그러므로 $a = \dfrac{2}{9}$

따라서 모든 a값의 제곱의 합은
$\left(-\dfrac{2\sqrt{3}}{3}\right)^2 + \left(\dfrac{2}{9}\right)^2 = \dfrac{4}{3} + \dfrac{4}{81} = \dfrac{112}{81}$
그러므로 $p + q = 193$

13) 92

A 과수원에서 생산하는 귤의 무게를 확률변수 X라 하면
$X : N(86, 15^2)$인 정규분포를 따른다.

표준화하면 $Z = \dfrac{X - 86}{15}$ 이므로

$P(X \le 98) = P\left(Z \le \dfrac{98 - 86}{15}\right) = P\left(Z \le \dfrac{4}{5}\right)$ 이다.

B 과수원에서 생산하는 귤의 무게를 확률변수 Y라 하면
$Y : N(88, 10^2)$인 정규분포를 따른다.

표본의 크기가 4인 표본의 평균을 $\overline{Y}$라 하면
$\overline{Y} : N(88, 5^2)$인 정규분포를 따르고

표준화하면 $Z = \dfrac{\overline{Y} - 88}{5}$ 이므로

$P(\overline{Y} \le a) = P\left(Z \le \dfrac{a - 88}{5}\right)$ 이다.

확률이 같으므로
$\dfrac{a - 88}{5} = \dfrac{4}{5} \quad \therefore a = 92$

14) 5

$\displaystyle \sum_{k=1}^{n}(a_{k+1} - a_k)^2 = 2\left(1 - \dfrac{1}{9^n}\right)$ ...... (1)

(1)식의 n에 $n-1$을 대입하면

$\displaystyle \sum_{k=1}^{n-1}(a_{k+1} - a_k)^2 = 2\left(1 - \dfrac{1}{9^{n-1}}\right)$ ...... (2)

(1)식에서 (2)식을 빼면

$(a_{n+1} - a_n)^2 = \dfrac{2}{9^{n-1}}\left(1 - \dfrac{1}{9}\right) = \dfrac{16}{9^n} = \left(\dfrac{4}{3^n}\right)^2$

$a_{n+1} > a_n$ 이므로 $a_{n+1} - a_n = \dfrac{4}{3^n}$ $(n \geq 2)$ ...... (3)

(1)식에서 n에 1을 대입하면 $a_2 - a_1 = \dfrac{4}{3}$

(3)식에서 n에 1을 대입하면 $a_2 - a_1 = \dfrac{4}{3}$로 일치하므로

$a_{n+1} - a_n = \dfrac{4}{3^n}$ $(n \geq 1)$ ...... (4)

(4)식의 n에 $2n$을 대입하면

$a_{2n+1} - a_{2n} = 4 \times \left(\dfrac{1}{9}\right)^n$ $(n \geq 1)$

$\therefore \ 10 \displaystyle\sum_{n=1}^{\infty}(a_{2n+1} - a_{2n}) = 40 \sum_{n=1}^{\infty}\left(\dfrac{1}{9}\right)^n = 40 \times \dfrac{\dfrac{1}{9}}{1 - \dfrac{1}{9}} = 5$

15) 33

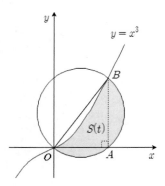

그림과 같이 삼각형 OAB는 직각삼각형이므로
선분 OB는 원의 지름이다.

$S(t)$는 반원의 넓이에서 직선 OB와 곡선 $y = x^3$ $(x \geq 0)$로
둘러싸인 부분의 넓이를 빼면 된다.

지름의 길이는 $\sqrt{t^6 + t^2}$ 이므로
반원의 넓이는 $\dfrac{1}{2}\left(\dfrac{1}{2}\sqrt{t^6 + t^2}\right)^2 \pi = \dfrac{\pi}{8}(t^6 + t^2)$

직선 OB의 방정식은 $y = t^2 x$이므로
$y = t^2 x$와 $y = x^3$으로 둘러싸인 부분의 넓이는

$\displaystyle\int_0^t (t^2 x - x^3)\,dx = \left[\dfrac{t^2}{2}x^2 - \dfrac{1}{4}x^4\right]_0^t = \dfrac{1}{2}t^4 - \dfrac{1}{4}t^4 = \dfrac{1}{4}t^4$

따라서 $S(t) = \dfrac{\pi}{8}(t^6 + t^2) - \dfrac{1}{4}t^4$

$S'(t) = \dfrac{\pi}{8}(6t^5 + 2t) - t^3$

$S'(2) = \dfrac{\pi(192 + 4)}{8} - 8 = \dfrac{49\pi - 16}{2}$

그러므로 $p = 49$, $q = -16$, $\quad p + q = 33$

16) 71

$f(x) = \sqrt{\dfrac{x}{5}} + 1$, $g(x) = \sqrt{\dfrac{x}{7}} + 1$이라 하면
한 변의 길이가 1인 정사각형과 모두 만나려면
아래 그래프와 같이 다음 조건을 동시에 만족해야 한다.

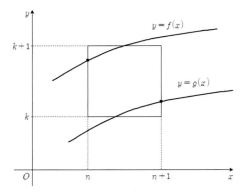

$f(n) \leq k+1$ 이고 $g(n+1) \geq k$

$\sqrt{\dfrac{n}{5}} + 1 \leq k+1$ 이고 $\sqrt{\dfrac{n+1}{7}} + 1 \geq k$

n에 대하여 정리하면
$7(k-1)^2 - 1 \leq n \leq 5k^2$

ⅰ) $k = 1$일 때
$-1 \leq n \leq 5$ ----- 7개
ⅱ) $k = 2$일 때
$6 \leq n \leq 20$ ----- 15개
ⅲ) $k = 3$일 때
$27 \leq n \leq 45$ ----- 19개
ⅳ) $k = 4$일 때
$62 \leq n \leq 80$ ----- 19개
ⅴ) $k = 5$일 때
$111 \leq n \leq 125$, n은 119 이하이므로 ----- 9개
ⅵ) $k \geq 6$일 때는 조건을 만족시키지 못한다.

ⅶ) $f(x)$와 $g(x)$는 모두 $(0, 1)$을 지나므로
$n = -1$, $k = 0$인 정사각형과
$n = 0$, $k = 0$인 정사각형은 조건을 만족시킨다. --- 2개

따라서 모든 정사각형의 개수는 71개

[제15회 정답]

번호	1	2	3	4	5	6	7	8
정답	④	①	⑤	②	①	512	36	429

번호	9	10	11	12	13	14	15	16
정답	①	②	④	③	⑤	486	36	476

---

1) ④

$f(x) = x^3 - 5x$ 라 하면

$f'(x) = 3x^2 - 5$ 이고

$y = f(x)$ 위의 점 $A(1, -4)$에서의 접선의 방정식은

$y = f'(1)(x-1) - 4 = -2(x-1) - 4 = -2x - 2$ 이다.

$y = f(x)$와 접선 $y = -2x - 2$의 교점의 x좌표는

$x^3 - 5x = -2x - 2$

$x^3 - 3x + 2 = 0$

$(x-1)^2(x+2) = 0$ 이므로

점 B의 x좌표는 -2이고 $f(-2) = 2$ 이다.

따라서 점 B의 좌표는 $(-2, 2)$이다.

$\therefore \overline{AB} = \sqrt{9 + 36} = 3\sqrt{5}$

2) ①

$n = 3$일 때

$(-3)^2 = 3^2$의 3제곱근 중 실수인 것의 개수는 1개

$\therefore a_3 = 1$

$n = 4$일 때

$(-3)^3 = -3^3$의 4제곱근 중 실수인 것의 개수는 0개

$\therefore a_4 = 0$

$n = 5$일 때

$(-3)^4 = 3^4$의 5제곱근 중 실수인 것의 개수는 1개

$\therefore a_5 = 1$

$n = 6$일 때

$(-3)^5 = -3^5$의 6제곱근 중 실수인 것의 개수는 0개

$\therefore a_6 = 0$

$\vdots$

$\sum_{n=3}^{\infty} \dfrac{a_n}{2^n} = \dfrac{1}{2^3} + \dfrac{1}{2^5} + \dfrac{1}{2^7} + \cdots = \dfrac{\dfrac{1}{8}}{1 - \dfrac{1}{4}} = \dfrac{1}{6}$

3) ⑤

$y = f(x)$의 그래프는 다음과 같다.

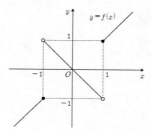

ㄱ. 그래프에서 $y = f(x)$의 불연속점은 2개이다. (참)

ㄴ. $g(x) = (x-1)f(x)$ 라 두면

$g(1) = 0$이고 $\lim_{x \to 1} g(x) = \lim_{x \to 1}(x-1)f(x) = 0$ 이므로

$y = g(x)$는 $x = 1$에서 연속이다. (참)

ㄷ. $\{f(x)\}^2 = \begin{cases} x^2 & (|x| \geq 1) \\ x^2 & (|x| < 1) \end{cases}$ 이므로

모든 실수의 집합에서 연속이다. (참)

그러므로 ㄱ, ㄴ, ㄷ 모두 옳다.

4) ②

$nf(a) - 1 \geq 0$ 일 때

$|nf(a) - 1| = nf(a) - 1$이고

$\lim_{n \to \infty} \dfrac{-1}{2n+3} = 0$ 이므로 조건을 만족시키지 못한다.

$nf(a) - 1 < 0$ 일 때

$|nf(a) - 1| = -nf(a) + 1$이고

$\lim_{n \to \infty} \dfrac{1 - 2nf(a)}{2n+3} = 1$ 이므로

조건을 만족시키는 $f(a) = -1$이다.

그래프에서 a의 값은 2개이다.

5) ①

$\log x = n + f(x)$ (n은 정수부분, $0 \leq f(x) < 1$)이라 두면

x가 100보다 작은 자연수이므로 n은 0 또는 1이다.

$\log 2x = \log x + \log 2 = n + f(x) + \log 2$이므로

$f(2x) = f(x) + \log 2$ 또는 $f(x) + \log 2 - 1$이다.

$f(2x) \leq f(x)$를 만족시키려면

$f(2x) = f(x) + \log 2 - 1$ 이어야 한다.

이때의 $f(x)$의 범위는

$1 \leq f(x) + \log 2 < 1 + \log 2$

$1 - \log 2 \leq f(x) < 1$

$\log 5 \leq f(x) < 1$

$n = 0$인 경우

$\log 5 \leq \log x < 1$이므로 $x = 5, 6, 7, 8, 9$ --- 5개

$n = 1$인 경우

$1 + \log 5 \leq \log x < 2$, $\log 50 \leq \log x < \log 100$이므로

$x = 50, 51, 52, \cdots, 99$ ----- 50개

그러므로 조건을 만족시키는 자연수 x의 개수는 55개이다.

6) 512

$\dfrac{1}{n+2} < \dfrac{a_n}{k} \leq \dfrac{1}{n}$ 에서 부등식을 k에 대해 정리하면

$na_n \leq k < a_n(n+2)$

자연수 k의 개수는 $a_n(n+2) - na_n = 2a_n$

따라서 $a_{n+1} = 2a_n$ $(a_1 = 2)$

$a_n = 2^n$ $(n \geq 1)$

그러므로 $a_9 = 512$

7) 36

$x^2 + \dfrac{1}{x^2} + a\left(x - \dfrac{1}{x}\right) + 7 = 0$ 에서

$x^2 + \dfrac{1}{x^2} = \left(x - \dfrac{1}{x}\right)^2 + 2$ 이므로

$\left(x - \dfrac{1}{x}\right)^2 + a\left(x - \dfrac{1}{x}\right) + 9 = 0$

$t = x - \dfrac{1}{x}$ 로 치환하면

$t^2 + at + 9 = 0$ (t는 실수)

실근을 갖기 위해서는 $D = a^2 - 36 \geq 0$

따라서 양수 a의 최솟값은 6

그러므로 $m^2 = 36$

8) 429

조건을 만족하는 그래프는 아래와 같다.

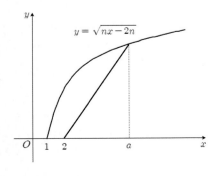

(기울기) $= \dfrac{\sqrt{na - 2n}}{a - 2} \leq 2$

식을 a에 대하여 정리하면

$a \geq \dfrac{n}{4} + 2$

$n = 4$일 때 $a \geq 3$, $f(4) = 3$

$n = 5$일 때 $a \geq 3 + \dfrac{1}{4}$, $f(5) = 4$

$n = 6$일 때 $a \geq 3 + \dfrac{2}{4}$, $f(6) = 4$

$n = 7$일 때 $a \geq 3 + \dfrac{3}{4}$, $f(7) = 4$

$n = 8$일 때 $a \geq 4$, $\quad f(8) = 4$

$n = 9$일 때 $a \geq 4 + \dfrac{1}{4}$, $f(9) = 5$

$n = 10$일 때 $a \geq 4 + \dfrac{2}{4}$, $f(10) = 5$

$n = 11$일 때 $a \geq 4 + \dfrac{3}{4}$, $f(11) = 5$

$n = 12$일 때 $a \geq 5$, $\quad f(12) = 5$

$\vdots$

4개씩 반복하는 규칙이다.

$\displaystyle\sum_{n=4}^{50} f(n) = 3 + 4 \times (4 + 5 + 6 + \cdots + 14) + 2 \times 15 = 429$

9) ①

$f(x) = x^3 - 5x$ 라 하면

$f'(x) = 3x^2 - 5$ 이고

$y = f(x)$ 위의 점 $A(1, -4)$에서의 접선의 방정식은

$y = f'(1)(x-1) - 4 = -2(x-1) - 4 = -2x - 2$ 이다.

$y = f(x)$와 접선 $y = -2x - 2$의 교점의 x좌표는

$x^3 - 5x = -2x - 2$

$x^3 - 3x + 2 = 0$

$(x-1)^2(x+2) = 0$ 이므로

점 B의 x좌표는 -2이고 $f(-2) = 2$ 이다.

따라서 점 B의 좌표는 $(-2, 2)$이다.

그러므로 곡선과 접선으로 둘러싸인 부분의 넓이 S는

$S = \displaystyle\int_{-2}^{1} \left\{(x^3 - 5x) - (-2x - 2)\right\} dx$

$= \displaystyle\int_{-2}^{1} (x^3 - 3x + 2) dx = \left[\dfrac{1}{4}x^4 - \dfrac{3}{2}x^2 + 2x\right]_{-2}^{1}$

$= -\dfrac{15}{4} + \dfrac{9}{2} + 6 = \dfrac{27}{4}$

$\therefore p + q = 31$

10) ②

$n=3$일 때 3^2의 3제곱근 중 실수인 것의 개수는 1개, $a_3=1$
$n=4$일 때 3^3의 4제곱근 중 실수인 것의 개수는 2개, $a_4=2$
$n=5$일 때 3^4의 5제곱근 중 실수인 것의 개수는 1개, $a_5=1$
$n=6$일 때 3^5의 6제곱근 중 실수인 것의 개수는 2개, $a_6=2$
$\vdots$

$$\sum_{n=3}^{\infty}\frac{a_n}{2^n}=\left(\frac{1}{2^3}+\frac{1}{2^5}+\frac{1}{2^7}+\cdots\right)+\left(\frac{2}{2^4}+\frac{2}{2^6}+\frac{2}{2^8}+\cdots\right)$$

$$=\frac{\frac{1}{8}}{1-\frac{1}{4}}+\frac{\frac{1}{8}}{1-\frac{1}{4}}=\frac{1}{6}+\frac{1}{6}=\frac{1}{3}$$

그러므로 $120\alpha=40$

11) ④

$y=f(x)$의 그래프는 다음과 같다.

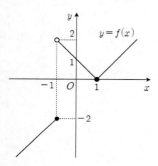

ㄱ. 그래프에서 $y=f(x)$의 미분가능하지 않은 점은
  $x=-1$과 $x=1$이다. (참)

ㄴ. $g(x)=(x+1)f(x)$ 라 두면

$$\lim_{x\to-1+}\frac{g(x)-g(-1)}{x+1}=\lim_{x\to-1+}\frac{x^2-1}{x+1}=\lim_{x\to-1+}(x-1)=-2$$

$$\lim_{x\to-1-}\frac{g(x)-g(-1)}{x+1}=\lim_{x\to-1-}\frac{-(x^2-1)}{x+1}=\lim_{x\to-1-}(-x+1)=2$$

따라서 $g'(-1)=\lim_{x\to-1}\dfrac{g(x)-g(-1)}{x+1}$ 은 존재하지 않는다.
그러므로 $y=g(x)$는 $x=-1$에서 미분가능하지 않다.
(거짓)

ㄷ. $\{f(x)\}^2=\begin{cases}(x-1)^2 & (|x|\geq 1)\\(x-1)^2 & (|x|<1)\end{cases}$ 이므로
  모든 실수의 집합에서 미분가능하다. (참)

그러므로 옳은 것은 ㄱ, ㄷ 이다.

12) ③

$$\lim_{n\to\infty}\frac{|n^2f^2(a)-n^2|-n^2f^2(a)}{(n+3)(3n+1)}=\frac{1}{6}$$ 에서

i) $f^2(a)-1\geq 0$ 일 때
  $|n^2f^2(a)-n^2|=n^2f^2(a)-n^2$이고
  $\lim_{n\to\infty}\dfrac{-n^2}{(n+3)(3n+1)}=-\dfrac{1}{3}$ 이므로
  조건을 만족시키지 못한다.

ii) $f^2(a)-1<0$ 일 때
  $|n^2f^2(a)-n^2|=-n^2f^2(a)+n^2$이고
  $\lim_{n\to\infty}\dfrac{n^2-2n^2f^2(a)}{3n^2+10n+3}=\dfrac{1-2f^2(a)}{3}=\dfrac{1}{6}$이므로
  조건을 만족시키는 $f^2(a)=\dfrac{1}{4}$이다.

따라서 $f(a)=\pm\dfrac{1}{2}$
그래프에서 만족하는 a의 값은 5개이다.
그러므로 $m^2=25$

13) ⑤

$\log x=n+f(x)$ (n은 정수부분, $0\leq f(x)<1$)이라 두면
x가 100보다 작은 자연수이므로 n은 0 또는 1이다.

$\log 3x=\log x+\log 3=n+f(x)+\log 3$이므로
$f(3x)=f(x)+\log 3$ 또는 $f(x)+\log 3-1$이다.

$f(3x)\leq f(x)$를 만족시키려면
$f(3x)=f(x)+\log 3-1$이어야 한다.
따라서 $f(x)$의 범위는
$1\leq f(x)+\log 3<1+\log 3$
$1-\log 3\leq f(x)<1$
$\log\dfrac{10}{3}\leq f(x)<1$

$n=0$인 경우
  $\log\dfrac{10}{3}\leq\log x<1$이므로 $x=4,5,6,7,8,9$ $--$ 6개

$n=1$인 경우
  $1+\log\dfrac{10}{3}\leq\log x<2$,
  $\log\dfrac{100}{3}\leq\log x<\log 100$이므로
  $x=34,35,36,\cdots,99$ $-----$ 66개

그러므로 조건을 만족시키는 자연수 x의 개수는 72개이다.

14) 486

$\dfrac{1}{n+3} \le \dfrac{a_n}{k-1} < \dfrac{1}{n}$ 에서 부등식을 k에 대해 정리하면

$na_n + 1 < k \le a_n(n+3) + 1$

자연수 k의 개수는 $a_n(n+3) + 1 - na_n - 1 = 3a_n$

따라서 $a_{n+1} = 3a_n \ (a_1 = 2)$

$a_n = 2 \times 3^{n-1} \ (n \ge 1)$

그러므로 $a_6 = 2 \times 3^5 = 2 \times 243 = 486$

15) 36

$x^2 + \dfrac{1}{x^2} + a\left(x - \dfrac{1}{x}\right) + 7 = 0$ 에서

$x^2 + \dfrac{1}{x^2} = \left(x - \dfrac{1}{x}\right)^2 + 2$ 이므로

$\left(x - \dfrac{1}{x}\right)^2 + a\left(x - \dfrac{1}{x}\right) + 9 = 0$

$t = x - \dfrac{1}{x}$ 로 치환하면

$x > 1$일 때 $t > 0$이므로

$t^2 + at + 9 = 0 \ (t > 0)$

판별식 $D = a^2 - 36 \ge 0$,

$\qquad \therefore a \le -6$ 또는 $a \ge 6 \ \cdots\cdots (1)$

두 근의 합 $-a > 0$,

$\qquad \therefore a < 0 \ \cdots\cdots (2)$

(1)과 (2)로부터 $a \le -6$

따라서 a의 최댓값은 -6

그러므로 $m^2 = 36$

16) 476

조건을 만족하는 그래프는 아래와 같다.

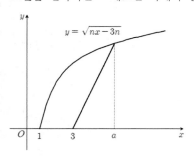

(기울기) $= \dfrac{\sqrt{na - 3n}}{a - 3} \le 2$

식을 a에 대하여 정리하면

$a \ge \dfrac{n}{4} + 3$

$n = 4$일 때 $a \ge 4$, $f(4) = 4$

$n = 5$일 때 $a \ge 4 + \dfrac{1}{4}$, $f(5) = 5$

$n = 6$일 때 $a \ge 4 + \dfrac{2}{4}$, $f(6) = 5$

$n = 7$일 때 $a \ge 4 + \dfrac{3}{4}$, $f(7) = 5$

$n = 8$일 때 $a \ge 5$, $\quad f(8) = 5$

$n = 9$일 때 $a \ge 5 + \dfrac{1}{4}$, $f(9) = 6$

$n = 10$일 때 $a \ge 5 + \dfrac{2}{4}$, $f(10) = 6$

$n = 11$일 때 $a \ge 5 + \dfrac{3}{4}$, $f(11) = 6$

$n = 12$일 때 $a \ge 6$, $\quad f(12) = 6$

$\vdots$

4개씩 반복하는 규칙이다.

$$\sum_{n=4}^{50} f(n) = 4 + 4 \times (5 + 6 + 7 + \cdots + 15) + 2 \times 16 = 476$$

[제16회 정답]

번호	1	2	3	4	5	6	7	8
정답	②	①	①	⑤	④	20	37	51

번호	9	10	11	12	13	14	15	16
정답	②	②	④	①	③	16	8	200

---

1) ②

i) S_1 구하기

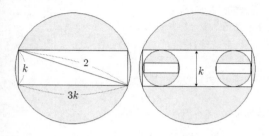

직사각형의 세로의 길이를 k라 하면
가로의 길이는 $3k$이고
지름의 길이는 2이므로

$k^2 + 9k^2 = 4$ $\therefore$ $k^2 = \dfrac{2}{5}$

따라서 $S_1 = \pi - 3k^2 = \pi - \dfrac{6}{5}$

ii) 급수의 공비 구하기
두 원의 닮음비는 지름의 길이의 비와 같으므로
(닮음비)$= 2 : k$

(넓이비)$= 4 : k^2 = 4 : \dfrac{2}{5} = 1 : \dfrac{1}{10}$

원의 개수가 2배씩 늘어나므로

공비는 $\dfrac{1}{10} \times 2 = \dfrac{1}{5}$

iii) 급수의 합 구하기

$\displaystyle\lim_{n\to\infty} S_n = \dfrac{S_1}{1 - \dfrac{1}{5}} = \dfrac{\pi - \dfrac{6}{5}}{1 - \dfrac{1}{5}} = \dfrac{5\pi - 6}{4} = \dfrac{5}{4}\pi - \dfrac{3}{2}$

2) ①

$X : N(m, 4^2)$ 에서

표준화하면 $Z = \dfrac{X - m}{4}$

$P(m \le X \le a) = P\left(0 \le Z \le \dfrac{a - m}{4}\right) = 0.3413$

따라서 $\dfrac{a - m}{4} = 1$ $\therefore$ $a = m + 4$

표본의 크기가 16인 표본의 표본평균을 $\overline{X}$라 하면
$\overline{X} : N(m, 1^2)$인 정규분포를 따르고
표준화하면 $Z = \overline{X} - m$ 이고
$P(\overline{X} \ge a - 2) = P(Z \ge a - 2 - m) = P(Z \ge 2) = 0.0228$

3) ①

$f(x) = ax^2 + bx - 1$ 이라 하자.

$\displaystyle\int_{-1}^{1} f(x)\,dx = \int_{-1}^{0} f(x)\,dx + \int_{0}^{1} f(x)\,dx$ 이므로
조건을 만족하려면

$\displaystyle\int_{-1}^{0} f(x)\,dx = 0, \int_{0}^{1} f(x)\,dx = 0$ 이어야 한다.

$\displaystyle\int_{-1}^{0} (ax^2 + bx - 1)\,dx = \left[\dfrac{a}{3}x^3 + \dfrac{b}{2}x^2 - x\right]_{-1}^{0} = \dfrac{a}{3} - \dfrac{b}{2} - 1 = 0$

$\displaystyle\int_{0}^{1} (ax^2 + bx - 1)\,dx = \left[\dfrac{a}{3}x^3 + \dfrac{b}{2}x^2 - x\right]_{0}^{1} = \dfrac{a}{3} + \dfrac{b}{2} - 1 = 0$

그러므로 $a = 3$, $b = 0$
따라서 $f(x) = 3x^2 - 1$
$\therefore$ $f(2) = 11$

4) ⑤

$\log n = f(n) + g(n)$ ($f(n)$은 정수, $0 \le g(n) < 1$)라 두자.
$f(n) \le f(54)$에서 $f(54) = 1$이므로 $f(n) = 0$ 또는 1

$g(n) \le g(54)$에서
$\log 54 = 1 + g(54)$이고 $g(54) = \log 54 - 1 = \log 5.4$이므로
$0 \le g(n) \le \log 5.4$이다.

$f(n) = 0$인 경우
$\log n = g(n)$이므로 $0 \le \log n \le \log 5.4$
따라서 만족하는 자연수 n의 개수는 5개

$f(n) = 1$인 경우
$\log n = 1 + g(n)$이므로 $1 \le \log n \le \log 54$
따라서 만족하는 자연수 n의 개수는 10부터 54까지 45개

그러므로 모든 자연수 n의 개수는 50개이다.

5) ④

원점대칭이므로 $f(x) = x^3 + ax$ 로 놓을 수 있다.
$|f(x)| = 2$가 서로 다른 4개의 실근을 가지려면
$f(x)$의 극댓값이 -2, 극솟값이 2이어야 한다.

$f'(x) = 3x^2 + a = 0$의 두 근을 α, $-\alpha$ ($\alpha > 0$)라 두면
$3\alpha^2 + a = 0$ $\therefore$ $a = -3\alpha^2$

$x=\alpha$에서 극솟값을 가지므로

$f(\alpha)=-2$

$\alpha^3+a\alpha=-2\alpha^3=-2$

$\therefore \alpha=1,\ a=-3$

따라서 $f(x)=x^3-3x$

그러므로 $f(3)=27-9=18$

6) 20

확률의 합은 1이므로 $\displaystyle\int_0^1 f(x)\,dx=1$

평균 $E(X)=\displaystyle\int_0^1 xf(x)\,dx=\frac{1}{4}$

$\displaystyle\int_0^1 (ax+5)f(x)\,dx=aE(X)+5=10$

그러므로 $a=20$

7) 37

$a_n=\dfrac{1}{2}\times 3^{n+1}+\dfrac{1}{2}\times 3^{n+1}=3^{n+1}$

$\displaystyle\sum_{n=1}^{\infty}\frac{1}{a_n}=\sum_{n=1}^{\infty}\left(\frac{1}{3}\right)^{n+1}=\frac{\frac{1}{9}}{1-\frac{1}{3}}=\frac{1}{6}$

그러므로 $p^2+q^2=37$

8) 51

$f(x)=(x+1)^a+1\ (x\ge 0)$, $g(x)=x^b+1\ (x\ge 0)$이라 두자.

$x=0$일 때, $f(0)=2$, $g(0)=1$이고

$x=1$일 때, $f(1)=2^a+1$, $g(1)=2$이다.

또한, a, b의 크기에 따른
두 함수의 그래프 사이의 관계를 살펴보면

$a>b$일 때는
　　$x>1$에서 $f(x)$가 더 빠르게 증가하므로
　　$\overline{PQ}$는 점점 더 커지게 되고

$a=b$일 때는
　　$x>1$에서 $\overline{PQ}$는 일정한 규칙에 따라 커지게 되고

$a<b$일 때는
　　$x>1$에서 반드시 $g(x)$가 $f(x)$를 추월하게 되므로
　　$\overline{PQ}\le 10$인 경우가 반드시 존재한다.

$a=1$일 때 $f(1)=3$이고 b에 관계없이 $g(1)=2$이므로
　　조건을 만족하는 $b=1, 2, 3, \cdots, 10$

$a=2$일 때 $f(1)=5$이고 b에 관계없이 $g(1)=2$이므로
　　조건을 만족하는 $b=1, 2, 3, \cdots, 10$

$a=3$일 때 $f(1)=9$이고 b에 관계없이 $g(1)=2$이므로
　　조건을 만족하는 $b=1, 2, 3, \cdots, 10$

$a=4$일 때 $f(1)=17$이고 b에 관계없이 $g(1)=2$이므로
　　조건을 만족하는 $b=5, 6, 7, \cdots, 10$

$a=5$일 때 $f(1)=33$이고 b에 관계없이 $g(1)=2$이므로
　　조건을 만족하는 $b=6, 7, 8, 9, 10$

$a=6$일 때 $f(1)=65$이고 b에 관계없이 $g(1)=2$이므로
　　조건을 만족하는 $b=7, 8, 9, 10$

$a=7$일 때 $f(1)=129$이고 b에 관계없이 $g(1)=2$이므로
　　조건을 만족하는 $b=8, 9, 10$

$a=8$일 때 $f(1)=257$이고 b에 관계없이 $g(1)=2$이므로
　　조건을 만족하는 $b=9, 10$

$a=9$일 때 $f(1)=513$이고 b에 관계없이 $g(1)=2$이므로
　　조건을 만족하는 $b=10$

$a=10$일 때 $f(1)=1025$이고 b에 관계없이 $g(1)=2$이므로
　　조건을 만족하는 b는 없다.

따라서 모든 순서쌍의 개수는
$10+10+10+6+5+4+3+2+1=51$

[다른 풀이]

$a<b$일 때는
　　$x>1$에서 반드시 $g(x)$가 $f(x)$를 추월하게 되어
　　$\overline{PQ}\le 10$인 경우가 반드시 존재하므로
　　$a<b$인 순서쌍 (a, b)의 개수는 $_{10}C_2=\dfrac{10\times 9}{2}=45$ (개)

$a\ge b$일 때는
　　$x>1$에서 $f(x)$가 더 빠르게 증가하게 되어
　　$\overline{PQ}$는 점점 더 커지게 되므로
　　$x=1$에서 $\overline{PQ}\le 10$을 만족해야 한다.
　　$x=1$에서 $\overline{PQ}=(2^a+1)-2=2^a-1$ 이므로
만족하는 순서쌍은 다음과 같이 6개이다.
　　$(1, 1)$
　　$(2, 1), (2, 2)$
　　$(3, 1), (3, 2), (3, 3)$
따라서 모든 순서쌍의 개수는 51개이다.

9) ②

ⅰ) S_1 구하기

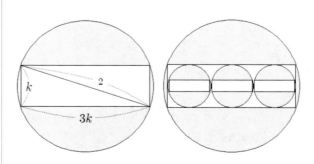

직사각형의 세로의 길이를 k라 하면
가로의 길이는 $3k$이고
지름의 길이는 2이므로

$$k^2 + 9k^2 = 4 \quad \therefore \ k^2 = \frac{2}{5}$$

따라서 $S_1 = \pi - 3k^2 = \pi - \frac{6}{5}$

ii) 급수의 공비 구하기
두 원의 닮음비는 지름의 길이의 비와 같으므로
(닮음비)$= 2 : k$
(넓이비)$= 4 : k^2 = 4 : \frac{2}{5} = 1 : \frac{1}{10}$
원의 개수가 3배씩 늘어나므로
공비는 $\frac{1}{10} \times 3 = \frac{3}{10}$

iii) 급수의 합 구하기

$$\lim_{n \to \infty} S_n = \frac{S_1}{1 - \frac{3}{10}} = \frac{\pi - \frac{6}{5}}{1 - \frac{3}{10}} = \frac{10\pi - 12}{7}$$

그러므로 $a = 10$, $b = -12$, $a - b = 22$

10) ②

$X : N(m, 4^2)$에서

표준화하면 $Z = \dfrac{X - m}{4}$

$P(m \leq X \leq a) = P\left(0 \leq Z \leq \dfrac{a-m}{4}\right) = 0.3413$

따라서 $\dfrac{a-m}{4} = 1 \quad \therefore \ a = m + 4$

표본의 크기가 n인 표본의 표본평균을 $\overline{X}$라 하면

$\overline{X} : N\left(m, \dfrac{4^2}{n}\right)$인 정규분포를 따르고

표준화하면 $Z = \dfrac{\overline{X} - m}{\frac{4}{\sqrt{n}}} = \dfrac{\sqrt{n}\,(\overline{X} - m)}{4}$ 이고

$P(\overline{X} \geq a - 3) = P\left(Z \geq \dfrac{\sqrt{n}\,(a - 3 - m)}{4}\right) = P\left(Z \geq \dfrac{\sqrt{n}}{4}\right) = 0.0668$

$\dfrac{\sqrt{n}}{4} = \dfrac{3}{2} \quad \therefore \ n = 36$

11) ④

$f(x) = x^3 + ax^2 + bx - 1$ 이라 하자.

$\displaystyle\int_{-1}^{1} f(x)\,dx = \int_{-1}^{0} f(x)\,dx + \int_{0}^{1} f(x)\,dx$ 이므로

조건을 만족하려면

$\displaystyle\int_{-1}^{0} f(x)\,dx = 0, \ \int_{0}^{1} f(x)\,dx = 0$ 이어야 한다.

$\displaystyle\int_{-1}^{0} (x^3 + ax^2 + bx - 1)\,dx$

$$= \left[\frac{1}{4}x^4 + \frac{a}{3}x^3 + \frac{b}{2}x^2 - x\right]_{-1}^{0} = -\frac{1}{4} + \frac{a}{3} - \frac{b}{2} - 1 = 0$$

$\displaystyle\int_{0}^{1} (x^3 + ax^2 + bx - 1)\,dx$

$$= \left[\frac{1}{4}x^4 + \frac{a}{3}x^3 + \frac{b}{2}x^2 - x\right]_{0}^{1} = \frac{1}{4} + \frac{a}{3} + \frac{b}{2} - 1 = 0$$

그러므로 $a = 3$, $b = -\dfrac{1}{2}$

따라서 $f(x) = x^3 + 3x^2 - \dfrac{1}{2}x - 1$

$\therefore \ f(2) = 18$

12) ①

$\log_5 n = f(n) + g(n)$라 두자.
$f(n) \leq f(15)$에서 $f(15) = 1$이므로 $f(n) = 0$ 또는 1

$g(n) \leq g(15)$에서
$\log_5 15 = 1 + g(15)$이고 $g(15) = \log_5 15 - 1 = \log_5 3$이므로
$0 \leq g(n) \leq \log_5 3$이다.

$f(n) = 0$인 경우
$\log_5 n = g(n)$이므로 $0 \leq \log_5 n \leq \log_5 3$
따라서 만족하는 자연수 n의 개수는 3개

$f(n) = 1$인 경우
$\log_5 n = 1 + g(n)$이므로 $1 \leq \log_5 n \leq \log_5 15$
따라서 만족하는 자연수 n의 개수는 5부터 15까지 11개

그러므로 모든 자연수 n은 14개이다.

13) ③

y축 대칭이므로 $f(x) = x^4 + ax^2 + b$로 놓을 수 있다.
$|f(x)| = 2$가 서로 다른 5개의 실근을 가지려면
$f(x)$가 $x = 0$에서 극댓값이 2, y축 대칭인 2개의 극솟값이
-2이어야 한다.

$x = 0$에서 극댓값이 2이므로
$f(0) = 2, \ \therefore \ b = 2$

$f'(x) = 4x^3 + 2ax = 2x(2x^2 + a)$
$2x^2 + a = 0$의 두 근을 $\alpha, -\alpha \ (\alpha > 0)$라 두면
$2\alpha^2 + a = 0 \quad \therefore \ a = -2\alpha^2$

$x=\alpha$에서 극솟값 -2을 가지므로

$f(\alpha)=-2$

$\alpha^4+a\alpha^2+2=-2$

$\alpha^4-2\alpha^4+2=-2,\ \alpha^4=4$

$\therefore\ \alpha^2=2,\ a=-4$

따라서 $f(x)=x^4-4x^2+2$

그러므로 $f(3)=81-36+2=47$

14) 16

확률의 합은 1이므로 $\int_0^1 f(x)\,dx=1$

평균 $E(X)=\int_0^1 xf(x)\,dx=\dfrac{1}{4}$

분산 $V(X)=E(X^2)-\{E(X)\}^2=E(X^2)-\dfrac{1}{16}=\dfrac{1}{16}$

$\therefore\ E(X^2)=\int_0^1 x^2 f(x)\,dx=\dfrac{1}{8}$

$\int_0^1 (8x^2+ax+5)f(x)\,dx=8\times E(X^2)+aE(X)+5=10$

그러므로 $a=16$

15) 8

$a_n=\dfrac{1}{2}\times 1\times (k+1)^{n+1}+\dfrac{1}{2}\times 1\times (k+1)^{n+1}=(k+1)^{n+1}$

$\displaystyle\sum_{n=1}^{\infty}\dfrac{1}{a_n}=\sum_{n=1}^{\infty}\left(\dfrac{1}{k+1}\right)^{n+1}=\dfrac{\dfrac{1}{(k+1)^2}}{1-\dfrac{1}{k+1}}\quad\left(\because\ 0<\dfrac{1}{k+1}<1\right)$

$\qquad\qquad =\dfrac{1}{k(k+1)}=\dfrac{1}{72}$

그러므로 $k=8$

16) 200

$f(x)=\sqrt[a]{x-1}-1,\ g(x)=\sqrt[b]{x-1}$ 이라 두자.

$y=0$일 때, $f(2)=0,\ g(1)=0$이고

$y=1$일 때, $f(2^a+1)=1,\ g(2)=1$이고,

$\qquad \overline{PQ}=(2^a+1)-2=2^a-1$이다.

또한, a,b의 크기에 따른
두 함수의 그래프 사이의 관계를 살펴보면

$a>b$일 때는

$\quad y>1$에서 $g(x)$가 더 빠르게 증가하므로
$\quad \overline{PQ}$는 점점 더 커지게 되고

$a=b$일 때는

$\quad y>1$에서 $\overline{PQ}$는 일정한 규칙에 따라 커지게 되고

$a<b$일 때는

$\quad y>1$에서 반드시 $f(x)$가 $g(x)$를 추월하게 되므로
$\quad \overline{PQ}\le 20$인 경우가 반드시 존재한다.

$a=1$일 때 $f(3)=1$이고 b에 관계없이 $g(2)=1$이므로
$\qquad$ 조건을 만족하는 $b=1,2,3,\cdots,20$

$a=2$일 때 $f(5)=1$이고 b에 관계없이 $g(2)=1$이므로
$\qquad$ 조건을 만족하는 $b=1,2,3,\cdots,20$

$a=3$일 때 $f(9)=1$이고 b에 관계없이 $g(2)=1$이므로
$\qquad$ 조건을 만족하는 $b=1,2,3,\cdots,20$

$a=4$일 때 $f(17)=1$이고 b에 관계없이 $g(2)=1$이므로
$\qquad$ 조건을 만족하는 $b=1,2,3,\cdots,20$

$a=5$일 때 $f(33)=1$이고 b에 관계없이 $g(2)=1$이므로
$\qquad$ 조건을 만족하는 $b=6,7,8,\cdots,20$

$a=6$일 때 $f(65)=1$이고 b에 관계없이 $g(2)=1$이므로
$\qquad$ 조건을 만족하는 $b=7,8,9,\cdots,20$

$\qquad\qquad\qquad\vdots$

$a=19$일 때 $f(513)=1$이고 b에 관계없이 $g(2)=1$이므로
$\qquad$ 조건을 만족하는 $b=20$

$a=20$일 때 $f(1025)=1$이고 b에 관계없이 $g(2)=1$이므로
$\qquad$ 조건을 만족하는 b는 없다.

따라서 모든 순서쌍의 개수는

$20+20+20+20+15+14+13+\cdots+2+1=80+\dfrac{16\times 15}{2}=200$

[다른 풀이]

$a<b$일 때는

$\quad y>1$에서 반드시 $f(x)$가 $g(x)$를 추월하게 되어
$\quad \overline{PQ}\le 20$인 경우가 반드시 존재하므로

$\quad a<b$인 순서쌍 (a,b)의 개수는 $_{20}C_2=\dfrac{20\times 19}{2}=190$ (개)

$a\ge b$일 때는

$\quad y>1$에서 $g(x)$가 더 빠르게 증가하게 되어
$\quad \overline{PQ}$는 점점 더 커지게 되므로
$\quad y=1$에서 $\overline{PQ}\le 20$을 만족해야 한다.
$\quad y=1$에서 $\overline{PQ}=(2^a+1)-2=2^a-1$ 이므로
만족하는 순서쌍은 다음과 같이 10개다.

$\quad (1,1)$
$\quad (2,1),\ (2,2)$
$\quad (3,1),\ (3,2),\ (3,3)$
$\quad (4,1),\ (4,2),\ (4,3),\ (4,4)$

따라서 모든 순서쌍의 개수는 200개이다.

[제17회 정답]

번호	1	2	3	4	5	6	7	8
정답	⑤	②	①	②	⑤	19	16	250

번호	9	10	11	12	13	14	15	16
정답	⑤	③	①	③	③	16	16	690

---

1) ⑤

제품 A의 무게를 확률변수 X_A라 하면
$X_A : N(m, 1^2)$ 인 정규분포를 따른다.

표준화하면 $Z = X_A - m$ 이고
$P(X_A \geq k) = P(Z \geq k - m)$ 이다.

제품 B의 무게를 확률변수 X_B라 하면
$X_B : N(2m, 2^2)$ 인 정규분포를 따른다.

표준화하면 $Z = \dfrac{X_B - 2m}{2}$ 이고
$P(X_B \leq k) = P\left(Z \leq \dfrac{k - 2m}{2}\right)$ 이다.

제품 A의 무게가 k 이상일 확률과 제품 B의 무게가
k 이하일 확률이 서로 같으므로
$k - m$과 $\dfrac{k - 2m}{2}$ 는 절댓값은 같고 서로 반대 부호이어야 한다.

$-k + m = \dfrac{k - 2m}{2}$

$3k = 4m$

$\therefore \dfrac{k}{m} = \dfrac{4}{3}$

2) ②

$\log x = f(x) + g(x) \ (0 \leq g(x) < 1)$라 하자.
$f(x) + 3g(x) = $ (정수)이므로 $g(x) = 0, \dfrac{1}{3}, \dfrac{2}{3}$

$\log x^2 = 2f(x) + 2g(x)$

$0 \leq g(x) < \dfrac{1}{2}$일 때 $f(x^2) = 2f(x)$

$\dfrac{1}{2} \leq g(x) < 1$일 때 $f(x^2) = 2f(x) + 1$

$f(x) + f(x^2) = 6$을 만족하는 정수 $f(x)$는
$0 \leq g(x) < \dfrac{1}{2}$일 때 $f(x) = 2$이다.

따라서 $f(x) = 2$, $g(x) = 0, \dfrac{1}{3}$

$\log x = 2, \dfrac{7}{3}$

$x = 10^2, 10^{\frac{7}{3}}$

모든 x값의 곱은 $10^{\frac{13}{3}}$

3) ①

$b_2 = (4a_1 - 1)b_1 = 3$이므로
$b_{n+2} - b_{n+1} = b_{n+1} - b_n = \cdots = b_2 - b_1 = 2$

따라서 등차수열 $\{b_n\}$은 첫째항이 1이고 공차가 2이므로
$b_n = 2n - 1$
따라서 $b_{n+1} = 2n + 1$이므로 (★)에서
$2n + 1 = (4a_n - 1)(2n - 1)$

$\therefore a_n = \dfrac{1}{4}\left(\dfrac{2n+1}{2n-1} + 1\right) = \dfrac{n}{2n-1}$

따라서 $f(n) = 2n - 1$, $g(n) = \dfrac{n}{2n-1}$이므로

$f(14) \times g(5) = 27 \times \dfrac{5}{9} = 15$

4) ②

$\{g(x)\}^2 = \begin{cases} \{f(x+1)\}^2 & (x \leq 0) \\ \{f(x-1)\}^2 & (x > 0) \end{cases}$이고 $x = 0$에서 연속이므로
$\{f(1)\}^2 = \{f(-1)\}^2$이다.

$f(1) = a$, $f(-1) = a + 2$이므로
$a^2 = (a + 2)^2$
그러므로 $a = -1$

5) ⑤

ㄱ. 그래프에서 $\displaystyle\int_0^a f(t)\,dt > \int_0^a g(t)\,dt$ 이므로
$t = a$에서 A는 B보다 높은 위치에 있다. (참)

ㄴ. 그래프에서 $\displaystyle\int_0^t f(t)\,dt - \int_0^t g(t)\,dt$ 는 $t = b$일 때
최대이므로 $t = b$에서 높이의 차는 최대이다. (참)

ㄷ. 조건에서 $\displaystyle\int_0^c f(t)\,dt = \int_0^c g(t)\,dt$ 이므로
$t = c$에서 같은 높이에 있다. (참)

그러므로 ㄱ, ㄴ, ㄷ 모두 옳다.

6) 19

$a_n = 12\left(\dfrac{1}{3}\right)^{n-1}$ 이다.

조건을 만족하는 b_{n+1}을 구하자.
직선의 방정식은 $y = a_n(x+b_n) + b_n{}^2$ 이고
$y = x^2$ 과의 교점의 x좌표는
$x^2 = a_n x + a_n b_n + b_n{}^2$ 에서
$x^2 - b_n{}^2 - a_n(x+b_n) = 0$
$(x+b_n)(x-a_n-b_n) = 0$
$x = -b_n$ 또는 $a_n + b_n$ 이므로
$b_{n+1} = a_n + b_n$ 이다.

점화식으로부터 b_n을 구하자.
$b_{n+1} - b_n = 12\left(\dfrac{1}{3}\right)^{n-1}$ 에서 n에 1부터 $n-1$까지
차례로 대입한 식들을 모두 더하면

$b_n = b_1 + \displaystyle\sum_{k=1}^{n-1} a_n = 1 + \sum_{k=1}^{n-1} 12\left(\dfrac{1}{3}\right)^{k-1} = 1 + 18\left\{1 - \left(\dfrac{1}{3}\right)^{n-1}\right\}$

그러므로 $\displaystyle\lim_{n\to\infty} b_n = 19$

7) 16

학생들의 통학시간을 확률변수 X라 하면
$X : N(50, \sigma^2)$인 정규분포를 따른다.
표본의 크기가 16인 표본의 표본평균을 $\overline{X}$는
$\overline{X} : N\left(50, \dfrac{\sigma^2}{16}\right)$인 정규분포를 따르고
표준정규분포를 따르는 확률변수 Z에 대해 표준화하면
$Z = \dfrac{\overline{X} - 50}{\dfrac{\sigma}{4}} = \dfrac{4(\overline{X} - 50)}{\sigma}$ 이다.

$P(50 \le \overline{X} \le 56) = P\left(0 \le Z \le \dfrac{24}{\sigma}\right) = 0.4332$ 이므로
주어진 표준정규분포표에 의해
$\dfrac{24}{\sigma} = 1.5$ 이어야 한다.
따라서 $\sigma = 16$

8) 250

정사각형의 대각선의 교점의 좌표가 (n, n^2+2)이므로
자연수 n에 따른 조건을 만족시키는 가장 작은
정사각형을 살펴보자.

ⅰ) $n=1$인 경우
정사각형과 그 내부에 오직 3개의 점을 포함하려면
아래 그림과 같다.

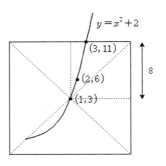

$\therefore a_1 = 16$

ⅱ) $n=2$인 경우
정사각형과 그 내부에 오직 3개의 점을 포함하려면
아래 그림과 같다.

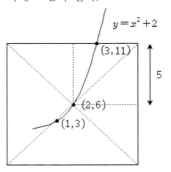

$\therefore a_2 = 10$

ⅲ) $n \ge 3$인 경우
부등식 $n^2 - (n-2)^2 > (n+1)^2 - n^2$은 $n \ge 3$에서
항상 성립한다.
정사각형과 그 내부에 오직 3개의 점을 포함하려면
아래 그림과 같다.

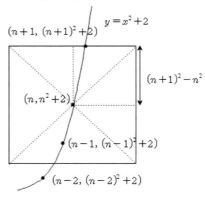

조건을 만족하는 가장 작은 정사각형의 한 변의 길이는
$2 \times \{(n+1)^2 + 2 - n^2 - 2\} = 2 \times \{(n+1)^2 - n^2\} = 2 \times (2n+1)$이다.
$\therefore a_n = 2(2n+1) \ (n \ge 3)$

따라서
$\displaystyle\sum_{k=1}^{10} a_k = 16 + 10 + 2 \times (7 + 9 + \cdots + 21) = 26 + 2 \times \dfrac{28 \times 8}{2} = 250$

9) ⑤

제품 A의 무게를 확률변수 X_A라 하면
$X_A : N(m, 1^2)$ 인 정규분포를 따른다.
표준화하면 $Z = X_A - m$ 이고
$P(X_A \geq k) = P(Z \geq k - m)$ 이다.

제품 B의 무게를 확률변수 X_B라 하면
$X_B : N(2m, 2^2)$ 인 정규분포를 따른다.
표본의 크기가 4인 표본의 표본평균을 $\overline{X_B}$라 하면
$\overline{X_B} : N(2m, 1^2)$ 인 정규분포를 따른다.
표준화하면 $Z = \overline{X_B} - 2m$ 이고
$P\left(\overline{X_B} \leq \dfrac{6k}{4}\right) = P\left(Z \leq \dfrac{3k}{2} - 2m\right)$ 이다.

제품 A 1개의 무게가 k 이상일 확률과
제품 B 4개의 무게의 합이 $6k$ 이하일 확률이 서로 같으므로
$k - m$과 $\dfrac{3k}{2} - 2m$는 절댓값은 같고
서로 반대 부호이어야 한다.
$-k + m = \dfrac{3k}{2} - 2m$
$3m = \dfrac{5}{2}k$
$\therefore \dfrac{k}{m} = \dfrac{6}{5}$

10) ③

$\log x = f(x) + g(x) \ (0 \leq g(x) < 1)$라 하자.
$f(x) + 5g(x) = (정수)$이므로 $g(x) = 0, \dfrac{1}{5}, \dfrac{2}{5}, \dfrac{3}{5}, \dfrac{4}{5}$

$\log x^3 = 3f(x) + 3g(x)$
$0 \leq g(x) < \dfrac{1}{3}$일 때 $f(x^3) = 3f(x)$
$\dfrac{1}{3} \leq g(x) < \dfrac{2}{3}$일 때 $f(x^3) = 3f(x) + 1$
$\dfrac{2}{3} \leq g(x) < 1$일 때 $f(x^3) = 3f(x) + 2$

$f(x) + f(x^3) = 9$을 만족하는 정수 $f(x)$는
$\dfrac{1}{3} \leq g(x) < \dfrac{2}{3}$일 때 $f(x) = 2$이다.
따라서 $f(x) = 2, \ g(x) = \dfrac{2}{5}, \dfrac{3}{5}$
$\log x = \dfrac{12}{5}, \dfrac{13}{5}$
$x = 10^{\frac{12}{5}}, 10^{\frac{13}{5}}$

모든 x값의 곱은 10^5이므로 $k = 5$
$\therefore 5k = 25$

11) ①

$b_{n+1} = (4a_n - 1)b_n$ 에서
$4a_n - 1 = \dfrac{b_{n+1}}{b_n}, \quad 4a_{n+1} - 1 = \dfrac{b_{n+2}}{b_{n+1}}$ 이므로
$4a_{n+1} - 1 = 2 - \dfrac{1}{4a_n - 1}$ 에 대입하여 정리하면
$\dfrac{b_{n+2}}{b_{n+1}} = 2 - \dfrac{b_n}{b_{n+1}}$
$b_{n+2} + b_n = 2 \times b_{n+1} \quad \therefore a = 2$

$b_2 = (4a_1 - 1)b_1 = 3$이므로
$b_{n+2} - b_{n+1} = b_{n+1} - b_n = \cdots = b_2 - b_1 = 2$
따라서 등차수열 $\{b_n\}$은 첫째항이 1이고 공차가 2이므로
$b_n = 2n - 1$

따라서 $b_{n+1} = 2n + 1$이므로 (★)에서
$2n + 1 = (4a_n - 1)(2n - 1)$
$\therefore a_n = \dfrac{1}{4}\left(\dfrac{2n+1}{2n-1} + 1\right) = \dfrac{n}{2n-1}$
따라서 $f(n) = 2n - 1, \ g(n) = \dfrac{n}{2n-1}$이므로
$a \times f(14) \times g(5) = 2 \times 27 \times \dfrac{5}{9} = 30$

12) ③

$f(x) = x^2 + ax + b$ 라 두면 $f'(x) = 2x + a$ 이다.
$y = \{g(x)\}^2$가 $x = 0$에서 미분가능 하려면
$x = 0$에서 연속이고 $x = 0$에서의 미분계수가 존재해야 한다.

$\{g(x)\}^2 = \begin{cases} \{f(x+1)\}^2 & (x \leq 0) \\ \{f(x-1)\}^2 & (x > 0) \end{cases}$ 이고 $x = 0$에서 연속이므로
$\{f(1)\}^2 = \{f(-1)\}^2$이다.
$f(1) = 1 + a + b, \ f(-1) = 1 - a + b$이므로
$(1 + b + a)^2 = (1 + b - a)^2$
$(1+b)^2 + 2a(1+b) + a^2 = (1+b)^2 - 2a(1+b) + a^2$
$4a(1+b) = 0$
그러므로 $a = 0$ 또는 $b = -1$

$y = \{g(x)\}^2$을 x에 대해 미분하면 곱의 미분에 의하여
$y' = \begin{cases} 2f(x+1)f'(x+1) & (x < 0) \\ 2f(x-1)f'(x-1) & (x > 0) \end{cases}$ 이고
$x = 0$에서 미분계수가 존재하려면
y'이 $x = 0$에서 연속이어야 하므로
$2f(1)f'(1) = 2f(-1)f'(-1)$ 이다.

$(1 + a + b)(2 + a) = (1 - a + b)(-2 + a)$
$a^2 + 2b = -2$
그러므로 $a = 0, \ b = -1$

따라서 $f(x) = x^2 - 1$이고 $f(5) = 24$

13) ③

ㄱ. $0 < t < c$인 모든 실수 t에서 $\int_0^t f(t)\,dt > \int_0^t g(t)\,dt$ 이므로

A는 B보다 항상 높은 위치에 있다. (참)

ㄴ. 그래프에서 $\int_0^t f(t)\,dt - \int_0^t g(t)\,dt$ 는 $t = b$일 때

최대이므로 $t = b$에서 높이의 차는 최대이다. (거짓)

ㄷ. 조건에서 $\int_0^c f(t)\,dt = \int_0^c g(t)\,dt$ 에 의해

$y = f(x)$와 x축으로 둘러싸인 부분의 넓이와

$y = g(x)$와 x축 및 $x = c$로 둘러싸인 부분의 넓이가

같으므로 $\int_0^b \{f(t) - g(t)\}\,dt = \int_b^c \{g(t) - f(t)\}\,dt$이다. (참)

그러므로 옳은 것은 ㄱ, ㄷ 이다.

14) 16

$a_n = 12\left(\dfrac{1}{4}\right)^{n-1}$ 이다.

조건을 만족하는 b_{n+1}을 구하면

직선의 방정식은 $y = a_n(x + b_n) + b_n^2$ 이고

$y = x^2$ 과의 교점의 x좌표는

$x^2 = a_n x + a_n b_n + b_n^2$ 에서

$x^2 - b_n^2 - a_n(x + b_n) = 0$

$(x + b_n)(x - a_n - b_n) = 0$

$x = -b_n$ 또는 $a_n + b_n$ 이므로

$b_{n+1} = a_n + b_n$ 이다.

$b_{n+1} - b_n = a_n = 12\left(\dfrac{1}{4}\right)^{n-1}$ 이므로

$$\sum_{n=1}^{\infty}(b_{n+1} - b_n) = 12 \times \sum_{n=1}^{\infty}\left(\dfrac{1}{4}\right)^{n-1} = 12 \times \dfrac{1}{1 - \dfrac{1}{4}} = 12 \times \dfrac{4}{3} = 16$$

15) 16

학생들의 통학시간을 확률변수 X라 하면

$X : N(50,\ 16^2)$인 정규분포를 따른다.

표본의 크기가 n인 표본의 표본평균을 $\overline{X}$는

$\overline{X} : N\left(50,\ \dfrac{16^2}{n}\right)$인 정규분포를 따르고

표준정규분포를 따르는 확률변수 Z에 대해 표준화하면

$Z = \dfrac{\overline{X} - 50}{\dfrac{16}{\sqrt{n}}} = \dfrac{\sqrt{n}\,(\overline{X} - 50)}{16}$ 이다.

$P(46 \leq \overline{X} \leq 56) = P\left(-\dfrac{\sqrt{n}}{4} \leq Z \leq \dfrac{3\sqrt{n}}{8}\right) = 0.7745$ 이므로

주어진 표준정규분포표에 의해

$-\dfrac{\sqrt{n}}{4} = -1,\ \dfrac{3\sqrt{n}}{8} = 1.5$ 이어야 한다.

따라서 $n = 16$

16) 690

정사각형의 대각선의 교점의 좌표가 $(n,\ n^3 + 2)$이므로 자연수 n에 따른 조건을 만족시키는 가장 작은 정사각형을 살펴보자.

ⅰ) $n = 1$인 경우

정사각형과 그 내부에 오직 3개의 점을 포함하려면 아래 그림과 같다.

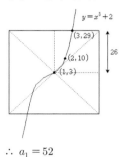

∴ $a_1 = 52$

ⅱ) $n = 2$인 경우

정사각형과 그 내부에 오직 3개의 점을 포함하려면 아래 그림과 같다.

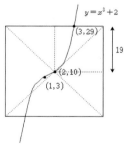

∴ $a_2 = 38$

ⅲ) $n = 3,\ n = 4$인 경우

정사각형과 그 내부에 오직 3개의 점을 포함하려면 아래 그림과 같다.

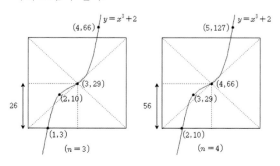

그러므로 $a_3 = 52,\ a_4 = 112$

iv) $n \geq 5$인 경우

부등식 $n^3 - (n-2)^3 > (n+1)^3 - n^3$은 $n \geq 5$에서 항상 성립한다.

정사각형과 그 내부에 오직 3개의 점을 포함하려면 아래 그림과 같다.

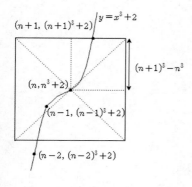

그러므로 조건을 만족하는 가장 작은 정사각형의 한 변의 길이는

$$2 \times \{(n+1)^3 + 2 - n^3 - 2\}$$
$$= 2 \times \{(n+1)^3 - n^3\} = 2 \times (3n^2 + 3n + 1)$$

이다.

$\therefore a_n = 2(3n^2 + 3n + 1) \ (n \geq 5)$

$\therefore a_5 = 182, \ a_6 = 254$

따라서 $\displaystyle\sum_{k=1}^{6} a_k = 52 + 38 + 52 + 112 + 182 + 254 = 690$

[제18회 정답]

번호	1	2	3	4	5	6	7	8
정답	③	④	④	③	③	①	30	25

번호	9	10	11	12	13	14	15	16
정답	③	④	⑤	⑤	①	②	16	18

---

1) ③

ⅰ) S_1 구하기

반지름의 길이가 1인 사분원에서
직각삼각형을 뺀 것의 2배이므로

$$S_1 = \left(\frac{\pi}{4} - \frac{1}{4} \right) \times 2 = \frac{\pi - 1}{2}$$

ⅱ) 급수의 공비 구하기

닮음비는 $1 : \frac{1}{2}$ 이므로 넓이비는 $1 : \frac{1}{4}$ 이다.

따라서 급수의 공비는 $\frac{1}{4}$ 이다.

ⅲ) 급수의 합 구하기

$$\sum_{n=1}^{\infty} S_n = \frac{\frac{\pi - 1}{2}}{1 - \frac{1}{4}} = \frac{2(\pi - 1)}{3}$$

2) ④

$f(x) = x^3 + ax^2 + 2ax$가 모든 실수에서 증가해야 하므로
모든 실수 x에서 $f'(x) = 3x^2 + 2ax + 2a \geq 0$이어야 한다.

판별식 $\frac{D}{4} = a^2 - 6a \leq 0$ 이므로 $0 \leq a \leq 6$이다.

$\therefore M - m = 6$

3) ④

실수 t의 값에 따른 $y = |x^2 - 1|$와 $y = t$의 교점은
아래 그래프와 같다.

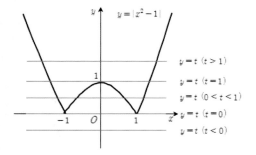

4) ③

ㄱ. $0 < x < 2$에서 $h'(x) = f'(x) - g'(x) < 0$이므로
이 구간에서 $h(x)$는 감소한다. (참)

ㄴ. $h'(2) = 0$이고 $x = 2$ 좌우에서 $h'(x)$의 부호가
음에서 양으로 변하므로 $x = 2$에서 극소이다. (참)

ㄷ. 주어진 조건 $f(0) = g(0)$에서 $h(0) = 0$이고
그래프로부터 $h'(0) = 0$이므로 함수 $y = h(x)$는
$x = 0$에서 x축에 접한다.
따라서 $h(x) = 0$은 서로 다른 두 실근을 갖는다. (거짓)

그러므로 옳은 것은 ㄱ, ㄴ이다.

5) ③

$$T_n = \frac{1}{2} \sum_{k=1}^{n} (3^k - 2^k) = \frac{1}{2} \left\{ \frac{3(3^n - 1)}{3 - 1} - \frac{2(2^n - 1)}{2 - 1} \right\}$$

$$= \frac{3}{4} \times 3^n - 2^n + \frac{1}{4}$$

$$\therefore \lim_{n \to \infty} \frac{T_n}{3^n} = \frac{3}{4}$$

6) ①

정사각형 $ABCD$의 대각선의 교점이 $(0, 1)$이고
한 변의 길이가 1이므로
점 C의 좌표는 $\left(\frac{1}{2}, \frac{1}{2} \right)$이고

정사각형 $EFGH$의 대각선의 교점의 좌표를
(a, a^2)이라 두면 한 변의 길이가 1이므로

따라서 실수 t에 따른 교점의 개수 $y = f(t)$의 그래프는
아래와 같다.

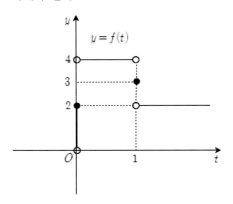

그러므로 $\lim_{t \to 1^-} f(t) = 4$ 이다.

점 E의 좌표는 $\left(a-\dfrac{1}{2},\ a^2+\dfrac{1}{2}\right)$이다.

그래프는 y축에 대칭이므로 $a>0$인 부분에 대해 알아보자.
겹쳐진 부분의 가로의 길이는 점 C의 x좌표와
점 E의 x좌표의 차이므로
$\dfrac{1}{2}-\left(a-\dfrac{1}{2}\right)=1-a$ 이고,

겹쳐진 부분의 세로의 길이는
점 E의 y좌표와 점 C의 y좌표의 차이므로
$\left(a^2+\dfrac{1}{2}\right)-\dfrac{1}{2}=a^2$ 이다.

겹쳐진 부분이 존재하려면
$1-a>0$이고 $a^2>0$이어야 하므로
a의 범위는 $0<a<1$이다.

겹쳐진 부분의 넓이를 $S(a)$라 하면
$S(a)=a^2(1-a)\ (0<a<1)$
최댓값을 구하기 위하여 $S(a)$를 a에 대해 미분하면
$S'(a)=a(2-3a)$이고
$a=\dfrac{2}{3}$에서 극대이자 최대이다.

따라서 겹쳐진 부분의 넓이의 최댓값은
$S\left(\dfrac{2}{3}\right)=\dfrac{4}{27}$ 이다.

7) 30

$2x+y=4^n\ \cdots\cdots\ (1)$
$x-2y=2^n\ \cdots\cdots\ (2)$
두 식을 연립하여 풀면
$a_n=\dfrac{2\times4^n+2^n}{5},\ b_n=\dfrac{4^n-2^{n+1}}{5}$
$\displaystyle\lim_{n\to\infty}\dfrac{b_n}{a_n}=\lim_{n\to\infty}\dfrac{4^n-2^{n+1}}{2\times4^n+2^n}=\dfrac{1}{2}$
$\therefore\ 60\times\dfrac{1}{2}=30$

8) 25

$\log_2 n-\log_2 k=\log_2\dfrac{n}{k}=(정수)$ 이므로
$\dfrac{n}{k}=2^m\ (m$은 정수$)$이어야 한다.
$(n=1,\ 2,\ 3,\ \cdots,\ 100$이고 $k=1,\ 2,\ 3,\ \cdots,\ 100)$

$n\le50$일 때
　$k=n,\ k=2n$이면 조건을 만족하므로 $f(n)\ge2$이다.

n이 50보다 큰 짝수일 때
　$n=2\times n'\ (n'=26,\ 27,\ 28,\ \cdots,\ 50)$이라 둘 수 있고
　$k=n,\ k=n'$이면 조건을 만족하므로 $f(n)\ge2$이다.

n이 50보다 큰 홀수일 때
　$k=n$일 때만 조건을 만족하므로 $f(n)=1$이다.

그러므로 조건을 만족하는 n의 개수는 25개이다.

9) ③

ⅰ) S_1 구하기

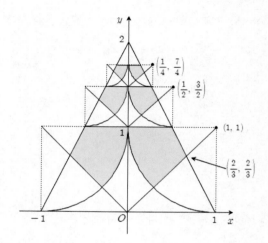

$y=-2x+2$와 $y=x$의 교점의 좌표는 $\left(\dfrac{2}{3},\ \dfrac{2}{3}\right)$이다.

S_1은 반지름의 길이가 1이고 중심각의 크기가 $45°$인 부채꼴에서 밑변의 길이가 $\dfrac{1}{2}$이고 높이가 $\dfrac{1}{3}$인 삼각형을 뺀 것의 2배이므로
$S_1=\left(\dfrac{\pi}{8}-\dfrac{1}{12}\right)\times2=\dfrac{\pi}{4}-\dfrac{1}{6}=\dfrac{3\pi-2}{12}$

ⅱ) 급수의 공비 구하기

　닮음비는 $1:\dfrac{1}{2}$이므로 넓이비는 $1:\dfrac{1}{4}$이다.

　따라서 급수의 공비는 $\dfrac{1}{4}$이다.

ⅲ) 급수의 합 구하기

$$\sum_{n=1}^{\infty}S_n=\dfrac{\dfrac{3\pi-2}{12}}{1-\dfrac{1}{4}}=\dfrac{3\pi-2}{9}$$

따라서 $a-b=5$

10) ④

$f(x)=x^3+ax^2+2ax$의 도함수는 $f'(x)=3x^2+2ax+2a$이다.

$f(x)=x^3+ax^2+2ax$가 극값을 가지려면
$f'(x)=0$이 서로 다른 두 실근을 가져야 한다.

또한, 구간 $(-\infty,\, -2)\cup(1,\,\infty)$에서 증가하려면
$f'(x)=0$의 두 근이 구간 $[-2,1]$에 존재해야 한다.

따라서 이차방정식의 실근의 분리에 의해

판별식 $\dfrac{D}{4}=a^2-6a>0$ 이므로 $a<0$ 또는 $a>6$ …… (1)

함숫값 $f'(-2)=12-2a\geq0$이므로 $a\leq6$ …… (2)

$\qquad f'(1)=3+4a\geq0$이므로 $a\geq-\dfrac{3}{4}$ …… (3)

축의 방정식 $-2<-\dfrac{a}{3}<1$이므로 $-3<a<6$ …… (4)

따라서 a의 범위는 $-\dfrac{3}{4}\leq a<0$

$\therefore\ m=-\dfrac{3}{4}$

11) ⑤

실수 t의 값에 따른 $y=|x^2-1|$와 $y=t$의 교점은
아래 그래프와 같다.

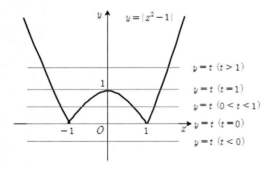

따라서 실수 t에 따른 교점의 개수 $y=f(t)$의 그래프는
아래와 같다.

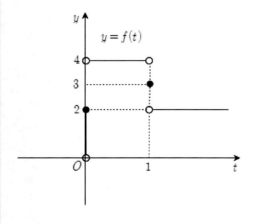

$$\sum_{k=0}^{2}\left\{\lim_{t\to k-}f(t)+f(k)+\lim_{t\to k+}f(t)\right\}$$
$$=(0+4+2)+(2+3+2)+(4+2+2)=21$$

12) ⑤

ㄱ. $0<x<2$에서 $h'(x)=f'(x)-g'(x)<0$이므로
    이 구간에서 $h(x)$는 감소한다. (참)

ㄴ. $h'(2)=0$이고 $x=2$ 좌우에서 $h'(x)$의 부호가
    음에서 양으로 변하므로 $x=2$에서 극소이고,
    $f(2)=g(2)$이므로 $h(2)=0$이다.
    따라서 $y=h(x)$의 그래프는 $x=2$에서 x축에 접한다.

    방정식 $h(x)=0$의 다른 한 근을 α라 하면
    $h(x)=(x-\alpha)(x-2)^2$으로 나타낼 수 있고,
    x에 대해 미분하면
    $h'(x)=(x-2)^2+2(x-\alpha)(x-2)=3(x-2)\left(x-\dfrac{2\alpha+2}{3}\right)$
    이다.

    한편, 그래프에서 $h'(x)=3x(x-2)$이므로
    $\dfrac{2\alpha+2}{3}=0,\ \therefore\ \alpha=-1$
    따라서 음수인 정수근을 갖는다. (참)

ㄷ. $f(x)=(x+1)(x-2)^2$ 에서
    $x=0$에서 극댓값은 $f(0)=4$이고,
    $x=2$에서 극솟값은 $f(2)=0$이다.

    $|f(x)|=k$ 가 3개 이상의 실근을 가지려면
    $0<k\leq4$이어야 한다.
    따라서 모든 정수 k의 합은 10이다. (참)

그러므로 옳은 것은 ㄱ, ㄴ, ㄷ 이다.

13) ①

$$T_n=\frac{1}{2}\sum_{k=1}^{n}(3^k-2^k)=\frac{1}{2}\left\{\frac{3(3^n-1)}{3-1}-\frac{2(2^n-1)}{2-1}\right\}$$
$$=\frac{3}{4}\times3^n-2^n+\frac{1}{4}$$

$$\sum_{n=1}^{\infty}\frac{9T_n}{4^n}=9\times\sum_{n=1}^{\infty}\left\{\left(\frac{3}{4}\right)^{n+1}-\left(\frac{1}{2}\right)^n+\left(\frac{1}{4}\right)^{n+1}\right\}$$
$$=9\times\left(\frac{\dfrac{9}{16}}{1-\dfrac{3}{4}}-\frac{\dfrac{1}{2}}{1-\dfrac{1}{2}}+\frac{\dfrac{1}{16}}{1-\dfrac{1}{4}}\right)$$
$$=9\times\left(\frac{9}{4}-1+\frac{1}{12}\right)=9\times\frac{4}{3}=12$$

14) ②

정사각형 $ABCD$의 대각선의 교점이 $(0, 1)$이고
한 변의 길이가 1이므로
점 C의 좌표는 $\left(\dfrac{1}{2}, \dfrac{1}{2}\right)$이고

정사각형 $EFGH$의 대각선의 교점의 좌표를 (a, a^3)이라 두면
한 변의 길이가 1이므로
점 E의 좌표는 $\left(a-\dfrac{1}{2}, a^3+\dfrac{1}{2}\right)$이다.

겹쳐진 부분의 가로의 길이는
점 C의 x좌표와 점 E의 x좌표의 차이므로
$\dfrac{1}{2}-\left(a-\dfrac{1}{2}\right)=1-a$ 이고,

겹쳐진 부분의 세로의 길이는
점 E의 y좌표와 점 C의 y좌표의 차이므로
$\left(a^3+\dfrac{1}{2}\right)-\dfrac{1}{2}=a^3$ 이다.

겹쳐진 부분이 존재하려면
$1-a>0$이고 $a^3>0$이어야 하므로
a의 범위는 $0<a<1$이다.

겹쳐진 부분의 넓이를 $S(a)$라 하면
$S(a)=a^3(1-a)\ \ (0<a<1)$

최댓값을 구하기 위하여 $S(a)$를 a에 대해 미분하면
$S'(a)=a^2(-4a+3)$이고
$a=\dfrac{3}{4}$에서 극대이자 최대이다.

따라서 겹쳐진 부분의 넓이의 최댓값은
$S\left(\dfrac{3}{4}\right)=\dfrac{27}{64}\times\dfrac{1}{4}=\dfrac{27}{256}$ 이다.
그러므로 $p+q=283$

15) 16

세 직선으로 둘러싸인 삼각형의 각 꼭짓점의 좌표를 구하자.
$2x+y=4^n$ ······ (1)
$x-2y=2^n$ ······ (2)
$y=0$ ······ (3)

(1)과 (2)의 교점의 좌표는 두 식을 연립하여 풀면
$x=\dfrac{2\times4^n+2^n}{5}, \ y=\dfrac{4^n-2\times2^n}{5}$

(1)과 (3)의 교점의 좌표는 $x=\dfrac{1}{2}\times4^n, \ y=0$

(2)와 (3)의 교점의 좌표는 $x=2^n, \ y=0$

삼각형의 무게중심의 좌표는
$a_n=\dfrac{3\times4^n+4\times2^n}{10}, \ b_n=\dfrac{4^n-2\times2^n}{15}$

$\displaystyle\lim_{n\to\infty}\dfrac{b_n}{a_n}=\lim_{n\to\infty}\dfrac{2\times4^n-4\times2^n}{9\times4^n+12\times2^n}=\dfrac{2}{9}$

$\therefore 72\times\dfrac{2}{9}=16$

16) 18

$\log_2 n-\log_2 k=\log_2\dfrac{n}{k}=(정수)$이므로

$\dfrac{n}{k}=2^m\,(m은\ 정수)$이어야 한다.

$(n=1, 2, 3, \cdots, 100$이고 $k=1, 2, 3, \cdots, 100)$

ⅰ) $f(n)=7$인 경우
$n=1, 2, 2^2, 2^3, 2^4, 2^5, 2^6$이고
$k=1, 2, 2^2, 2^3, 2^4, 2^5, 2^6$이면
조건을 만족하므로
n의 개수는 7개

ⅱ) $f(n)=6$인 경우
$n=3, 3\times2, 3\times2^2, 3\times2^3, 3\times2^4, 3\times2^5$이고
$k=3, 3\times2, 3\times2^2, 3\times2^3, 3\times2^4, 3\times2^5$이면
조건을 만족하므로
n의 개수는 6개

ⅲ) $f(n)=5$인 경우
$n=5, 5\times2, 5\times2^2, 5\times2^3, 5\times2^4$이고
$k=5, 5\times2, 5\times2^2, 5\times2^3, 5\times2^4$이면
조건을 만족하므로
n의 개수는 5개

그러므로 조건을 만족하는 n의 개수는 18개이다.